地质勘查与岩土工程

胡励耘　赵　建　谭本兴　著

吉林科学技术出版社

图书在版编目（CIP）数据

地质勘查与岩土工程 / 胡励耘，赵建，谭本兴著
. -- 长春：吉林科学技术出版社，2023.5
ISBN 978-7-5744-0400-7

Ⅰ. ①地… Ⅱ. ①胡… ②赵… ③谭… Ⅲ. ①地质勘探②岩土工程 Ⅳ. ① P624 ② TU4

中国国家版本馆 CIP 数据核字（2023）第 092816 号

地质勘查与岩土工程

著　　胡励耘　赵　建　谭本兴
出 版 人　宛　霞
责任编辑　程　程
封面设计　刘梦杳
制　　版　刘梦杳
幅面尺寸　185mm×260mm
开　　本　16
字　　数　325 千字
印　　张　16.125
印　　数　1–1500 册
版　　次　2023年5月第1版
印　　次　2024年1月第1次印刷

出　　版　吉林科学技术出版社
发　　行　吉林科学技术出版社
地　　址　长春市福祉大路5788号
邮　　编　130118
发行部电话/传真　0431-81629529 81629530 81629531
81629532 81629533 81629534
储运部电话　0431-86059116
编辑部电话　0431-81629518
印　　刷　廊坊市印艺阁数字科技有限公司

书　　号　ISBN 978-7-5744-0400-7
定　　价　98.00元

前 言

岩土工程建设的重要前提是地质勘察工作，而在展开地质勘察的相关工作时，要对勘察工作的重要性形成充分的认识，并认真、全面地分析对地质勘察工作产生影响的因素，使岩土工程建设的整体质量得到保障。

地质勘察工作是工程规划和施工的整个过程中非常重要的一部分，由于其是前期的工程建设工作，所以可直接影响工程建设的施工。将施工单位同工程项目的建设规划要求相结合，细致地对施工场地、施工环境以及岩土构成进行查明，而后展开编制和评价的相关工作就是岩土工程勘察工作。在开发建设、铺设管道等大型项目中，岩土勘察的工程得以广泛应用。工程地质勘察的专业性以及复杂性极强，一般包括调查以及测绘施工区域、采样勘察地区土壤以及测试原位等内容，唯有确保地质勘察工作的全面性、合理性，才能掌握工程地质的整体情况。得到第一手岩土工程资料之后，需对岩土工程的建设步骤以及环节进行明确，这样才能在工程建设的科学性和协调性得到保障的前提下，确保高效、有序地开展岩土工程。

由于岩土工程与复杂多变的自然条件密切联系，往往成为工程建设的难点，所以岩土工程是保证工程质量、缩短工程周期、降低工程造价、提高工程经济效益和社会效益的关键。地质勘查是岩土工程的重中之重，所以务必要重视。

总而言之，要想顺利、有效地展开涉及岩土地质内容的项目工程，就要将岩土地质勘察的质量控制工作做好。从实质上来讲，运用合理的方法进行分析和评估，科学地对样品进行提取、对勘察目标进行明确是控制勘察质量的几大重要因素。只有把握这几大因素，才能够更高效地展开勘察工作。同时，还要从其他方面采取措施，来优化勘察岩土工程的工作，这样才能创造更大的效益。

本书突出了基本概念与基本原理，在写作时尝试多方面知识的融会贯通，注重知识层次递进，同时注重理论与实践的结合。希望可以为广大读者提供借鉴或帮助。

限于作者水平，加之时间仓促，书中难免存在一些缺点甚至错误，恳请各位读者给予批评指正。

目 录

第一章　岩土工程概述

第一节　岩土工程的形成与发展

随着经济、工业的发展，人们越来越意识到人类活动对环境产生的两个负面影响：环境污染和生态破坏。在科学领域应运而生一门新兴学科，它既是一门应用性的工程学，又是一门社会学。它是把技术与政治、经济和文化相结合的跨学科的新兴学科，它的产生是社会发展的必然结果。

当今世界的十大环境问题可归纳为：①大气污染；②温室效应加剧；③地球臭氧层减少；④土壤退化和荒漠化；⑤水资源短缺、污染严重；⑥海洋环境恶化；⑦“绿色屏障”锐减；⑧生物种类不断减少；⑨垃圾成灾；⑩人口增长过快。环境条件的变化使人类意识到自我毁灭的危险，人类活动的评价标准随之不断扩展，所以，新的学科就不断涌现，老的学科不断组合。环境岩土工程就是在这样的背景下发展起来的。

追溯本学科的发展，太沙基发表了第一本土力学经典著作，开始把力学和地质科学结合起来，解决了许多实际工程问题。随着社会的发展，人们普遍感觉到原来的土力学与基础工程这门学科范围已不能满足社会的要求，随着各种各样地基处理手段的出现，土力学与基础工程领域也有所扩大，形成了岩土工程新学科。之后，岩土工程设计者考虑的问题不单单是工程本身的技术问题，还把环境作为主要制约条件。例如，大型水利建设中必须考虑上下游生态的变化、上游边坡的坍塌、地震的诱发等；又如，采矿和冶炼工程的尾矿库，它的渗滤液有可能造成地下水的污染，引起人畜和动植物的中毒。大量工业及生活废弃物的处置、城市的改造、人们居住环境的改善等，需要考虑的问题不再是孤立的，而是综合的；不再是局部的，而是全面的。因此，岩土工程师面对的不仅是工程本身的技术问题，还必须考虑工程对环境的影响问题，所以它必然要吸收其他学科（如化学、土壤学、生物学、气象学、水文学等）中的许多内容来充实自己，从而成为一门综合性和适应性更强的学科。这就是环境岩土工程新学科形成与发展的前提。

人类赖以生存的地球的生态环境受到的污染日益严重，环境保护事业正面临着日趋严峻的挑战。这种日益增长的环境保护要求，对环境岩土工程学科的发展起到了促进作用。经过近几十年的发展，环境岩土工程学科已经从原来作为岩土工程学科的一个分支，逐步发展成为一个研究内容不断丰富的独立学科。

第二节　岩土工程的研究内容与分类

岩土工程是岩土与环境工程等学科紧密结合而发展起来的一门新兴学科，是工程与环境协调、可持续发展背景下岩土工程学科的延伸与发展，它主要是应用岩土力学的观点、技术和方法为治理和保护环境服务。目前，国外对环境岩土工程的研究主要集中于垃圾土、污染土的性质、理论与控制等方面，而国内则在此基础上有了较大发展，就目前涉及的问题来划分，可以归为以下两大类。

第一类是人类与自然环境之间的共同作用问题。这类问题主要是由自然灾变引起的，如地震灾害、滑坡、崩塌、泥石流、地面沉降、洪水灾害、温室效应和水土流失等。

第二类是人类的生活、生产和工程活动与环境之间的共同作用问题。这类问题主要是由人类自身引起的。例如，城市垃圾及工业生产中的废水、废液、废渣等有毒有害废弃物对生态环境产生的危害，工程建设活动如打桩、强夯、基坑开挖等对周围环境的破坏，过量抽汲地下水引起的地面沉降，等等。

表1-1具体列出了岩土工程的主要研究内容及分类。从表中可以看出，自然灾变诱发的环境岩土工程问题与人类活动引起的环境岩土工程问题相互之间是有联系的。例如，自然灾变导致的土壤退化、洪水灾害、温室效应等问题；也可能是人类不负责任的生产或工程活动，破坏了生态环境造成的；人类的水利建设也可能诱发地震，等等。

表1-1　岩土工程的主要研究内容及分类

研究内容	分类	成因	主要研究内容
岩土工程	自然灾变诱发的环境岩土问题	内成的	地震灾害 火山灾害
		外成的	土壤退化 洪水灾害 温室效应 特殊土地质灾害 滑坡、崩塌、泥石流 地面沉降、地裂缝、地面塌陷

续表

研究内容	分类	成因	主要研究内容
岩土工程	人类活动诱发的环境岩土问题	生活、生产活动引起的	过量抽汲地下水引起地面沉降 生活垃圾、工业有毒有害废弃物污染 采矿造成采空区坍塌 水库蓄水诱发地震
		工程活动引起的	基坑开挖对周围环境的影响 地基基础工程对周围环境的影响 地下工程施工对周围环境的影响

第三节　自然灾变诱发的环境岩土工程问题

自然灾变诱发的环境岩土工程问题主要是指人与自然之间的共同作用问题。多年来，人们在用岩土工程技术和方法来抵御自然灾变所造成的对人类的危害方面已经积累了丰富的经验。

一、地震灾害

地震灾害是一种危害性很大的自然灾害。由于地震的作用，不仅使地表产生了一系列的质现象，如地表隆起、山崩滑坡等，而且引起了各类工程结构物的破坏，如房屋开裂倒塌、桥孔掉梁、墩台倾斜歪倒等。

地震主要由地壳运动或火山活动引起，即构造地震或火山地震。自然界大规模的崩塌、滑坡或地面塌陷也能够产生地震，即塌陷地震。此外，采矿、地下核爆炸及水库蓄水或向地下注水等人类活动也可能诱发地震。

因其灾害的严重性，地震已成为许多科学工作者的研究对象。研究重点主要包括作为防震设计依据的地震烈度的研究、工程地质条件对地震烈度的影响、不同烈度下建筑场地的选择以及地震对各类工程建筑物的影响等，从而能够为不同的地震烈度区的建筑物规划及建筑物的防震设计提供依据。

二、斜坡地质灾害

体积巨大的物质在重力作用下沿斜坡向下运动，常常形成严重的地质灾害，尤其是在地形切割强烈、地貌反差大的地区，岩土体沿陡峻的斜坡向下快速滑动可能导致人身伤亡和巨大的财产损失，慢速的土体滑移虽然不会危害人身安全，但也可造成巨大的财产损失。斜坡地质灾害可以由地震活动、强降水过程而触发，但主要的作用营力是斜坡岩土体自身的重力。从某种意义上讲，这类地质灾害是内、外营力地质共同作用的结果。

斜坡岩土位移现象十分普遍，有斜坡的地方便存在斜坡岩土体的运动，就有可能造成灾害。随着全球性土地资源的紧张，人类正大规模地在山地或丘陵斜坡上进行开发，因而增大了斜坡变形破坏的规模，导致崩塌、滑坡灾害不断发生。筑路、修建水库和露天采矿等大规模工程活动也是触发或加速斜坡岩土体产生运动的重要因素之一。

斜坡地质灾害，特别是崩塌、滑坡和泥石流，每年都造成巨额的经济损失和大量的人员伤亡，其中大部分人员伤亡发生在环太平洋边缘地带。环太平洋地带地形陡峻、岩性复杂、构造发育、地震活动频繁、降水充沛，为斜坡地质灾害提供了必要的物质基础和条件；而全球人口在这一地带的高度集中与大规模的经济活动使得这类地质灾害更为频繁和强烈。

除了直接经济损失和人员伤亡外，崩塌、滑坡和泥石流灾害还诱发多种间接灾害而造成人员伤亡和财产损失，如水库大坝上游滑坡导致洪水泛滥、水土流失、交通阻塞等。

（一）崩塌

崩塌（崩落、垮塌或塌方）是指较陡斜坡上的岩土体在重力作用下突然脱离母体崩落、滚动、堆积在坡脚（或沟谷）的地质现象。产生在土体中者称为土崩，产生在岩体中者称岩崩，规模巨大、涉及山体者称为山崩。悬崖陡坡上个别较大岩块的崩落称为落石。斜坡的表层岩石由于强烈风化，沿坡面发生经常性的岩屑顺坡滚落现象，称为碎落。

崩塌的过程表现为岩块（或土体）顺坡猛烈地翻滚、跳跃，并相互撞击，最后堆积于坡脚，形成倒石堆。崩塌的主要特征为：下落速度快、发生突然；崩塌体脱离母岩而运动；下落过程中崩塌体自身的整体性遭到破坏，崩塌物的垂直位移大于水平位移。具有崩塌前兆的不稳定岩土体称为危岩体。

崩塌运动的形式主要有两种：一种是脱离母岩的岩块或土体以自由落体的方式而坠落，另一种是脱离母岩的岩体顺坡滚动而崩落。前者规模一般较小，从不足1m^3至数百立方米；后者规模较大，一般在数百立方米以上。按照崩塌体的规模、范围、大小可以分为剥落、坠石和崩落等类型。剥落的块度较小，块度大于0.5m者占25%以下，产生剥落的岩石山坡一般在30°~40°；坠石的块度较大，块度大于0.5m者占50%~70%，山坡角在30°~40°；崩落的块度更大，块度大于0.5m者占75%以上，山坡角多大于40°。

1.崩塌的形成条件与诱发因素

崩塌虽然发生比较突然，但有它一定的形成条件和诱发因素。形成崩塌的内在条件主要有以下几方面。

（1）岩土类型。岩、土是产生崩塌的物质条件。一般而言，各类岩、土都可以形成崩塌，但不同类型，所形成崩塌的规模大小不同。通常，坚硬的岩石（如厚层石灰岩、花岗岩、砂岩、石英岩、玄武岩等）具有较大的抗剪强度和抗风化能力，能形成高峻的斜坡，在外来因素影响下，一旦斜坡稳定性遭到破坏，即产生崩塌现象。

沉积岩边坡发生崩塌的概率与岩石的软硬程度密切相关。若软岩在下、硬岩在上，下部软岩风化剥蚀后，上部坚硬岩体常发生大规模的倾倒式崩塌；含有软弱结构面的厚层坚硬岩石组成的斜坡，若软弱结构面的倾向与坡向相同，则极易发生大规模的崩塌。页岩或泥岩组成的边坡极少发生崩塌。

岩浆岩一般较为坚硬，很少发生大规模的崩塌。但当垂直节理（如柱状节理）发育并存在顺坡向的节理或构造破裂面时，易产生大型崩塌；岩脉或岩墙与围岩之间的不规则接触面也为崩塌落石提供了有利条件。

变质岩中结构面较为发育，常把岩体切割成大小不等的岩块，所以经常发生规模不等的崩塌落石。片岩、板岩和千枚岩等变质岩组成的边坡常发育有褶曲构造，当岩层倾向与坡向相同时，多发生沿弧形结构面的滑移式崩塌。

此外，由软硬互层（如砂页岩互层、石灰岩与泥灰岩互层、石英岩与千枚岩互层等）构成的陡峻斜坡，由于差异风化，斜坡外形凹凸不平，因而也容易产生崩塌。

土质边坡的崩塌类型有溜塌、滑塌和堆塌，统称为坍塌。按土质类型，稳定性从好到差的顺序为：碎石土＞黏砂土＞砂黏土＞裂隙黏土；按土的密实程度，稳定性由大到小的顺序为：密实土＞中密土＞松散土。

（2）地质构造。如果斜坡岩层或岩体的完整性好，就不易发生崩塌。实际上，自然界的斜坡经常是由性质不同的岩层以各种不同的构造和产状组合而成的，而且常常为各种构造面所切割，从而削弱了岩体内部的联结，为产生崩塌创造了条件。一般说来，岩层的层面、裂隙面、断层面、软弱夹层或其他软弱岩性带都是抗剪性能较低的“软弱面”。如果这些软弱面倾向临空面倾角较陡时，或当斜坡受力情况突然发生变化时，被切割的不稳定岩块就可能沿着这些软弱面发生崩塌。两组与坡面斜交的裂隙，其组合交线倾向临空，被切割的楔形岩块沿楔形凹槽容易发生崩塌。坡体中裂隙越发育，越易产生崩塌，因此与坡体延伸方向近于平行的陡倾构造面最有利于崩塌的形成。

①斑断裂构造对崩塌的控制作用主要表现为：a.当陡峭的斜坡走向与区域性断层平行时，沿该斜坡发生的崩塌较多；b.在几组断裂交汇的峡谷区，往往是大型崩塌的潜在发生地；c.节理密集分布区岩层较破碎，坡度较陡的斜坡常发生崩塌或落石。

②位于褶皱不同部位的岩层遭受破坏的程度各异，因而发生崩塌的情况也不一样。a.褶皱核部岩层变形强烈，常形成大量垂直层面的张节理。在多次构造作用和风化作用的

影响下，破碎岩体往往产生一定的位移，从而成为潜在崩塌体（危岩体）。如果危岩体受到振动、水压力等外力作用，就可能产生各种类型的崩塌落石。b.褶皱轴向垂直于坡面方向时，一般多产生落石和小型崩塌。c.褶皱轴向与坡面平行时，高陡边坡就可能产生规模较大的崩塌。

③在褶皱两翼，当岩层倾向与坡向相同时，易产生滑移式崩塌；特别是当岩层构造节理发育且有软弱夹层存在时，可以形成大型滑移式崩塌。

（3）地形地貌。地形地貌主要表现在斜坡坡度上。从区域地貌条件来看，崩塌形成于山地、高原地区；从局部地形来看，崩塌多发生在高陡斜坡处，江、河、湖（水库）、沟的岸坡及各种山坡、铁路、公路边坡、工程建筑物边坡及其各类人工边坡都是有利崩塌产生的地貌部位。崩塌的形成要有适宜的斜坡坡度、高度和形态，以及有利于岩土体崩落的临空面。这些地形地貌条件对崩塌的形成具有最为直接的作用。调查表明，斜坡高、陡是形成崩塌的必要条件。规模较大的崩塌，一般多产生在高度大于30m，坡度大于45°（大多数为45°~75°）的陡峻斜坡上。斜坡的外部形状，对崩塌的形成也有一定的影响。一般在上缓下陡的凸坡和凹凸不平的陡坡上易发生崩塌，孤立山嘴或凹形陡坡均为崩塌形成的有利地形。

2.崩塌的危害

崩塌是山区常见的一种地质灾害现象。它来势迅猛，常使斜坡下的农田、厂房、水利水电设施及其他建筑物受到损害，有时还造成人员伤亡。铁路、公路沿线的崩塌常可摧毁路基和桥梁，堵塞隧道洞门，击毁行车，对交通造成直接危害，造成行车事故和人身伤亡。有时因崩塌堆积物堵塞河道，引起壅水或产生局部冲刷，导致路基水毁。为了保证人身安全、交通畅通和财产不受损失，对具有崩塌危险的危岩体必须进行处理，从而增加了工程投资。整治一个大型崩塌往往需要几百万甚至上千万元的资金。

3.崩塌的防治

（1）勘查要点。要有效地防治崩塌，必须首先进行详细的调查研究，掌握崩塌形成的基本条件及其影响因素，根据不同的具体情况采取相应的措施。调查崩塌时，应注意以下几个方面：①查明斜坡的地形条件，如斜坡的高度、坡度、外形等；②查明斜坡的岩性和构造特征，如岩石的类型、风化破碎程度、主要构造面的产状以及裂隙的充填胶结情况；③查明地面水和地下水对斜坡稳定性的影响以及当地的地震烈度等。

（2）防治原则。由于崩塌发生得突然而猛烈，治理比较困难而且复杂，特别是大型崩塌，一般多采用以预防为主的原则。

在工程选址或线路选线时，应注意根据斜坡的具体条件，认真分析崩塌的可能性及其规模。对有可能发生大、中型崩塌的地段，有条件绕避时，宜优先采用绕避方案。若绕避有困难时，可调整路线位置，离开崩塌影响范围一定距离，尽量减少防治工程，或考虑其他通过方案（如隧道、明洞等），确保行车安全。对可能发生小型崩塌或落石的地段，应视地形条件进行经济比较，确定绕避还是设置防护工程通过。如拟通过，路线应尽量争取设在崩塌体停积区范围之外。如有困难，也应使路线离坡脚有适当距离，以便设置防护工程。

在工程设计和施工工程中，避免使用不合理的高陡边坡，避免大挖大切，以维持山体的平衡。在岩体松散或构造破碎地段，不宜大爆破施工，以免由于工程技术上的失误而引起崩塌。

在整治过程中，必须遵循标本兼治、分清主次、综合治理，生物措施与工程措施相结合、治理危岩与保护自然生态环境相结合的原则。通过治理，最大限度地降低危岩失稳的诱发因素，达到既治标又治本的目的。

此外，应加强减灾防灾科普知识的宣传，严格进行科学管理；合理开发利用坡顶平台区的土地资源，防止因城镇建设和农业生产而加快危岩的形成，杜绝发生崩塌的诱发因素。

（3）工程防治措施。崩塌落石防治措施可分为防治崩塌发生的主动防护和避免造成危害的被动防护两种类型。具体方法的选择取决于崩塌落石历史、潜在崩塌落石特征及其风险水平、地形地貌及场地条件、防治工程投资和维护费用等。常见的防治崩塌的工程措施有以下几点。

①遮挡。即遮挡斜坡上部的崩塌落石这种措施常用于中、小型崩塌或人工边坡崩塌的防治中，通常采用修建明硐、棚硐等工程进行，在铁路工程中较为常用。

②拦截。对于仅在雨季才有坠石、剥落和小型崩塌的地段，可在坡脚或半坡上设置拦截构筑物，如设置落石平台和落石槽以停积崩塌物质，修建挡石墙以拦坠石，利用废钢轨、钢钎及钢丝等编制钢轨或钢钎栅栏来拦截落石。

③支挡。在岩石突出或不稳定的大孤石下面，修建支柱，支挡墙或用废钢轨支撑，用石砌或用混凝土作支垛、护壁、支柱、支墩、支墙等以增加斜坡的稳定性。

④护墙、护坡。在易风化剥落的边坡地段修建护墙，对缓坡进行坡面喷浆、抹面、砌石铺盖、水泥护坡等以防治软弱岩层进一步风化，进行灌浆缝，镶嵌、锚栓以恢复和增强岩体的完整性，一般边坡均可采用。

⑤镶补勾缝。对坡体中的裂隙、缝、空洞，可用片石填补空洞、水泥砂浆勾缝等以防止裂隙、缝、洞的进一步发展。

⑥刷坡（削坡）。在危石、孤石凸出的山嘴以及坡体风化破碎的地段，采用刷坡来放缓边坡。

⑦排水。在有水活动的地段，布置排水构筑物，以进行拦截疏导、调整水流，如修筑截水沟、堵塞裂隙、封底加固附近的灌溉引水、排水沟渠等，防止水流大量渗入岩体而恶

化斜坡的稳定性。

（二）滑坡

1.滑坡的分类

为了对滑坡进行深入研究和采取有效的防治措施，需要对滑坡进行分类。但由于自然地质条件的复杂性以及分类的目的、原则和指标也不尽相同，因此，对滑坡的分类至今尚无统一的认识。结合我国的区域地质特点和工程实践，按滑坡体的主要物质组成和滑动时的力学特征进行的分类，有一定的现实意义。

（1）按滑坡体的主要物质组成分类

按滑坡体的主要物质组成可以把滑坡分为以下四种类型。

①堆积层滑坡。堆积层滑坡是工程中经常碰到的一种滑坡类型，多出现在河谷缓坡地带或山麓的坡积、残积、洪积及其他重力堆积层中，它的产生往往与地表水和地下水的直接参与有关。滑坡体一般多沿下伏的基岩顶面、不同地质年代或不同成因的堆积物的接触面以及堆积层本身的松散层面滑动。滑坡体厚度一般从几米到几十米。

②黄土滑坡。发生在不同时期的黄土层中的滑坡称为黄土滑坡。它的产生常与裂隙及黄土对水的不稳定性有关，多见于河谷两岸高阶地的前缘斜坡上，常成群出现，且大多为中、深层滑坡。其中，有些滑坡的滑动速度很快、变形急剧、破坏力强，属于崩塌性的滑坡。

③黏土滑坡。发生在均质或非均质黏土层中的滑坡称为黏土滑坡。黏土滑坡的滑动面呈圆弧形，滑动带呈软塑状。黏土的干湿效应明显，干缩时多张裂，遇水作用后呈软塑或流动状态，抗剪强度急剧降低，所以黏土滑坡多发生在久雨或受水作用之后，多属中、浅层滑坡。

④岩层滑坡。发生在各种基岩岩层中的滑坡属于岩层滑坡，它多沿岩层层面或其他构造软弱面滑动。这种沿岩层层面、裂隙面和前述的堆积层与基岩交界面滑动的滑坡统称为顺层滑坡。但有些岩层滑坡也可能切穿层面滑动而成为切层滑坡。岩层滑坡多发生在由砂岩、页岩、泥岩、泥灰岩以及片理化岩层（片岩、千枚岩等）组成的斜坡上。

（2）按滑坡的力学特征分类

按滑坡的力学特征，可分为牵引式滑坡和推动式滑坡。

①牵引式滑坡。牵引式滑坡主要是由于坡脚被切割（人为开挖或河流冲刷等），使斜坡下部先变形滑动，因而使斜坡的上部失去支撑，引起斜坡上部相继向下滑动。牵引式滑坡的滑动速度比较缓慢，但会逐渐向上延伸，规模越来越大。

②推动式滑坡。推动式滑坡主要是由于斜坡上部不恰当地加荷（如建筑、填堤、弃渣等）或在各种自然因素作用下，斜坡的上部先变形滑动，并挤压推动下部斜坡向下滑动。

推动式滑坡的滑动速度一般较快，但其规模在通常情况下不再有较大发展。

2.滑坡的防治

（1）勘测。为了有效地防治滑坡，首先必须对滑坡进行详细的工程地质勘测，查明滑坡形成的条件及原因，滑坡的性质、稳定程度及其对公路工程的危害性，并提供防治滑坡的措施与有关的计算参数。为此，需要对滑坡进行测绘、勘探和试验工作，有时还需要进行滑坡位移的观测工作。

滑坡测绘是滑坡调查的主要方法之一，也是系统的滑坡调查首先要做的基本工作。通过测绘，查明滑坡的地貌形态、水文地质特征，弄清滑坡周界及滑坡周界内不同滑动部分的界线等。如滑坡壁的高度、陡度、植被和剥蚀情况，滑坡裂缝的分布形状、位置、长度、宽度及其连通情况，滑坡台阶的数目、位置、高度、长度、宽度，滑坡舌的位置、形状和被侵蚀的情况，泉水、湿地的出露位置和地形与地质构造的关系、流量、补给与排泄关系；岩层层面和基岩顶面是否倾向路线及倾角大小，裂隙发育程度和产状，有无软弱夹层和裂隙水活动等。

滑坡勘探目前常用的有坑探、物探和钻探三种方法，使用时互相配合、相互补充和验证。通过勘探，应查明滑坡体的厚度，下伏基岩表面的起伏及倾斜情况，用剥离表土或挖探方法直接观察或通过岩心分析判断滑动面的个数、位置和形状，了解滑坡体内含水层和湿带的分布情况与范围、地下水的流速及流向等；查明滑坡地带的岩性分布及地质构造情况等。

通过测绘和勘探，应提出滑坡工程地质图和滑坡主滑断面图。滑坡工程地质试验是为滑坡防治工程的设计提供依据和计算参数的，一般包括滑坡水文地质试验和滑带土的物理力学试验两部分。水文地质试验是为整治滑坡的地下排水工程提供资料的，一般结合工程地质钻孔进行试验。必要时，做专门水文地质钻探以测定地下水的流速、流向、流量和各含水层的水力联系及渗透系数等。滑动带土石的物理力学试验主要是为滑坡的稳定性验算和抗滑工程的设计提供依据和计算参数的。除一般的常规项目外，还要做剪切实验，以确定内摩擦角和黏聚力。

（三）泥石流

泥石流是山区沟谷中，由暴雨、冰雪融水等水源激发的、含有大量泥沙石块的特殊洪流。泥石流常发生于山区小流域，是一种饱含大量泥沙石块和巨砾的固液两相流体，呈黏性层流或稀性紊流等运动状态。在泥石流暴发过程中，混浊的泥石流沿着陡峻的山涧峡谷冲出山外，堆积在山口。泥石流含有大量泥沙块石，具有发生突然、来势凶猛、历时短暂、大范围冲淤、破坏力极强的特点，常给人民生命财产造成巨大损失。

1.泥石流的分类

泥石流的分类方法有很多，分类依据包括泥石流的形成环境、流域特征和流体性质等，各种分类都从不同的侧面反映了泥石流的某些特征。尽管分类原则、指标和命名等各不相同，但每个分类方案均具有一定的科学性和实用性。下面介绍几种主要的分类方案。

（1）按泥石流的固体物质组成分类。

①泥流：所含固体物质以黏性土为主（占80%～90%），含少量砂砾、石块，黏度大，呈稠泥状。主要分布于甘肃的天水、兰州及青海的西宁等黄土高原山区和黄河的各大支流，如渭河、湟水、洛河、泾河等地区。

②泥石流：固体物质由大量黏性土和粒径不等的砂粒、粉土及石块、砂砾组成，它是一种比较典型的泥石流类型。西藏波密地区、四川西昌地区、云南东川地区及甘肃武都地区的泥石流大都属于此类。

③水石流：固体物质主要是一些坚硬的石块、漂砾、岩屑及砂等，粉土和黏土含量很少，一般小于10%。主要分布于石灰岩、石英岩、大理岩、白云岩、玄武岩及砂岩分布地区，如陕西华山、山西太行山、北京西山及辽东山地的泥石流多属于此类。

（2）按泥石流的流体性质分类。

黏性泥石流：黏性泥石流也称为结构型泥石流。其固体物质的体积含量一般为40%～80%，其中黏土含量一般在8%～15%，其密度多介于1700～2100kg/m³。固体物质和水混合组成黏稠的整体，做等速运动，具有层流性质。在运动过程中，常发生断流，有明显阵流现象。阵流前锋常形成高大的“龙头”，具有巨大的惯性力，冲淤作用强烈。流体到达堆积区后仍不扩散，固液两相不离析，堆积物一般具棱角，无分选性。堆积地形起伏不平，呈“舌状”或“岗状”，仍保持运动时的结构特征，故又称为“结构型泥石流”。

稀性泥石流：稀性泥石流也称为紊流型泥石流。其固体物质的体积含量一般小于40%，粉土、黏土含量一般小于5%，其密度多介于1300～1700kg/m³，搬运介质为浑水或稀泥浆，砂砾、石块在搬运介质中滚动或跃移前进，浑水或泥浆流速大于固体物质的运动速度，运动过程中发生垂直交换，具紊流性质，故又称为紊流型泥石流。它在运动过程中，无阵流现象。停积后固液两相立即离析，堆积物呈扇形散流，有一定的分选性，堆积地形较为平坦。

（3）按泥石流流域的形态特征分类。

标准型泥石流：具有明显的形成、流通、沉积三个区段，形成区多崩塌、滑坡等不良地质现象，地面坡度陡峻，流通区较稳定；沟谷断面多呈“V”形。沉积区一般均形成扇形地，沉积物棱角明显，破坏能力强，规模较大。

河谷型泥石流：流域呈狭长形，形成区分散在河谷的中、上游。固体物质补给远离堆积区，沿河谷既有堆积亦有冲刷。沉积物棱角不明显。破坏能力较强，周期较长，规模较大。

育山坡型泥石流：沟小流短，沟坡与山坡基本一致，扇坡陡而小，沉积物棱角尖锐、明显、较小。没有明显的流通区，形成区直接与堆积区相连。洪积大颗粒滚落扇脚，冲击力大，淤积速度较快，但规模较小。

（4）按流域属性对泥石流的分类。

据流域自然属性对泥石流的分类：根据泥石流暴发的频繁程度、泥石流沟道数与非泥石流沟道数之比、泥石流源地面积与非源地面积之比、100年内最大流量、单位流域面积上平均冲刷土体的方量等指标将泥石流分为极强活跃的、强烈活跃的、中等活跃的、轻微活跃的和微弱活跃的等五类。

按流域社会属性对泥石流的分类：泥石流的社会属性系指泥石流危害（含潜在危害）对象的社会、经济、环境等方面的属性，比如泥石流危险度、危害度、防治能力、防治费用和防治效益等。根据这些指标亦可对泥石流进行分类。根据泥石流所造成的损失值与流域内全部社会资产折价比值将泥石流划分为毁灭性、严重、中度、轻微和微弱等五类。

2.泥石流的防治

（1）勘测。在勘测时应通过调查和访问，查明泥石流的类型、规模、活动规律、危害程度、形成条件和发展趋势等，作为路线布局和选择通过方案的依据，并收集工程设计所需要的流速与流量等方面的资料。

发生过泥石流的沟谷，常遗留有泥石流运动的痕迹。如离河较远，不受河水冲刷，则在沟口沉积区都发育有不同规模的洪积扇或洪积堆，扇上堆积有新沉积的泥石物质，有的还沉积有表面嵌有角砾、碎石的泥球，在通过区往往由于沟谷狭窄，经泥石流的强烈挤压和摩擦，沟壁常遗留有泥痕、擦痕及冲撞的痕迹。

在有些地区，虽然未曾发生过泥石流，但存在形成泥石流的条件，在某些异常因素（如大地震、特大暴雨等）的作用下，有可能促使泥石流突然暴发，对此，在勘测时应特别予以注意。

（2）线路。通过泥石流地区时的选线原则。

①路线跨越泥石流沟时，首先应考虑从流通区或沟床比较稳定、冲淤变化不大的堆积扇顶部用桥跨越。这种方案可能存在平面线型较差、纵坡起伏较大，沟口两侧路堑边坡容易发生崩塌、滑坡等问题，还应注意目前的流通区有无转化为堆积区的趋势。

②当河谷比较开阔，泥石流沟距大河较远时，路线可以考虑走堆积扇的外缘。这种方案线型一般比较舒顺，纵坡也比较平缓，但可能存在以下问题：堆积扇逐年向下延伸，淤埋路基，河床摆动，路基有遭受水毁的威胁。

③对泥石流分布较集中、规模较大、发生频繁、危害严重的地段，应通过经济和技术

比较，在有条件的情况下，可以采取跨河绕道走对岸的方案或其他绕避方案。

④如泥石流流量不大，在全面考虑的基础上，路线也可以在堆积扇中部以桥隧或过水路面通过。采用桥隧时，应充分考虑两端路基的安全措施。这种方案往往很难彻底克服排导沟逐年淤积的问题。

⑤通过散流发育并有相当固定沟槽的宽大堆积扇时，宜按天然沟床分散设桥，不宜改沟归并。如堆积扇比较窄小，散流不明显，则可集中设桥，一桥跨过。

⑥在处于活动阶段的泥石流堆积扇上，一般不宜采用路堑。路堤设计应考虑泥石流的淤积速度及公路使用年限，慎重确定路基标高。

（3）泥石流的防治措施。防治泥石流应全面考虑跨越、排导、拦截以及水土保持等措施，遵循因地制宜和就地取材的原则，注意总体规划，采取综合防治措施。

①水土保持。水土保持包括封山育林、植树造林、平整山坡、修筑梯田、修筑排水系统及支挡工程等措施。水土保持虽是根治泥石流的一种方法，但需要一定的自然条件，收效时间也较长，一般应与其他措施配合进行。

②滞流与拦截。滞流措施是在泥石流沟中修筑一系列低矮围拦挡坝，其作用是拦蓄部分泥沙石块、减弱泥石流的规模、固定泥石流沟床、防止沟床下切和谷坡坍塌、减缓沟床纵坡、降低流速。拦截措施是修建拦渣坝或停淤场，将泥石流中的固体物质全部拦淤，只许余水过坝。

③排导。采用排导沟、急流槽、导流堤等措施使泥石流顺利排走，以防止掩埋道路、堵塞桥涵。泥石流排导沟是常用的一种建筑物，设计排导沟应考虑泥石流的类型和特征。为减小沟道冲淤，防止决堤漫溢，排导沟应尽可能按直线布设；必须转弯时，应有足够大的弯道半径。排导沟纵坡宜一坡到底，如必须变坡时，应从上往下逐渐弯陡。排导沟的出口处最好能与地面有一定的高差，同时必须有足够的堆淤场地，最好能与大河直接衔接。

④跨越。根据具体情况，可以采用桥梁、涵洞、过水路面、明洞及隧道、渡槽等方式跨越泥石流。采用桥梁跨越泥石流时，既要考虑淤积问题，也要考虑冲刷问题。确定桥梁孔径时，除考虑设计流量外，还应考虑泥石流的阵流特性，应有足够的净空和跨径，保证泥石流能顺利通过。桥位应选在沟道顺直、沟床稳定处，并应尽量与沟床正交，不应把桥位设在沟床纵坡由陡变缓的变坡点附近。

三、地面变形地质灾害

从广义上讲，地面变形地质灾害是指因内、外动力地质作用和人类活动而使地面形态发生变形破坏，造成经济损失和（或）人员伤亡的现象和过程。如构造运动引起的山地抬升和盆地下沉等，抽取地下水、开采地下矿产等人类活动造成的地裂缝、地面沉降和塌陷等。从狭义上讲，地面变形地质灾害主要是指地面沉降、地裂缝和岩溶地面塌陷等以地面垂直变形破坏或地面标高改变为主的地质灾害。随着人类活动的加强，人为因素已经成为地面变形地质灾害的重要原因。因此，在发展经济、进行大规模建设和矿产开采的过程中，必须对地面变形地质灾害及其可能造成的危害有充分的认识，加强地面变形地质灾害的成因、预测和防治措施的研究，有效减轻地面变形地质灾害造成的经济损失。下面主要介绍岩溶塌陷。

（一）岩溶塌陷概述

岩溶塌陷是岩溶地区因岩溶作用而发生的一种地面变形和破坏的现象，是我国主要的地质灾害之一。

岩溶塌陷可分为基岩塌陷和上覆土层塌陷两种形式。基岩塌陷是由于下部岩体中的洞穴扩大而导致顶板岩体的塌落；上覆土层塌陷则由于上覆土层中的土洞顶板因自然或人为因素失去平衡而产生下陷或塌落。由基岩洞穴发展成的塌陷常产生深达十几米到数百米的井筒状塌陷漏斗；由土洞发展成的塌陷，也会产生深几米到几十米的圆形塌陷坑。

在岩溶塌陷的防治工作中，必须采取预防和治理相结合的防治措施。

（二）岩溶塌陷的预防措施

岩溶塌陷的预防措施是在查明塌陷成因、影响因素的基础上，为消除或减弱塌陷发生、发展主导因素的作用而采取的工程措施。如设置排水系统、进行地表河流的疏导和改道、填补河床漏水点或落水洞、调整抽水井孔布局和井距、控制抽水井的降深和抽水量、限制开采井的抽水井段、重要建筑物基底下隐伏洞隙的预注浆封闭处理等。

在岩溶地区进行工程建设时，为了减少工程量和确保建筑物的安全，应设法避开岩溶塌陷易发区，若无法避开，则应在查明工程建设场地及其周围岩溶发育情况的基础上，对岩溶塌陷易发区进行地基处理。

对于一些线状工程，有时无法绕避岩溶塌陷易发区，如我国中南和西南岩溶地区的公路、铁路，为减轻岩溶塌陷的危害，必须在查明工程建设场地及其周围岩溶发育情况的基础上，按照避重就轻、兴利防害的原则，采取以下预防措施。

（1）在可溶性岩石分布区，路线应选择在难熔岩分布地段。

（2）路线方向不宜与构造线方向平行，而应与之斜交或垂直。

（3）路线应尽量避开河流附近或较大断层破碎带，不能避开时，也应垂直或斜交通过，以免由于岩溶发育或岩溶水丰富而威胁路基的稳定。

（4）路线尽可能避开可熔岩与非可熔岩或金属矿床的接触带，因这些地带往往岩溶强烈发育，甚至有岩溶泉成群出露。

（5）在岩溶发育地区选线，应尽量在土层覆盖较厚地段通过，因一般覆盖层会起到防止岩溶继续发展、增加溶洞顶板厚度和使上部荷载扩散的作用。但应注意土层内是否存在土洞。

（6）桥位应选在难熔岩分布区或岩溶不发育地段。

（7）隧道位置应避开漏斗、落水洞和大溶洞，且避免与暗河平行。

（三）岩溶塌陷的治理措施

在已经出现岩溶塌陷的地段，为防止岩溶塌陷的进一步发展或危及工程建设，必须采取工程措施进行地基处理，常用的治理措施有以下几种。

（1）清除填堵法：清除溶洞或土洞中的松土后，填以碎石、块石等，再覆盖黏土并分层夯实，可改善地基土的工程性质，防止塌陷的发生。为防止潜蚀的发生，可以在回填土洞的碎石上设置反滤层。对于重要建筑物一般需要将坑底或洞底与基岩面的通道堵塞，可开挖回填混凝土或灌浆处理。该方法常用于塌坑较浅或浅埋的土洞。

（2）强夯法：强夯法是通过重锤下落时的强烈冲击波对土体进行夯实加固。此方法既可夯实塌陷区松软的土层和塌陷坑内的回填土，又可消除隐伏土洞和软弱带，是一种治理与预防相结合的措施。

（3）灌浆法：对于埋藏较深的溶洞或土洞，不可能采用挖填和跨越方法处理时，可在洞体范围内的顶板上钻孔后，灌注水泥与黏土的混合浆液，浆液渗入到土层或回填土内部，可起到很好的胶结加固作用，但应注意灌满并达到一定密度。

（4）桩基础法：当土洞埋深较大时，可用桩基处理，如采用混凝土桩、钢桩、砂桩或爆破桩等，除了可以提高支承能力外，还可挤密土层和改变地下水渗流条件。

（5）排导法：由于地下水的活动可溶蚀、冲刷或潜蚀洞壁和洞顶，造成裂隙和洞体扩大或洞顶坍塌，因而应防止地表水入渗，可采用截排水措施将地表水引导到塌陷区以外。

（6）跨越法：使结构物跨越塌陷坑洞，两端支撑在可靠的岩土体上，并注意其承载能力和稳定性。多用于塌陷坑或隐伏土洞较深较大、开挖回填有困难的岩溶塌陷区。跨越结构物有桥梁跨越、网络梁跨越、地基板跨越、钢轨梁跨越、框架梁跨越、渡槽跨越等。

（7）高压旋喷法：高压旋喷法是用高压脉冲泵通过钻杆底部的喷嘴向周围土体喷射化学浆液，高压射流使土体结构破坏并与化学浆液混合、胶结硬化，从而起到加固作用的一种地基处理方法。高压旋喷法可在浅部形成一硬壳层，若在硬壳层上再设置筏板基础，则可以有效地治理岩溶塌陷区的地基。

此外，还有平衡地下水、气压力法及复合地基加固法、导管灌砂注浆法、止水帷幕法、水平帷幕法等。在实际工作中，往往是两种或两种以上处理方法混合使用，以使治理工程更加科学可靠。

四、地下水

温室效应使得全球暖化，这在加长降水历时、增大降水强度的同时，也加速了海洋中冰雪的消融，促使海平面上升，再加上地面径流的增加，将导致地下水位的上升。地下水位上升引起的工程环境问题包括浅基础地基承载力降低，砂土地震液化加剧，建筑物震陷加剧，土壤沼泽化、盐渍化，岩土体发生变形、滑移、崩塌失稳等不良地质现象等。

五、特殊土地质灾害

特殊土是指某些具有特殊物质成分和结构赋存于特殊环境中，易产生不良工程地质问题的区域性土，如黄土、膨胀土、盐渍土、软土、冻土、红土等。当特殊土与工程设施或工程环境相互作用时，常产生特殊的土地质灾害，故在国外常把特殊土称为“问题土”，意即特殊土在工程建设中容易产生地质灾害或工程问题。

中国地域辽阔、自然地理条件复杂，在许多地区分布着区域性的、具有不同特性的土层。深入研究它们的成因、分布规律、地质特征和工程地质性质，对于及时解决在这些特殊土上进行建设时所遇到的工程地质问题，并采取相应的工程措施及合理确定特殊土发育地区工程建设的施工方案，避免或减轻灾害损失，提高经济和社会效益具有重要意义。

六、温室效应

温室效应是指透射阳光的密闭空间由于与外界缺乏热交换而形成的保温效应，就是太阳短波辐射可以透过大气射入地面，而地面增暖后放出的长波辐射却被大气中的二氧化碳等物质吸收，从而产生大气变暖的效应。

长期以来，人类不加节制、大规模地伐木燃煤，燃烧石油及石油产品，释放出大量的二氧化碳，工农业生产也排放出大量甲烷等派生气体，地球的生态平衡在无意识中遭到破坏，致使气温不断上升。

温室效应使全球海平面及沿海地区地下水位不断上升，土体中有效应力降低，从而产生液化及震陷现象加剧、地基承载力降低等一系列岩土工程问题。河川水位上升，又使堤防标准降低，渗透破坏加剧。大气降雨的增加，台风的加大，使风暴、洪涝灾害加重，引发滑坡、崩塌、泥石流等环境问题。

第四节　人类活动引起的环境岩土工程问题

一、人类生产活动引发的环境岩土工程问题

（一）过量抽汲地下水引起的地面沉降

随着世界人口的不断增长、工农业生产规模的不断扩大，人类目前不得不面对全球性缺水这样一个严重的环境问题。长期以来，人类在发展过程中，在改造自然的同时，没有注意对环境的保护。大量淡水资源被污染，使得原来就很有限的水资源愈发不能满足人们的需要。在许多地区，大量地下水被不合理开采。城市大量抽汲地下水引起的地面沉陷，造成大面积建筑物开裂、地面塌陷、地下管线设施损坏，城市排水系统失效，从而造成巨大损失。地面沉降主要与无计划抽汲地下水有关，地下水的开采地区、开采层次、开采时间过于集中。集中过量地抽取地下水，使地下水的开采量大于补给量，导致地下水位不断下降，漏斗范围亦相应地不断扩大。开采设计上的错误或由于工业、厂矿布局不合理，水源地过分集中，也常导致地下水位的过快和持续下降。据上海有关部门的观测，由于地下水位下降引起的最大沉降量已达2.63m。

除了人为开采外，其他还有许多因素也会引起地下水位的降低，并可能诱发一系列环境问题。例如，对河流进行人工改道，上游修建水库、筑坝截流或上游地区新建或扩建水源地截夺了下游地下水的补给量；矿床疏干、排水疏干、改良土壤等都能使地下水位下降。另外，工程活动（如降水工程、施工排水等）也能造成局部地下水位下降。

通常采用压缩用水量和回灌地下水等措施来克服地下水位下降的问题，然而随着时间的推移，人工回灌地下水的作用将会逐渐减弱。所以，截至目前还没有找到一个合理的解决办法。

（二）废弃物污染造成的环境岩土工程问题

随着社会的进步、经济的发展和人们生活水平的不断提高，城市废弃物产量与日俱增。这些废弃物不但污染环境、破坏城市景观，还会传播疾病，威胁人类的健康和生命安全。治理城市废弃物已经成为世界各大城市面临的重大环境问题。

经济的快速发展提高了人们的生活水平、促进了人类社会文明的进步，同时也产生了

许多问题。越来越多的人口汇聚城市，使城市的人口数量膨胀。另外，人均生活消费产生的垃圾废弃物数量也急剧增加，造成处理城市废弃物的任务越来越艰巨。废弃物如果不能合理处置，将对环境造成严重的污染。面对每天产出的数量相当庞大的废弃物，人类目前尚无法采用大规模的资源化的方法来解决它们。废弃物的贮存、处置和管理是目前亟待解决的重大课题。

目前，处理废物垃圾的主要方法有堆肥、焚烧和填埋。由于各地具体情况不同及生活垃圾的性质差异，对生活垃圾处理技术的选择也难以统一，很难绝对地说哪种方式最好。在中国，填埋法是目前和今后相当长时期内城镇处理生活垃圾的重要方法之一。

据粗略估计，我国卫生填埋所需的土地面积至少为几千万平方米。这些填埋场大多建设在城市近郊，有很大的利用价值，如何对废旧填埋场进行再利用已经成为人们关注的话题。废旧填埋场的再利用包括两个方面：一是在原有的老填埋场上继续填埋生活垃圾，从而节省建设新填埋场所需的大量资金；二是对已稳定的填埋场进行安全处理后，用于修建公园、种植经济树木或建造构筑物等。

另外，我国许多城市的废弃物填埋场是山谷型的，填埋场的稳定问题显得极为重要，一旦发生失稳破坏，后果将不堪设想，进行补救很困难，往往需耗费巨资。因此，填埋场的稳定问题也是一个重要的课题。

（三）放射性废物的地质处置

核工业带来了各种形式的核废物。核废物具有放射性与放射毒性，从而对人类及其生存环境构成了威胁。因此，核废物的安全处理与最终处置在很大程度上影响着核工业的前途和生命力，制约着核工业特别是民用核工业的进一步应用与发展。

按放射性水平的不同，核废物可分为高放废物和中低放废物。高放废物的放射性水平高、放射性毒性大、发热量大，而其中超铀元素的半衰期很长，因此，高放废物的处理与处置是核废物管理中最为重要也是最为复杂的课题。自1954年美国首先开始研究以来，世界有关国家和国际社会便开始关注此问题，开展了多方面的研究工作。

消除放射性废物对生态环境的危害，可通过三种途径：核嬗变处理法、稀释法和隔离法。隔离法又可分为地质处置、冰层处置、太空处置等方法。核嬗变处理法尚处于探索阶段，稀释法不适宜于高放废物，冰层处置与太空处置还仅是一种设想。因此，高放废物最现实可行的方法是地质处置法。

深地质处置是高放废物地质处置中最主要的形式，即把高放废物埋在距离地表深500～1000m的地质体中，使之永久与人类的生存环境隔离。深地质处置法隔离放射性核素是基于多重屏障的概念：由废物体、废物包装容器和回填材料组成的人工屏障以及由岩石与土壤组成的天然屏障。实现这一隔离目标的关键技术有两个，即天然屏障的有效性及工程屏障的有效性。前者与场地的地质、力学稳定性及地下水有关，可通过选取有利场地、有利水文地质条件和有利围岩来实现；后者可通过完善的处置库设计和优良的工程屏障（选取有利的固化体、包装与回填材料）来实现。

开发处置库是一个长期的系统化过程，一般需要经过基础研究，处置库选址，场址评价，地下实验室研究，处置库设计、建设和关闭等阶段。其中，地下实验室研究是建设处置库不可缺少的重要阶段。各国在进行选址和场址评价的同时还开展大量研究和开发工作，主要包括处置库的设计、性能评价、核素迁移的实验室研究和现场试验、工程屏障研究等。

二、人类工程活动引发的环境岩土工程问题

随着社会经济的发展，城市人口激增和城市基础设施相对落后的矛盾日益加剧，城市道路交通、房屋等基础设施需要不断更新和改善，我国大城市的工程建设进入了大发展时期。在城市中，特别是大中城市，楼群密集，人口众多，各类建筑、市政工程及地下结构的施工，如深基坑开挖、打桩、施工降水、强夯、注浆、各种施工方法的土性改良、回填以及隧道与地下洞室的掘进，都会对周围土体的稳定性造成重大影响。例如，由施工引起的地面和地层运动、大量抽汲地下水引起的地表沉陷，将影响地面周围建筑物与道路等设施的安全，致使附近建筑物倾斜、开裂甚至损坏，或者引起基础下陷导致其不能正常使用；更为严重的是，由此引起给水管、污水管、煤气管及通信电力电缆等地下管线的断裂与损坏，造成给排水系统中断、煤气泄漏及通信线路中断等，将会给工程建设、人民生活及国家财产带来巨大损失，并产生不良的社会影响。

上述事故的主要原因之一是对受施工扰动引起周围土体性质的改变以及在施工中结构与土体介质的变形、失稳、破坏的发展过程认识不足，或者虽对此有所认识，但没有更好的理论与方法去解决。由于施工扰动的方式是千变万化、错综复杂的，因此施工扰动影响周围土体工程性质的变化程度也不相同，如土的应力状态与应力路径的改变、密实度和孔隙比的变化、土体抗剪强度的降低和提高以及土体变形特性的改变等。

第二章 岩土工程勘察

第一节 概述

岩土工程勘察（GeotechnicalInvestigation）是指根据建设工程的要求，查明、分析、评价建设场地的地质，环境特征和岩土工程条件，编制勘察文件的活动。若勘察工作不到位，不良工程地质问题将被揭露出来，易使设计和施工良好的上部构造遭受破坏。岩土工程勘察的目的主要是查明工程地质条件、分析存在的工程地质问题、对建筑地区做出工程地质评价。岩土工程勘察的内容主要有工程地质调查和测绘、勘探与岩土取样、原位测试、室内试验、现场检验和检测，最终根据以上几种或全部手段对场地工程地质条件进行定性或定量分析评价，并编制所需的成果报告文件。

勘察、设计和施工是我国基本建设工程的三个主要程序。勘察工作必须走在设计和施工之前，为设计和施工服务，有了准确的勘察资料，才可能有正确的设计和施工。岩土工程勘察应按工程建设各勘察阶段的要求，正确反映工程地质条件，查明不良地质作用和地质灾害，精心勘察，详细分析，提出资料完整、评价正确的勘察报告，从而提高经济效益和社会效益。

我国公路、铁路、工业与民用建筑等各部门对各自工程的勘察工作，随着建筑物自身条件和所处外部环境的不同，各有其特殊的要求，但总体思路都是大同小异的。本章将分别介绍岩土工程勘察的任务、程序、分级和工程勘察的基本要求等内容，以便大家获得岩土工程勘察的基本知识。

第二节 岩土工程勘察的任务

完成一个工程建设项目需要经过规划、勘察、设计和施工四个主要过程，工程地质勘察是完成工程建设项目的一个重要步骤。只有认真做好工程地质勘察工作，才能针对具体的工程地质条件设计建筑物的主体工程，进而才能保证施工的顺利进行；否则就会违背地质的自然规律，带来不可估量的损失。因此，利用工程地质的基本理论并结合当地的工程地质条件，解决实际的工程地质问题是土木工程师的历史责任和应尽的义务。

工程地质勘察的基本任务就是为工程建筑的规划、设计和施工提供地质资料，运用地质和力学知识回答工程上的地质问题，以便使建筑物与地质环境相适应，从地质方面保证建筑物的稳定安全、经济合理、运行正常、使用方便。而且要尽可能地避免因工程的兴建而恶化地质环境，引起地质灾害，进而达到合理利用和保护环境的目的。

据此，可以把工程地质勘察的任务具体归纳为以下几个方面。

（1）查明建筑地区的工程地质条件，指出有利和不利条件。阐明工程地质条件的特征及其形成过程和控制因素。

（2）分析研究与建筑有关的工程地质问题，作出定性评价和定量评价，为建筑物的设计和施工提供可靠的地质依据。

（3）选出工程地质条件优越的建筑场地。正确选定建筑地点是工程规划、设计中的一项战略性的工作，也是最根本的工作。地点选得合适就能较为充分地利用有利的工程地质条件，避开不利条件，从而减少处理措施，取得最大的经济效益。工程地质勘察的重要性在场地选择方面表现得最为明显而突出，所以选择优越的建筑场地就成为工程地质勘察的任务之一。

（4）配合建筑物的设计与施工，提出关于建筑物类型、结构、规模和施工方法的建议。建筑物的类型与规模应当适应场地的工程地质条件，这样才能安全经济。施工方法也要根据地质环境的特点制定具体方案，保证顺利施工。这一任务应与场地选择结合进行。

（5）为拟定改善和防治不良地质条件的措施提供地质依据。拟定和设计处理措施是设计和施工方面的工作，而针对的是工程地质条件中的缺陷和存在的工程地质问题，只有在阐明不良条件的性质、涉及范围，以及正确评定有关工程地质问题的严重程度的基础上，才能拟定出合适的措施方案。所以，必须有工程地质勘察的成果作为依据。

（6）预测工程兴建后对地质环境造成的影响，制定保护地质环境的措施。人类工程——经济活动取得了利用地质环境、改造地质环境为人类谋取福利的巨大效益。但是，它同时也成为新的地质营力，产生了一系列不利于人类生活与生产的地质环境问题。例如，铁路的修建方便了交通，但是山区开挖边坡也常常引起新的滑坡、崩塌；水库的修建有利于防洪、发电等，但也往往带来了库岸地区的浸没、坍岸，甚至出现水库诱发地震等问题。

第三节　岩土工程勘察的程序

一、岩土工程勘察基本程序

岩土工程勘察要根据有关政府部门的批文，按勘察合同所定的拟建工程场地进行。岩土工程勘察要分阶段进行，其基本程序如下。

（1）前期准备工作。调查、搜集工程资料，进行现场踏勘或工程地质测绘，初步了解场地的工程地质条件、不良地质现象及其他主要问题。

（2）编写勘察纲要。编写勘察纲要时要针对工程的特点，根据合同任务要求，结合场地的地质条件，分析预估工程场地的复杂程度，按勘察阶段要求布置勘察工作量，并选择有效的勘探测试手段，积极采用新技术和综合测试方法，明确工程中可能出现的具体岩土工程问题以及所需提供的各种岩土技术参数。

（3）现场勘察和室内试验。勘探工作是根据工程性质和勘测方法综合确定的。常用勘探方法有钻探、井探、槽探和物探等。勘探工作结束后，还需要对勘探井孔进行回填，以免影响工程场地地基的性质。

勘察的目的是鉴别场地中岩、土性质和划分地层。岩土参数可以通过岩土的室内或现场测试测得，测试项目通常按岩土特性及工程性质确定。目前，在现场直接测试岩石力学参数的方法有很多，有现场载荷试验、标准贯入试验、静或动力触探试验、十字板剪切试验、旁压试验、现场剪切试验、波速试验、岩体原位应力测试等，以上统称为原位测试。原位测试可以直观地提供地基承载力和岩土体变形参数，也可以为工程监测与控制提供参数依据。

（4）整理资料并编写报告书。勘察报告书是对勘察过程和成果的总结。依据调查、勘探、测试等原始资料编写报告书，编写内容要有重点，要包括勘察项目的目的与要求、拟建工程概况、所使用勘察方法和具体勘察工作布置、对场地工程条件的评价等。

（5）施工和运营期的监测。在重要岩土工程的施工过程中，需要进行监测和监理，检查施工质量，使其符合设计要求，或根据现场实际情况的变化，对设计提出修改意见。

在岩土工程运营使用期限内对其进行长期观测，用工程实践检验岩土工程勘察的质量，积累地区性经验，提高岩土工程勘察水平。

可见，岩土工程勘察不仅需要在设计、施工前进行，而且需要在施工过程中甚至在工程竣工后进行长期观测，把勘察、设计、施工截然分开的想法是有缺陷的。

二、岩土工程勘察的工作过程

（一）岩土工程勘察阶段划分

岩土工程勘察服务于工程建设的全过程，其目的在于运用各种勘察技术手段，有效查明建筑物场地的工程地质条件，并结合工程项目特点及要求，分析场地内存在的工程地质问题，论证场地地基的稳定性和适宜性，提出正确的岩土工程评价和相应对策，为工程建设的规划、设计、施工和正常使用提供依据。

为保证工程建筑物自规划设计到施工和使用全过程达到安全、经济、合用的标准，使建筑物场地、结构、规模、类型与地质环境、场地工程地质条件相互适应，任何工程的规划设计过程都必须遵循循序渐进的原则，即科学地划分为若干阶段进行。工程地质勘察过程是对客观工程地质条件和地质环境的认识过程，其认识过程按照由区域到场地、由地表到地下、由一般调查到专门性问题的研究、由定性到定量评价的原则进行。

岩土工程勘察阶段的划分与工程建设各个阶段相适应，大致可分为以下阶段。

1.可行性研究勘察（选址勘察）

本勘察阶段的目的与任务是搜集、分析已有资料，进行现场踏勘，必要时进行工程地质测绘和少量勘探工作，对场址稳定性和适宜性作出岩土工程评价，明确拟选定的场地范围和应避开的地段，对拟选方案进行技术经济论证和方案比较，从经济和技术两个方面进行论证以选取最优的工程建设场地。

一般情况下，工程建筑物地址力争避开以下工程地质条件恶劣的地区和地段。

（1）不良地质作用发育（如崩塌、滑坡、泥石流、岸边冲刷、地下潜蚀等地段）对建筑物场地稳定构成直接危害或潜在威胁的地段。

（2）地基土性质严重不良。

（3）建筑抗震危险地段。

（4）受洪水威胁或地下水不利影响地段。

（5）地下有未开采的有价值的矿藏或未稳定的地下采空区。

此阶段勘察工作的主要内容为调查区域地质构造、地形地貌与环境工程地质问题，调查第四纪地层的分布及地下水埋藏性状、岩石和土的性质、不良地质作用等工程地质条件，调查地下矿藏、文物分布范围。

2.初步勘察阶段

初步勘察是与工程初步设计相适应，此阶段的目的与任务是对工程建筑场地的稳定性作出进一步的岩土工程评价：根据岩土工程条件分区，论证建筑场地的适宜性；根据工程性质和规模，为确定建筑物总平面布置、主要建筑物地基基础方案，对不良地质现象的防治工程方案进行论证；提供地基结构、岩土层物理力学性质指标；提供地基岩土体的承载力及变形量资料；对地下水进行工程建设影响评价；指出本勘察阶段应注意的问题。勘察的范围是建设场地内的建筑地段。主要的勘察方法是工程地质测绘、工程物探、钻探、土工试验。

此阶段勘察工作主要内容如下。

（1）根据拟选建筑方案范围，按本阶段的勘察要求，布置一定的勘探与测试工作。

（2）查明建筑场地内地质构造和不良地质作用的具体位置。

（3）探测场地内的地震效应。

（4）查明地下水性质及含水层的渗透性。

（5）搜集当地已有建筑经验及已有勘察资料。

3.详细勘察阶段

此阶段的目的与任务是对地基基础设计、地基处理与加固、不良地质现象的防治工程进行岩土工程计算与评价，满足工程施工图设计的要求。此阶段要求的成果资料更详细可靠，而且要求提供更多、更具体的计算参数。

此勘察阶段的主要工作和任务如下。

（1）获取附有坐标及地形的工程建筑总平面布置图，了解各建筑物的平面整平标高和建筑物的性质、规模、结构特点，提出可能采取的基础形式、尺寸、埋深，对地基基础设计的要求。

（2）查明不良地质作用的成因、类型、分布范围、发展趋势、危害程度，提出评价与整治所需的岩土技术参数和整治方案建议。

（3）查明建筑范围内各岩土层的类别、结构、厚度、坡度、工程特性，计算和评价地基的稳定性和承载力。

（4）为需要进行基础沉降计算的建筑物提供地基变形量计算的参数，预测建筑物的沉降性质。

（5）对抗震设防烈度不小于Ⅴ度的场地，划分场地土的类型和场地类别；对抗震设防烈度不小于Ⅲ度的场地，还应分析预测地震效应，判定饱和砂土或饱和粉土的地震液化势，并计算液化指数。

（6）查明地下水的埋藏条件，当进行基坑降水设计时还应查明水位变化幅度与规律，提供地层渗透性参数。

（7）判定水和土对建筑材料及金属的腐蚀性。

（8）判定地基土及地下水在建筑物施工和使用期间可能产生的变化及其对工程的影响，提供防治措施和建议。

（9）对地基基础处理方案进行评价。一般包括地基持力层的选择、承载力验算和变形估算等。当需要进行地基处理时，应提供复合地基或桩基础设计所需的岩土技术参数，选择合适的桩端持力层和桩型，估算单桩承载力，提出基础施工时应注意的问题。

（10）对深基坑支护、降水还应提供稳定计算和支护设计所需的岩土技术参数，对基坑开挖、支护、降水提出初步意见和建议。

（11）在季节性冻土地区提供场地土的标准冻结深度。

4.施工勘察

施工勘察不作为一个固定阶段，视工程的实际需要而定，对条件复杂或有特殊施工要求的重大工程地基需进行施工勘察。施工勘察包括施工阶段的勘察和施工后一些必要的勘察工作，如检验地基加固效果。

（二）工程地质测绘

工程地质测绘是岩土工程勘察中一项最重要、最基本的勘察方法，也是走在其他勘察工作前面的一项勘察工作。工程地质测绘和调查应在可行性研究或初步勘察阶段进行，详细勘察时可在初步勘察测绘和调查的基础上，对某些专门地质问题（如滑坡、断裂构造）作必要的补充调查。工程地质测绘的目的是详细观察和描述与工程建设有关的各种地质现象，以查明拟定建筑区内工程地质条件的空间分布和各要素之间的内在联系，按照精度要求反映在一定比例尺的地形底图上，配合工程地质勘探、试验等所取得的资料编制成工程地质图。

在切割强烈的基岩裸露山区，只进行工程地质测绘，就能较为全面地了解该区的工程地质条件、岩土工程性质的形成和空间变化，判明物理地质现象和工程地质现象的空间分布、形成条件和发育规律。在第四系覆盖的平原区，工程地质测绘也有着不可忽视的作用，其测绘工作重点放在地貌和松软土上。

由于工程地质测绘能够在较短时间内查明广大地区的工程地质条件，在区域性预测和对比评价中能够发挥重大作用，配合其他勘察工作能够顺利地解决建筑区的选择和建筑物的合理配置等问题，所以，在工程设计的初期阶段，往往是岩土工程勘察的主要手段。

1.工程地质测绘范围的确定

工程地质测绘不像一般的区域地质或区域水文地质测绘那样，严格按照比例尺寸大小由地理坐标确定测绘范围，而是根据建筑物的需要在与该项目工程有关的范围内进行。原则上测绘范围包括场地及邻近地段。

根据实践经验，工程地质测绘范围由以下两方面确定。

（1）拟建建筑物的类型和规模、设计阶段。

建筑物的类型、规模不同，与自然地质环境相互作用的广度和强度也不同，确定测绘范围时首先应考虑这一点。例如，房屋建筑和构筑物一般仅在小范围内与自然地质环境发生作用，通常不需要进行大面积工程地质测绘。而道路工程、水利工程涉及的地质单元相对较多，必须在建筑物涉及范围内进行工程地质测绘。工程初期设计阶段，为选择适宜的建筑场地，一般都有若干比较方案，为了进行技术经济论证和方案比较，应把这些方案场地包括在同一测绘范围内，测绘范围比较大。当建筑场地选定之后，特别在设计的后期阶段，各建筑物的具体位置和尺寸均已确定，就只需在建筑地段的较小范围内进行大比例尺的工程地质测绘。可见，工程地质测绘范围是随着建筑物设计阶段（岩土工程勘察阶段）的提高而缩小的。

（2）工程地质条件的复杂程度和研究程度。

一般情况下工程地质条件越复杂，研究程度越差，工程地质测绘范围相对就越大。工程地质条件复杂程度包含两种情况：①场地内工程地质条件非常复杂，如构造变动强烈、有活动断裂分布、不良地质现象强烈发育、地质环境遭到严重破坏、地形地貌条件十分复杂。②虽然场地内工程地质条件较为简单，但场地附近有危及建筑物安全的不良地质现象存在。如山区的城镇和厂矿企业往往兴建于地形比较平坦开阔的洪积扇上，对场地本身来说工程地质条件并不复杂，但一旦泥石流暴发则有可能摧毁建筑物。此时工程地质测绘范围应将泥石流形成区包括在内。又如，位于河流、湖泊、水库岸边的房屋建筑，场地附近若有大型滑坡存在，当其突然失稳滑落所激起的涌浪可能导致灭顶之灾，此时工程地质测绘范围不能仅在建筑物附近，还应包括滑坡区。

一般情况下，工程地质测绘和调查的范围应包括场地及其附近地段。

2.工程地质测绘比例尺的选择

工程地质测绘的比例尺和精度应符合下列条件。

（1）测绘的比例尺：可行性研究勘察阶段可选用1∶5000～1∶50000，属中、小比例尺测绘；初步勘察阶段可选用1∶2000～1∶10000，属中、大比例尺测绘；详细勘察阶段可选用1∶500～1∶2000或更大，属大比例尺测绘；条件复杂时，比例尺可适当放大。

（2）对工程有重要影响的地质单元体（滑坡、断层、软弱夹层、洞穴等），可采用扩大比例尺表示，以便更好地解决岩土工程的实际问题。

（3）地质界线和地质观测点的测绘精度，在图上不应低于3mm。

同时选择测绘的比例尺应与使用部门的要求及其提供的图件的比例尺一致或相当；在

同一设计阶段内，比例尺的选择取决于工程地质条件的复杂程度，建筑物类型、规模及重要性。在满足工程建设要求的前提下，尽量减少测绘工作量。

为了保证工程地质图的精度和各种地质界线准确无误，按规定，在大比例尺的图上地质界线的误差不得超过0.5mm，所以在大比例尺的工程地质测绘中要采用仪器定点法。观察点描述的详细程度以各单位测绘面积上观察点的数量和观察线的长度来控制。

通常不论其比例尺多大，一般都以图上每1cm²范围内有一个观察点来控制观察点的平均数。比例尺增大，同样实际面积内的观察点数就相应增多。

3.地质观测点的布置、密度和定位

地质观测点的布置是否合理，是否具有代表性，对于成图的质量至关重要。

（1）地质观测点的布置和密度。观察点的分布一般不应是均匀的，而是在工程地质条件复杂的地段多一些、简单的地段少一些，都应布置在工程地质条件的关键位置上。为了保证工程地质图的详细程度，还要求工程地质条件各因素的单元划分与图的比例尺相适应。一般规定岩层厚度在图上的最小投影宽度大于2mm者均应按比例尺反映在图上。厚度或宽度小于2mm的重要工程地质单元，如软弱夹层、能反映构造特征的标志层、重要的物理地质现象等，则应采用超比例尺或符号的办法在图上表示出来。

①地质观测点应布置在地质构造线、地层接触线、岩性分界线、不整合面和不同地貌单元、微地貌单元的分界线和不良地质作用分布的地段，标准层位和每个地质单元体应有地质观测点。

②地质观测点应充分利用天然和已有的人工露头，例如，采石场、路堑、井、泉等。当露头不足时，可采用人工露头补充，根据具体情况布置一定数量的探坑、探槽、剥土等轻型坑探工程；条件适宜时，还可配合进行物探工作，探测地层、岩性、构造、不良地质作用等问题。

地质观测点的密度应根据场地的地貌、地质条件、成图比例尺和工程要求等确定，并应具代表性。

（2）地质观测点的定位：地质观测点的定位标测对成图的质量影响很大，地质观测点的定位应根据精度要求和地质条件的复杂程度选用目测法、半仪器法、仪器法、卫星定位系统。

①目测法。适用于小比例尺的工程地质测绘，该法根据地形、地物和其他测点以目估或步测距离标测。

②半仪器法。适用于中等比例尺的工程地质测绘，该法是借助罗盘仪、气压计等简单的仪器测定方位和高度，使用步测或测绳测距离。

③仪器法。适用于大比例尺的工程地质测绘，该法是借助经纬仪、水准仪等较精确的仪器测定地质观测点的位置和高程，对于有特殊意义的地质观测点和对工程有重要影响的

地质观测点，如地质构造线、地层接触线、岩性分界线、软弱夹层、地下水露头以及不良地质作用等特殊地质观测点，均应采用仪器法。

④卫星定位系统。满足精度条件下均可采用。

（3）工程地质测绘和调查方法。实地工程地质测绘方法一般有三种。

①路线法。沿一定的路线穿越测绘场地，详细观察沿途地质情况并把观测路线和沿线查明的地质现象、地质界线、地貌界线、构造线、岩性、各种不良地质现象等填绘在地形图上。路线形式有直线形或“S”形等，用于各类比例尺的测绘。

②布点法。根据地质条件复杂程度和不同的比例尺的要求，预先在地形图上布置一定数量的观测点及观测路线。观测路线的长度应满足各类勘察的要求，路线避免重复，尽可能以最优观察路线达到最广泛的观察地质现象的目的。布点法适用于大、中比例尺测绘，是工程地质测绘的基本方法。

③追索法。沿地层、地质构造的延伸方向和其他地质单元界线布点追索，以便追索某些重要地质现象（例如，标志层、矿层、地质界线、断层等）的延展变化情况和地质体的轮廓，查明某些局部复杂构造布置地质观察路线的一种方法。追索法多用于大比例尺测绘或专项地质调查，是一种辅助测绘方法，常配合前两种方法使用。对于一些中、小型地质体，采用追索法还可起到全面圈定其分布范围的作用，在这种情况下，也可将追索法称为圈定法。在航空相片解译程度良好的地区，可直接依据其影像标志圈定某些地质体的范围，以减少地面追索的工作量。

遥感制图法可用于各种比例尺测绘，其方法步骤是：第一步采用目视、光学仪器或计算机等方法对航空照片、卫星照片进行地质解译；第二步结合区域地质资料，调绘整理成图、表和文字说明；第三步到实地验证地质解译成果，经补充修改最后成图。野外工作应包括检查解译标志、检查解译结果、检查外推结果、对室内解译难以获得的资料进行野外补充。在利用遥感影像资料解译进行工程地质测绘时，现场检验地质观测点数宜为工程地质测绘点数的30%～50%。

4.工程地质测绘研究的内容

工程地质测绘是在收集、分析已有邻近地区的地质资料基础上，结合项目情况，明确工作重点和难点，布置观测路线和实地查勘，绘制实测标准地层剖面，编制综合地层柱状图。

根据成图比例尺的大小和岩层厚薄的关系，确定岩层填图单位的工作。其工作内容包括如下几个方面。

（1）地层岩性：地层岩性是工程地质条件中最基本的要素，也是研究各种地质现象的基础。对地层岩性研究的内容包括：

①确定地层的时代和填图单位；

②各类岩土层的分布、岩性、岩相及成因类型；

③岩土层的层序、接触关系、厚度及其变化规律；

④岩土的工程性质；等等。

（2）地质构造：地质构造是工程地质条件中对建筑物危害最严重的要素。对地质构造的研究内容包括以下几点。

①岩层的产状及各种构造形迹的分布、形态和规模。

②软弱结构面（带）的产状及其性质，包括断层的位置、类型、产状、断距、破碎带宽度及充填胶结情况。

③岩土层各种接触面及各类构造岩的工程特性。

④近期构造活动的形迹、特点及与地震活动的关系等。

（3）地形地貌：地形地貌是工程地质条件中对建筑物选址影响最大的要素。对地形地貌研究的内容包括以下几点。

①地貌形态特征、分布和成因。

②划分地貌单元，以及地貌单元的形成与岩性、地质构造及不良地质现象等的关系。

③各种地貌形态和地貌单元的发展演化历史。

（4）不良地质作用：不良地质作用影响建筑物的选址及其运营期间的稳定性。对不良地质作用研究的内容包括各种不良地质作用（岩溶、滑坡、崩塌、泥石流、冲沟、河流冲刷、岩石风化等）的分布、形态、规模、类型和发育程度，分析它们的形成机制和发展演化趋势，并预测其对工程建设的影响。

（5）水文地质条件：水文地质条件影响建筑物地基基础的安全稳定性，对水文地质条件研究的内容包括：从地下水露头的分布、类型、水量、水质等入手，并结合必要的勘探、测试工作，查明测区内地下水的类型、分布情况和埋藏条件；含水层、透水层和隔水层（相对隔水层）的分布，各含水层的富水性和它们之间的水力联系；地下水的补给、径流、排泄条件及动态变化；地下水与地表水之间的补、排关系；地下水的物理性质和化学成分等。在此基础上分析水文地质条件对岩土工程实践的影响。

（6）已有建筑物：对已有建筑物的观察实际上相当于一次1：1的原型试验。根据建筑物变形、开裂情况分析场地工程地质条件及验证已有评价的可靠性。

（7）天然建筑材料：天然建筑材料影响建筑物基础形式及建筑结构形式的选择，对天然建筑材料的研究应结合工程建筑的要求，就地寻找适宜的天然建材，作出质量和储量评价。当前各类工程都特别重视建筑材料质量及美学价值的研究。

（8）人类活动对场地稳定性的影响：测区内或测区附近人类的某些工程、经济活动，往往影响建筑场地的稳定性。例如，人工洞穴、地下采空、大挖大填、抽（排）水和水库蓄水引起的地面沉降、地表塌陷、地震，以及渠道渗漏引起的斜坡失稳等，都会对场地稳定性带来不利影响，对它们的调查应予以重视。此外，场地内如有古文化遗迹和古文物，应妥善保护发掘，并向有关部门报告。

5.工程地质测绘成果

工程地质测绘资料整理应贯穿整个测绘工作的全过程，边搜集现场资料，边分析整理成图，并要及时总结。有些专门性问题要反复调查研究，寻找论据。测绘外业工作结束后，即应提出各种原始资料，包括地质记录、照片、素描图等。经过检查校核后，编制各种综合分析图表和正式图件，如工程地质平面图、地质剖面图和有关专门性地质图。

工程地质测绘和调查的成果资料包括实际材料图、综合工程地质图、工程地质分区图、综合地质柱状图、工程地质剖面图以及各种素描图、照片和文字说明等。

（三）岩土工程勘探

岩土工程勘探是在工程地质测绘的基础上，利用各种设备、工具直接或间接深入岩土层，查明地下岩土性质、结构构造、空间分布、地下水条件等内容的勘查工作，是探明深部地质情况的一种可靠方法。岩土工程勘探主要有钻探、坑探、物探方法。

1.岩土工程勘探任务和手段

（1）岩土工程勘探的任务。

①探明拟建场地或地段的岩土体工程特性和地质构造。

确定各地层的岩性特征、厚度及其横向变化，按岩性详细划分地层，尤其需注意软弱岩层的岩性及其空间分布情况；确定天然状态下各岩、土层的结构和性质，基岩的风化深度和不同风化程度的岩石性质，划分风化带；确定岩层的产状，断层破碎带的位置、宽度和性质，节理、裂隙发育程度及随深度的变化，做裂隙定量指标的统计。

②探明拟建场地及其周围的水文地质条件。

了解岩土的含水性，查明含水层、透水层和隔水层的分布、厚度、性质及其变化；各含水层地下水的水位（水头）、水量和水质；借助水文地质试验和监测，了解岩土的透水性和地下水动态变化。

③探明拟建场地地貌和不良地质现象。

查明各种地貌形态，如河谷阶地、洪积扇、斜坡等的位置、规模和结构；各种不良地质现象，如滑坡的范围、滑动面位置和形态、滑体的物质和结构；岩溶的分布、发育深度、形态及充填情况等。

④取样和提供野外试验条件。

勘探工程进行的同时采取岩、土、水样，供室内岩土试验和水质分析用。

在勘探工程中可做各种原位测试，如载荷试验、标准贯入试验、剪切试验、波速测试等岩土物理力学性质试验，岩体地应力量测、水文地质试验以及岩土体加固与改良的试验等。

⑤提供检验与监测的条件。

利用勘探工程布置岩土体性状、地下水和不良地质现象的监测、地基加固与改良和桩基础的检验与监测。

⑥其他。

如进行孔中摄影及孔中电视、喷锚支护灌浆处理钻孔、基坑施工降水钻孔、灌注桩钻孔、施工廊道和导坑等。

（2）岩土工程勘探的特点。

岩土工程勘探的任务决定了岩土工程勘探具有如下特点。

①勘探范围取决于场地评价和工程影响所涉及的空间，除了深埋隧道和为了解专门地质问题而进行的勘探外，通常限定于地表以下较浅的深度范围内。

②除了深入岩体的地下工程和某些特殊工程外，大多数工程都坐落于第四系土层或基岩风化壳上。为了工程安全、经济和正常使用，对这一部分地质体的研究应特别详细。例如，应按土体的成分、结构和工程性质详细划分土层，尤其是软弱土层。风化岩体要根据其风化特性进行风化壳垂直分带。

③为了准确查明岩土的物理力学性质，在勘探过程中必须注意保持岩土的天然结构和天然湿度，尽量减少人为的扰动破坏。为此，需要采用一些特殊的勘探技术，如采用薄壁取土器静压取土。

④为了实现工程地质、水文地质、岩土工程性质的综合研究以及与现场试验、监测等紧密结合，要求岩土工程勘探发挥综合效益，对勘探工程的结构、布置和施工顺序也有特殊要求。

（3）岩土工程勘探的手段。

岩土工程勘探常用的手段有钻探工程、坑探工程及物探三类方法。

钻探和坑探工程是直接勘探手段，能较可靠地了解地下地质情况。钻探工程是使用最广泛的一类勘探手段，普遍应用于各类工程的勘探；由于它对一些重要的地质体或地质现象有时可能出现误判、遗漏，所以也称它为“半直接”勘探手段。坑探工程勘探人员可以在其中观察编录，以掌握地质结构的细节；但是重型坑探工程耗资高、勘探周期长。物探是一种间接的勘探手段，它的优点是较之钻探和坑探轻便、经济而迅速，能够及时解决工程地质测绘中难于推断而又亟须了解的地下地质情况，所以常常与测绘工作配合使用。它又可作为钻探和坑探的先行或辅助手段。

上述三种勘探手段在不同勘察阶段的使用应有所侧重。可行性研究勘察阶段的任务是对拟建场地的稳定性和适宜性作出评价，主要进行工程地质测绘，勘探往往是配合测绘工作而开展的，而且较多地使用物探手段，钻探和坑探主要用来验证物探成果和取得基准剖面。初步勘察阶段应对建筑地段的稳定性做出岩土工程评价，勘探工作比重较大，以钻探工程为主，并利用勘探工程取样，作原位测试和监测。在详细勘察阶段，须提出详细的岩土工程资料和设计所需的岩土技术参数，并应对基础设计、地基处理以及不良地质现象的防治等具体方案作出论证和建议，以满足施工图设计的要求。因此须进行直接勘探，与其配合还应进行大量的原位测试工作。各类工程勘探坑孔的密度和深度都有详细严格的规定。在复杂地质条件下或特殊的岩土工程（或地区），还应布置重型坑探工程。此阶段的物探工作主要为测井，以便沿勘探井孔研究地质剖面和地下水分布等。

钻探、坑探和物探的原理和方法在相关教程中论述，这里重点论述这三类勘探手段在岩土工程勘察中的适用条件、所能解决的主要问题、编录要求，以及勘探工作的布置和施工等问题。

2.钻探方法

钻探方法是利用一定的设备、工具（钻机）来破碎地壳岩石或地层，在地壳中形成一个钻孔，通过钻孔来了解地层深部地质情况的过程。

（1）钻探方法的应用。

①钻探特点。

钻探是岩土工程勘察中应用最为广泛的一种可靠的勘探方法，与坑探、物探相比较，钻探有以下特点。

a.钻探工程的布置，不仅要考虑自然地质条件，还需结合工程类型及其结构特点。如房屋建筑与构筑物一般应按建筑物的轮廓线布孔。

b.除了深埋隧道以及为了解专门地质问题而进行的钻探外，孔深一般为十余米至数十米，所以经常采用小型、轻便的钻机。

c.钻孔多具综合目的，除了查明地质条件外，还要取样、做原位测试和监测等；有些原位测试往往与钻进同步进行，所以不能盲目追求进尺。

d.在钻进方法、钻孔结构、钻进过程中的观测编录等方面，均有特殊的要求。如岩芯采取率、分层止水、水文地质观测、采取原状土样和软弱夹层、断层破碎带样品等要求。

②钻探类型和适用性。我国岩土工程勘探常用的钻探方法有冲击钻探、回转钻探、振动钻探和冲洗钻探。按动力来源又将它们分为人力和机械两种。其中机械回转钻探的钻进效率高、孔深大，又能采取岩芯，因此在岩土工程钻探中应用范围最广。

a.冲击钻探。冲击钻探是利用钻具重力和下落过程中产生的冲击力使钻头冲击孔底岩土体并使其产生破坏，从而达到在岩土层中钻进的目的。包括冲击钻探和锤击钻探。根据适用工具不同还可以分为钻杆冲击钻探和钢绳冲击钻探。对于硬质岩土层（岩石层或碎石土）一般采用孔底全面冲击钻进；对于其他土层一般采用圆筒形钻头的刃口借助于钻具冲击力切削土层钻进。

b.回转钻探。回转钻探是采用底部焊有硬质合金的圆环状钻头进行钻进，钻进时一般要施加一定的压力，使钻头在旋转中切入岩土层以达到钻进的目的。它包括岩芯钻探、无岩芯钻探和螺旋钻探，其中，岩芯钻探为孔底环状钻进，螺旋钻探为孔底全面钻进。

c.振动钻探。振动钻探是采用机械动力产生的振动力，通过连接杆和钻具传到钻头，振动力的作用使钻头能更快地破碎岩土层，因而钻进较快。该方法适用于砂土层，特别适用于颗粒组成相对均匀细小的中细砂土层。

d.冲洗钻探。冲洗钻探利用高压水流冲击孔底土层，使之结构破坏，土颗粒悬浮并最终随水流循环流出孔外的钻进方法。由于是靠水流直接冲洗，因此无法对土体结构及其他相关特性进行观察鉴别。

③岩土工程钻探的一般要求。

A.当需查明岩土的性质和分布，采取岩土试样或进行原位测试时，可采用钻探、井探、槽探、洞探和地球物理勘探等。勘探方法的选取应符合勘察目的和岩土的特征。

B.布置勘探工作时应考虑勘探对工程自然环境的影响，以防止对地下管线、地下工程和自然环境的破坏。钻孔、探井和探槽完工后应妥善回填。

C.静力触探、动力触探作为勘探手段时，应与钻探等其他勘探方法配合使用。

D.进行钻探、井探、槽探和洞探时，应采取有效措施，确保施工安全。

E.勘探浅部土层可采用的钻探方法有小口径麻花钻（或提土钻）钻进、小口径勺形钻钻进、洛阳铲钻进。

F.钻探口径和钻具规格应符合现行国家标准的规定。成孔口径应满足取样、测试和钻进工艺的要求。

G.钻探应符合下列规定：

a.钻进深度和岩土分层深度的量测精度，不应低于±5cm。

b.应严格控制非连续取芯钻进的回次进尺，使分层精度符合要求。

c.对鉴别地层天然湿度的钻孔，在地下水位以上进行于钻；当必须加水或使用循环冲洗液时，应采用双层岩芯管钻进。

d.岩芯钻探的岩芯采取率，对完整和较完整岩体不应低于80%，较破碎和破碎岩体不应低于65%。

e.对需重点查明的部位（滑动带、软弱夹层等）应采用双层岩芯管连续取芯。

f.当需确定岩石质量指标时，应采用75mm口径（N型）双层岩芯管和金刚石钻头。

g.定向钻进的钻孔应分段进行孔斜测量；倾角和方位的量测精度应分别为±0.0°和3.00°。

h.钻探现场编录柱状图应按钻进回次逐项填写，在每一回次中发现变层时应分行填写，不得将若干回次，或若干层合并一行记录。现场记录不得誊写转抄，误写之处可以划去，在旁边作更正，不得在原处涂抹修改。

H.为便于对现场记录检查核对或进一步编录，勘探点应按要求保存岩土芯样。土芯应保存在土芯盒或塑料袋中，每一回次至少保留一块土芯。岩芯应全部存放在岩芯盒内，顺序排列，统一编号。岩土芯样应保存到钻探工作检查验收。必要时应在合同规定的期限内长期保存，也可在检查验收结束后拍摄岩土芯样的彩色照片，纳入勘察成果资料。

I.钻孔完工后，可根据不同要求选用合适材料进行回填。临近堤防的钻孔应采取干泥球回填，泥球直径以2cm左右为宜。回填时应均匀投放，每回填2m进行一次捣实。对隔水有特殊要求时，可用4∶1的水泥、膨润土浆液通过泥浆泵由孔底逐渐向上灌注回填。

（2）钻孔的地质编录和资料整理。

①钻孔观测与编录。

A.钻孔的记录和编录应符合下列要求。

a.野外记录应由经过专业训练的人员承担；记录应真实及时，按钻进回次逐段填写，严禁事后追记。

b.钻探现场可采用肉眼鉴别和手触方法，有条件或勘察工作有明确要求时，可采用微型贯入仪等定量化、标准化的方法。

c.钻探成果可用钻孔野外柱状图或分层记录表示；岩土芯样可根据工程要求保存一定期限或长期保存，亦可拍摄岩芯、土芯彩照纳入勘察成果资料。

B.岩心观察、描述和编录。对岩心的描述包括地层岩性名称、分层深度、岩土性质等方面。不同类型的岩土其岩性描述内容为：

a.碎石土。颗粒级配、粗颗粒形状、母岩成分、风化程度、是否起骨架作用、充填物的成分和性质、充填程度、密实度、层理特征。

b.砂类土。颜色、颗粒级配、颗粒形状和矿物成分、湿度、密实度、层理特征。

c.粉土和黏性土。颜色、稠度状态、包含物、层理特征。

d.岩石。颜色，矿物成分，结构和构造，风化程度及风化表现形式，划分风化带，坚硬程度，节理、裂隙发育情况，裂隙面特征及充填胶结情况，裂隙倾角、间距，进行裂隙统计。必要时做岩芯素描。

C.钻孔水文地质观测。钻进过程中应注意和记录冲洗液消耗量的变化。发现地下水后，应停钻测定其初见水位及稳定水位。如系多层含水层，需分层测定水位时，应检查分层止水情况，并分层采取水样和测定水温。

D.钻进动态观察和记录。钻进动态能提供许多地质信息，所以钻孔观测、编录人员必须做好此项工作。在钻进过程中注意换层的深度、回水颜色变化、钻具陷落、孔壁塌、卡钻、埋钻和涌沙现象等，结合岩芯以判断孔内情况。

②钻探资料整理。

a.钻孔柱状图。钻孔柱状图是钻孔观测与编录的图形化，它是钻探工作最主要的成果资料。该图是将钻孔内每一岩土层情况按一定的比例编制成柱状图，并作简明的描述。在图上还应在相应的位置上标明岩芯采取率、冲洗液消耗量、地下水位、岩芯风化分带、孔中特殊情况、代表性的岩土物理力学性质指标以及取样深度等。如果孔内做过测井和试验的话，也应将其成果在相应的位置上标出。所以，钻孔柱状图实际上是反映钻探工作的综合成果。

b.钻孔野外记录表和水文地质日志。钻孔野外记录表是最原始的钻孔编录资料。主要内容包括：各钻进回次的进尺及其岩芯采取率；岩层分界面深度；按分层记录的岩性及其采集标本的编号；岩石硬度等级；简易水文地质观测，主要有钻孔水位及耗水量的记录和钻进中发现的孔内情况，如泛水、漏水、掉块等的记录。

c.岩土芯素描图及其说明。

3.坑探方法

（1）坑探方法的应用。

①坑探的特点。坑探工程也称为掘进工程、井巷工程，它是用人工或机械的方法在地下开凿挖掘一定的空间，以便直接观察岩土层的天然状态及各地层之间的接触关系等地质结构，并能取出接近实际的原状结构的岩土样或进行现场原位测试。它在岩土工程勘探中占有一定的地位。

坑探工程与一般的钻探工程相比较，其特点是：勘察人员能直接观察到地质结构，准确可靠，且便于素描；可不受限制地从中采取原状岩土样和用作大型原位测试。尤其对研究断层破碎带、软弱泥化夹层和滑动面（带）等的空间分布特点及其工程性质等具有重要意义。

坑探工程的缺点是：使用时往往受到自然地质条件的限制；耗费资金多而勘探周期长；尤其是重型坑探工程不可轻易采用。

②坑探的类型和适用性。

岩土工程勘探中常用的坑探工程有探槽、试坑、浅井、竖井（斜井）、平洞和石门（平巷）。其中前三种为轻型坑探工程，后三种为重型坑探工程。

③岩土工程坑探的一般要求。

a.当钻探方法难以准确查明地下情况时，可采用探井、探槽进行勘探。在坝址、地下工程、大型边坡等勘察中，当需详细查明深部岩层性质、构造特征时，可采用竖井或平洞。

b.探井的深度不宜超过地下水位。竖井和平洞的深度、长度、断面按工程要求确定。

c.对探井、探槽和探洞除文字描述记录外，尚应以剖面图、展示图等反映井、槽、洞壁和底部的岩性、地层分界、构造特征、取样和原位试验位置，并辅以代表性部位的彩色照片。

d.坑探工程的编录应紧随坑探工程掌子面，在坑探工程支护或支撑之前进行。编录时，应于现场做好编录记录和绘制完成编录展示草图。

e.探井、探槽完工后可用原土回填，每 30cm 分层夯实，夯实土干重度不小于 15kN/m^3。有特殊要求时可采用低标号混凝土回填。

（2）坑探工程设计书的编制、坑探工程的观察、描述编录。

①坑探工程设计书的编制。

坑探工程设计书是在岩土工程勘探总体布置的基础上编制的。其主要内容包括以下几点。

a.坑探工程的目的、类型和编号。

b.坑探工程附近的地形、地质概况。

c.掘进深度及其论证。

d.施工条件。岩性及其硬度等级，掘进的难易程度，采用的掘进方法（铲、镐挖掘或爆破作业等）；地下水位，可能涌水状况，应采取的排水措施；是否需要支护及支护材料、结构等。

e.岩土工程要求。包括掘进过程中应仔细观察、描述的地质现象和应注意的地质问题；对坑壁、顶、底板掘进方法的要求，是否许可采用爆破等作业方式；取样地点、数量、规格和要求等；岩土试验的项目、组数、位置以及掘进时应注意的问题；应提交的成果。

f.施工组织、进度、经费及人员安排。

②坑探工程的观察、描述。

坑探工程观察和描述是反映坑探工程第一手地质资料的主要手段，所以在掘进过程中应认真、仔细地做好此项工作。观察、描述的内容包括以下内容。

a.量测探井、探槽、竖井、斜井、平洞的断面形态尺寸和掘进深度。

b.地层岩性的划分。第四系堆积物的成因、岩性、时代、厚度及空间变化和相互接触关系；基岩的颜色、成分、结构构造、地层层序以及各层间接触关系；应特别注意软弱夹层的岩性、厚度及其泥化情况。

c.岩石的风化特征及其随深度的变化，做风化壳分带。

d.岩层产状要素及其变化，各种构造形态；注意断层破碎带及节理、裂隙的研究；断裂的产状、形态、力学性质；破碎带的宽度、物质成分及其性质；节理裂隙的组数、产状、穿切性、延展性、隙宽、间距（频度），有必要时作节理裂隙的素描图和统计测量。

e.水文地质情况描述。如地下水渗出点位置、涌水点及涌水量大小等。

f.测量点、取样点、试验点的位置、编号及数据。

③坑探工程展视图。

展视图是坑探工程编录的主要内容，也是坑探工程所需提交的主要成果资料。所谓展视图，就是沿坑探工程的壁、底面所编制的地质断面图，按一定的制图方法将三度空间的图形展开在平面上。不同类型坑探工程展视图的编制方法和表示内容有所不同，其比例尺应视坑探工程的规模、形状及地质条件的复杂程度而定，一般采用1：25～1：100的比例尺。

a.探槽展视图。首先进行探槽的形态测量。用罗盘确定探槽中心线的方向及其各段的变化，水平（或倾斜）延伸长度、槽底坡度。在槽底或槽壁上用皮尺作一基线（水平或倾斜方向均可），并用小钢尺从零点起逐渐向另一端实测各地质现象，按比例尺绘制于方格纸上。这样便得到探槽底部或某一侧壁的地质断面图。除侧壁和槽底外，有时还要将端壁断面图绘出。作图时需考虑探槽延伸方向和槽底坡度的变化，此种情况应在转折处分开，分段绘制。

展视图展开的方法有两种。一种是坡度展开法，即槽底坡度的大小，以壁与底的夹角表示。此法的优点是符合实际；缺点是坡度陡而槽长时不美观，各段坡度变化较大时也不易处理。另一种是平行展开法，即壁与底平行展开。这是经常被采用的一种方法，它对坡度较陡的探槽更为适用。

b.试坑（浅井、竖井）展视图。此类铅直坑探工程的展视图，也应先进行形态测量，然后作四壁和坑（井）底的地质素描。其展开的方法也有两种：一种是四壁辐射展开法，即以坑（井）底为平面，将四壁各自向外翻倒投影而成，一般适用于作试坑展视图；另一种是四壁平行展开法，即四壁连续平行排列，它避免了四壁辐射展开法因探井较深导致的缺陷，所以这种展开法一般适用于浅井和竖井。四壁平行展开法的缺点是，当探井四壁不直立时图中无法表示。

c.平洞展视图。平洞在掘进过程中往往需要支护，所以应及时作地质编录。平洞展视图从洞口作起，随掌子面不断推进而分段绘制，直至掘进结束。其具体做法是先画出洞底中线，平洞的宽度、高度、长度、方向以及各种地质界线和现象都是以这条中线为基准绘出来的。当中线有弯曲时，应于弯曲处将位于凸出侧之洞壁裂一岔口，以调整该壁内侧与外侧的长度。如果弯曲较大时，则可分段表示。洞底的坡度用高差曲线表示。该展视图五个洞壁面全面绘出，平行展开。

4.物探方法

（1）物探方法的应用。

物探工程是以地下岩土层（或地质体）的物性差异为基础，利用专门的仪器观测自然或人工物理场的变化，确定各种地质体物理场的分布情况（规模、形状、埋深等）。通过对其数据及绘制的曲线进行分析解释，从而划分地层、判定地质构造、水文地质条件及各种不良地质现象的勘探方法，又称为地球物理勘探。由于地质体具有不同的物理性质（导电性、弹性、磁性、密度、放射性等）和不同的物理状态（含水率、空隙性、固结状态等），它们为利用物探方法研究各种不同的地质体和地质现象的物理场提供了前提。通过量测这些物理场的分布和变化特征，结合已知的地质资料进行分析研究，就可以达到推断地质性状的目的。

①常用工程物探方法及特点。

电法勘探包括电剖面法、电测深法、高密度电法、充电法、自然电场法、激发极化法、瞬变电磁法、可控源音频大地电磁测深法等方法。

利用探地雷达可选择剖面法、多剖面法、单孔法、宽角法、环形法、透射法等多种方法。

利用地震勘探可采用浅层折射波法、浅层反射波法和瑞雷波法等方法。

利用弹性波测试包括声波法和地震波法。声波法可选用单孔声波、穿透声波、表面声波、声波反射、脉冲回波等，地震波法可选用地震测井、穿透地震波速测试、连续地震波速测试等。

层析成像包括声波层析成像、地震波层析成像、电磁波吸收系数层析成像或电磁波速度层析成像等。

物探工程的特点是速度快、效率高、成本低、设备轻便，但结果具有多解性，属于间接的方法。因此，在工程勘察中应与其他勘探工程（钻探和坑探）等直接方法相结合使用。

物探工程的主要作用有以下几点。

a.作为钻探的先行手段，了解隐蔽的地质界限、界面或异常点（如基岩面、风化带、断层破碎带、岩溶洞穴等）。

b.作为钻探的辅助手段，在钻孔之间增加地球物理勘探点，为钻探成果的内插、外推提供依据。

c.作为原位测试手段，测定岩土体的波速、动弹性模量、土对金属的腐蚀性等参数。

②物探一般要求

A.应用地球物理勘探方法时，应具备下列条件。

a.被探测对象与周围介质之间有明显的物理性质差异。

b.被探测对象具有一定的埋藏深度和规模，且地球物理异常有足够的强度。

c.能抑制干扰，区分有用信号和干扰信号。

d.在有代表性地段进行方法的有效性试验。

B.地球物理勘探，应根据探测对象的埋深、规模及其与周围介质的物性差异，选择有效的方法。

C.地球物理勘探成果判释时，应考虑其多解性，区分有用信息与干扰信号。需要时应采用多种方法探测，进行综合判释，并应有已知物探参数或一定数量的钻孔验证。

（2）常见物探方法简介。

①电阻率法。

电阻率法是依靠人工建立直流电场，在地表测量某点垂直方向或水平方向的电阻率变化，从而推断地表下地质体性状的方法。

电阻率法主要可以解决下列地质问题。

a.确定不同的岩性，进行地层岩性的划分。

b.探查褶皱构造形态，寻找断层。

c.探查覆盖层厚度、基岩起伏及风化壳厚度。

d.探查含水层的分布情况、埋藏深度及厚度，寻找充水断层及主导充水裂隙方向。

e.探查岩溶发育情况及滑坡体的分布范围。

f.寻找古河道的空间位置。

②地震折射波法。

地震折射波法是通过人工激发的地震波在地壳内传播的特点来探查地质体的一种物探方法。在岩土工程勘察中运用最多的是高频（小于200～300Hz）地震波浅层折射法，可以研究深度在100m以内的地质体。

地震折射波法主要解决的问题简要介绍如下。

a.测定覆盖层的厚度，确定基岩的埋深和起伏变化。

b.追索断层破碎带和裂隙密集带。

c.研究岩石的弹性性质，测定岩石的动弹性模量和动泊松比。

d.划分岩体的风化带，测定风化壳厚度和新鲜基岩的起伏变化。

5.勘探工作的布置和施工顺序

布置勘探工程总的要求，应是以尽可能少的工作量取得尽可能多的地质资料。在勘探设计之前，应明确各项勘察工作执行的规范标准，除了应遵守各项国家的有关规范之外，还应遵守地方及行业的有关规范标准，特别是对于国家的强制性规范标准要不折不扣地予以执行，并应符合规范的具体要求。为此，作勘探设计时，必须要熟悉勘探区已取得的地质资料，并明确有关规范标准及勘探的目的和任务，将每一个勘探工程都布置在关键地点，且发挥其综合效益。

（1）勘探工作的布置。

A.勘探总体布置形式。

a.勘探线。按特定方向沿线布置勘探点（等间距或不等间距），了解沿线工程地质条件，绘制工程地质剖面图。用于初勘阶段、线形工程勘察、天然建材初查。

b.勘探网。勘探网选布在相互交叉的勘探线及其交叉点上，形成网状。

c.结合建筑物基础轮廓，一般工程建筑物设计要求，勘探工作按建筑物基础类型、型式、轮廓布置，并提供剖面及定量指标。

B.布置勘探工作时应遵循的原则。

a.勘探工作应在工程地质测绘基础上进行。

b.无论是勘探的总体布置还是单个勘探点的设计，都要考虑综合利用。

c.勘探布置应与勘察阶段相适应。不同的勘察阶段，勘探的总体布置、勘探点的密度和深度、勘探手段的选择及要求等，均有所不同。

d.勘探布置应随建筑物的类型和规模而异。不同类型的建筑物，其总体轮廓、荷载作用的特点以及可能产生的岩土工程问题不同，勘探布置亦应有所区别。

e.勘探布置应考虑地质、地貌、水文地质等条件。一般勘探线应沿着地质条件等变化最大的方向布置。勘探点的密度应视工程地质条件的复杂程度而定。

f.在勘探线、网中的各勘探点，应视具体条件选择不同的勘探手段，以便互相配合、取长补短，有机地联系起来。

C.勘探坑孔布置的原则。

a.地貌单元及其衔接地段：勘探线应垂直地貌单元界限，每个地貌单元应有控制坑孔，两个地貌单元之间过渡地带应有钻孔。

b.断层：在上盘布坑孔，在地表垂直断层走向布置坑探，坑孔应穿过断层面。

c.滑坡：沿滑坡纵横轴线布孔、井，查明滑动带数量、部位、滑体厚度，坑孔深应穿过滑带到稳定基岩。

d.河谷：垂直河流布置勘探线，钻孔应穿过覆盖层并深入基岩5m以上，防止误把漂石当作基岩。

e.查明陡倾地质界面，使用斜孔或斜井，相邻两孔深度所揭露的地层相互衔接为原则，防止漏层。

②勘探坑孔间距的确定。

各类建筑勘探坑孔的间距是根据勘察阶段和岩土工程勘察等级来确定的。坑孔间距的确定原则如下。

a.勘察阶段。不同的勘察阶段，其勘察的要求和岩土工程评价的内容不同，因而勘探坑孔的间距也各异。初期勘察阶段的主要任务是为选址和进行可行性研究，对拟选场址的稳定性和适宜性作出岩土工程评价，进行技术经济论证和方案比较，满足确定场地方案的要求。由于有若干个建筑场址的比较方案，勘察范围大，因此勘探坑孔稀少，其间距较大。当进入详细、施工勘察阶段，要对场地内建筑地段的稳定性做出岩土工程评价，确定建筑总平面布置，进而对地基基础设计、地基处理和不良地质现象的防治进行计算与评价，以满足施工设计的要求。此时勘察范围缩小而勘探坑孔增多，因而勘探坑孔间距较小。

b.岩土工程勘察等级。不同的岩土工程勘察等级，表明了建筑物的规模和重要性以及场地工程地质条件的复杂程度、地基的复杂程度。显然，在同一勘察阶段内，属甲级勘察等级者，因建筑物规模大而重要或场地工程地质复杂，勘探坑孔间距较小。而乙、丙级勘察等级的勘探坑孔间距相对较大。

③勘探坑孔深度的确定。

确定勘探坑孔深度的含义包括两个方面：一是确定坑孔深度的依据，二是施工时终止坑孔的标志。概括起来说，勘探坑孔深度应根据建筑物类型、勘察阶段、岩土工程勘察等级以及所评价的岩土工程问题等综合考虑。

根据各工程勘察部门的实践经验，对岩土工程问题分析评价的需要以及具体建筑物的设计要求等，确定勘探坑孔的深度。

勘探坑孔深度是在各工程勘察部门长期生产实践的基础上确定的，有重要的指导意义。例如，对房屋建筑与构筑物明确规定了初勘和详勘阶段勘探坑孔深度，还就高层建筑采用不同基础型式时勘探孔深度的确定作出了规定。

分析评价不同的岩土工程问题，所需要的勘探深度是不同的。例如，为评价滑坡稳定性时，勘探孔深度应超过该滑体最低的滑动面。为房屋建筑地基变形验算需要，勘探孔深度应超过地基有效压缩层范围，并考虑相邻基础的影响。

作勘探设计时，有些建筑物可依据其设计标高来确定坑孔深度。例如，地下洞室和管道工程，勘探坑孔应穿越洞底设计标高或管道埋设深度以下一定深度。

此外，还可依据工程地质测绘或物探资料的推断确定勘探坑孔的深度。

在勘探坑孔施工过程中，应根据该坑孔的目的任务而决定是否终止，切不能机械地执行原设计的深度。例如，对岩石风化分带目的坑孔，当遇到新鲜基岩时即可终止；为探查河床覆盖层厚度和下伏基岩面起伏的坑孔，当穿透覆盖层进入基岩内数米后才能终止，以免将大孤石误认为是基岩。

④勘探工程的施工顺序。

合理设计勘探工程的施工顺序，既能提高勘探效率，取得满意的成果，又能节约勘探工作量。为此，在勘探工程总体布置的基础上，须重视和研究勘探工程的施工顺序问题。

一项建筑工程，尤其是场地地质条件复杂的重大工程，需要勘探解决的问题往往较多。由于勘探工程不可能同时全面施工，而必须分批进行，这就应根据所需查明问题的轻重主次，同时考虑设备搬迁方便和季节变化，将勘探坑孔分为几批，按先后顺序施工。先施工的勘探坑孔，必须为后继勘探坑孔提供进一步地质分析所需的资料。所以在勘探过程中应及时整理资料，并利用这些资料指导和修改后继坑孔的设计和施工。因此选定第一批施工的勘探坑孔具有重要的意义。

根据实践经验，第一批施工的勘探坑孔应为：对控制场地工程地质条件具关键作用和对选择场地有决定意义的坑孔；建筑物重要部位的坑孔；为其他勘察工作提供条件，而施工周期又比较长的坑孔；在主要勘探线上的控制性勘探坑孔；考虑洪水的威胁，应在枯水期尽量先施工水上或近水的坑孔。由此可知，第一批坑孔的工程量是比较大的。

6.岩土工程分析评价与成果报告

（1）岩土工程分析评价的内容与方法。

岩土工程分析评价应在工程地质测绘、勘探、测试和搜集已有资料的基础上，结合工程特点和要求进行。应包括下列内容。

①场地的稳定性与适宜性。

②为岩土工程设计提供地层结构和地下水分布的几何参数，岩土体各种性质的设计参数。

③预测拟建建筑对已有建筑的影响，工程建设可能引起的环境变化以及环境变化对工程的影响。

④为地基与基础方案的设计提出建议。

⑤预测施工过程可能出现的岩土工程问题，并给出相对的防治措施及施工方法。

岩土工程分析评价的方法包括定性分析和定量分析，一般工程中应在定性分析的基训上进行定量分析。定性分析是评价的首要步骤和基础，进行定量分析前必须进行定性分析。在工程选址及判定场地适宜性、场地地质条件的稳定性等问题时可仅作定性分析。定量分析可采用定值法，对特殊工程有时也可以采用概率法进行综合评价。对岩土体的变形性状及其极限值，岩土体稳定性及其强度和极限值，斜坡及地基的稳定性，岩土压力及岩土体中应力的分布与传递，其他判定临界状态的问题等应做定量分析。

岩土工程的分析评价，应根据勘察等级进行。对丙级勘察工程可根据邻近工程经验，结合钻探取样试验和触探资料进行分析评价；对乙级勘察工程，应在详勘的基础上，结合邻近工程经验进行，并提供岩土体的强度和变形指标；对甲级勘察工程，除按乙级要求进行外，还要提供现场载荷试验资料，必要时应对复杂问题进行专门研究，并结合长期监测工作对评价结论进行检验。

（2）成果报告。

岩土工程勘察报告必须根据场地的地质条件、工程规模、性质及设计和施工要求，对场地的稳定性、适宜性进行定性和定量的分析评价，提出选择地基基础方案的依据和设计计算所需的参数，指出可能存在的问题以及解决问题的措施。岩土工程勘察报告应根据任务要求、勘察阶段、工程特点和地质条件等具体情况编写。一般包括以下内容。

①勘察目的、任务要求和依据的技术标准；

②拟建工程概况；

③勘察方法和勘察工作布置；

④场地地形、地貌、地层、地质构造、岩土性质及其均匀性；

⑤各项岩土性质指标、岩土的强度参数、变形参数、地基承载力的建议值；

⑥地下水埋藏情况、类型、水位及其变化；

⑦土和水对建筑材料的腐蚀性；

⑧对可能影响工程稳定的不良地质作用的描述和对工程危害程度的评价；

⑨场地稳定性和适宜性的评价。

岩土工程问题中需要对岩土进行利用、整治和改造时，应对施工方案进行分析论证，提出建议，并且预测施工和使用期间可能发生的岩土工程问题，提出监控和预防措施的建议。

成果报告还应附有下列图件：勘探点平面布置图、工程地质柱状图、工程地质剖面图、原位测试成果图表、室内试验成果图表。对于复杂工程，需要时可附综合工程地质图、综合地质柱状图、地下水等水位线图、素描、照片、综合分析图表以及岩土利用、整治和改造方案的有关图表，岩土工程计算简图及计算成果图表等。

对丙级勘察工程的成果报告内容可适当简化，采用以图表为主、以文字说明为辅的形式。对甲级勘察工程的成果报告，可对专门性的岩土工程问题提交专门的试验报告、研究报告或监测报告。需要时，可提交下列专题报告：岩土工程测试报告，岩土工程检验或监测报告，岩土工程事故调查与分析报告，岩土利用、整治或改造方案报告，专门岩土工程问题的技术咨询报告。

第四节　岩土工程勘察的分级

岩土工程勘察的分级应根据岩土工程的安全等级、场地的复杂程度和地基的复杂程度来划分。不同等级的岩土工程勘察，因其复杂难易程度的不同，勘探测试、分析计算评价、施工监测控制等工作的规模、工作量、工作深度质量也相应有不同的要求。

一、岩土工程的安全等级

根据工程破坏后果的严重性，如危及人的生命、造成的经济损失、产生的社会影响和修复的可能性，岩土工程的安全等级如表2–1所示可分为三个等级。

表2-1 岩土工程的安全等级

安全等级	破坏后果	工程类别
一级	很严重	重要工程
二级	严重	一般工程
三级	不严重	次要工程

对于房屋建筑物和构筑物而言，属于重要的工业与民用建筑物、20层以上的高层建筑、建筑形式复杂的14层以上的高层建筑、对地基变形有特殊要求的建筑物、单桩承受荷载在4000kN以上的建筑物等，其安全等级均划为一级；一般工业与民用建筑划为二级；次要建筑物划为三级。划为一级的其他岩土工程有：有特殊要求的深基开挖及深层支护工程；有强烈地下水运动干扰的大型深基开挖工程；有特殊工艺要求的超精密设备基础、超高压机器基础；大型竖井、巷道、平洞、隧道、地下铁道、地下洞室、地下储库等地下工程；深埋管线、涵道、核废料深埋工程；深沉井，沉箱；大型桥梁、架空索道、高填路堤、高坝等工程。划为二级的其他岩土工程有：大型剧院、体育场、医院、学校、大型饭店等公共建筑，有特殊要求的公共厂房、纪念性或艺术性建筑物等。不属于一、二级岩土工程的其他工程划为三级岩土工程。

二、场地复杂程度分级

（一）场地条件按其复杂程度分级

场地条件按其复杂程度分为一级（复杂的）、二级（中等复杂的）、三级（简单的）场地三个级别。

1.一级场地

抗震设防烈度大于或等于9度的强震区，需要详细判定有无大面积地震液化、地表断裂、崩塌错落、地震滑移及产生其他异常高震害的可能性；存在其他强烈动力作用的地区，如泥石流沟谷、雪崩、岩溶、滑坡、潜蚀、冲刷、融冻等地区；地下环境已遭受或可能遭受强烈破坏的场地，如过量地采取地下油、地下气、地下水而形成大面积地面沉降、地下采空区引起地表塌陷等；大角度顺层倾斜场地，断裂破碎带场地；地形起伏大、地貌单元多的场地。

2.二级场地

抗震设防烈度为7～8度的地区，且需进行小区划的场地；不良动力地质作用一般发生的地区；地质环境已受到或可能受到一般破坏的场地；地形地貌较复杂的场地。

3.三级场地

抗震设防烈度小于或等于6度的场地，或对建筑抗震有利的地段；无不良动力地质作用的场地；防震环境基本未受到破坏的场地；地形较为平坦、地貌单元单一的场地。

（二）复杂场地分类

1.建筑场地抗震稳定性

按《建筑抗震设计规范》（GB50011—2010）的规定，选择建筑场地时，应根据工程需要及地震活动情况、工程地质和地震地质的有关资料，对抗震有利、不利和危险地段作出综合评价。对不利地段，应提出避开要求；当无法避开时应采取有效的措施。对危险地段，严禁建造甲、乙类的建筑，不应建造丙类的建筑。选择建筑场地时，应划分对建筑抗震有利、一般、不利和危险的地段。

（1）有利地段。稳定基岩，坚硬土，开阔、平坦、密实、均匀的中硬土等。

（2）一般地段。不属于有利、不利、危险的地段。

（3）不利地段。软弱土、液化土、条状突出的山嘴、高耸孤立的山丘、陡坡、陡坎、河岸和边坡的边缘，以及平面分布上成因、岩性、状态明显不均匀的土层（含故河道、疏松的断层破碎带、暗埋的塘浜沟谷和半填半挖地基），高含水量的可塑黄土，地表存在结构性裂缝等。

（4）危险地段。地震时可能发生滑坡、崩塌、地陷、地裂、泥石流等及发震断裂带上可能发生地表错位的部位。

2.不良地质现象发育情况

不良地质作用强烈发育是指泥石流沟谷、崩塌、土洞、塌陷、岸边冲刷、地下水强烈潜蚀等极不稳定的场地，这些不良地质作用直接威胁着工程的安全。不良地质作用一般发育是指虽有上述不良地质作用，但并不十分强烈，对工程设施安全的影响不严重，或者说对工程安全可能有潜在的威胁。

3.地质环境破坏程度

地质环境破坏是指由人为因素和自然因素引起的地下采空、地面沉降、地裂缝、化学污染、水位上升等。人类工程经济活动导致地质环境的干扰破坏是多种多样的，例如，采掘固体矿产资源引起的地下采空，抽汲地下液体（地下水、石油）引起的地面沉降、地面塌陷和地裂缝，修建水库引起的边岸再造、浸没、土壤沼泽化，排除废液引起岩土的化学污染，等等。地质环境破坏对岩土工程实践的负面影响是不容忽视的，往往对场地稳定性构成威胁。地质环境受到强烈破坏是指由于地质环境的破坏，已对工程安全构成直接威胁，如矿山浅层采空导致明显的地面变形、横跨地裂缝，因水库蓄水引起的地面沼泽化、地面沉降盆地的边缘地带等。地质环境受到一般破坏是指已有或将有地质环境的干扰破坏，但并不强烈，对工程安全的影响不严重。

4.地形地貌条件

地形地貌条件主要是指地形起伏和地貌单元（尤其是微地貌单元）的变化情况。一般来说，山区和丘陵区场地地形起伏较大、工程布局较困难、挖填土石方量较大、土层分布较薄且下伏基岩面高低不平；地貌单元分布较复杂，一个建筑场地可能跨越多个地貌单元，因此地形地貌条件复杂或较复杂。平原场地地形平坦、地貌单元均一、土层厚度大且结构简单，因此地形地貌条件简单。

5.地下水复杂程度

地下水是影响场地稳定性的重要因素。地下水的埋藏条件、类型，地下水位等直接影响工程稳定。

三、地基复杂程度分级

地基条件亦按其复杂程度分为一级（复杂的）地基、二级（中等复杂的）地基、三级（简单的）地基三个级别。

（1）一级地基。一级地基是指岩土类型多、性质变化大、地下水对工程影响大、需特殊处理的地基；极不稳定的特殊岩土组成的地基，如强烈季节性冻土、强烈湿陷性土，强烈盐渍土、强烈膨胀岩土、严重污染土等。

（2）二级地基。二级地基岩土类型较多、性质变化较大、地下水对工程有不利影响，需进行专门分析研究，可按专门规范或借鉴成功建筑经验的特殊性岩土。

（3）三级地基。三级地基岩土类型单一、性质变化不大或均一、地下水对工程无影响；虽属特殊性岩土，但邻近即有地基资料可利用或借鉴，不需进行地基处理。

四、岩土工程的勘察等级

根据岩土安全等级、场地等级和地基等级，按表2–2对岩土工程勘察等级进行划分。

由表2–2可以看出，勘察等级是工程安全等级、场地等级和地基等级的综合表现。如一级勘察等级，当工程安全等级为一级时，场地等级和地基等级均可任意；还可看出，勘察等级均等于或高于工程安全等级，如二级勘察等级，其工程安全等级可为二级或三级，高于安全等级的原因，则是考虑场地等级或地基等级只要有一个是一级或两者均为二级即可。这些结论正是综合考虑上述三个因素的结果。

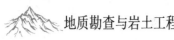

表2-2　岩土工程勘察划分等级

勘察等级	确定勘察等级的条件		
	工程安全等级	场地等级	地基等级
一级	一级	任意	任意
	二级	一级	任意
		二级	一级
二级	二级	二级	二级或三级
		三级	二级
	三级	一级	任意
		任意	一级
		二级	二级
三级	二级	三级	三级
	三级	二级	三级
		三级	二级或三级

（1）对于一级岩土工程勘察，由于其结构复杂、荷载大、要求特殊，或具有复杂的场地和地基条件，设计计算需采用复杂的计算理论和方法，采用复杂的岩土本构关系，考虑岩土与结构的共同作用，故必须邀请具有丰富工程经验的工程师参加；岩土工程勘察除进行常规的室内试验外，还要进行专门的测试项目和方法，以获取非常规的计算参数；为保证工程质量，常采用多种手段进行测试，以便进行综合分析，并进行原型试验和工程监测，以便相互检验。

（2）对于二级岩土工程勘察，其岩土工程为常规结构物，基础为标准型式，采用常规的设计与施工方法；需要定量的岩土工程勘察，常由具有相当经验和资历的工程师参加，采用常规的室内试验和原位测试方法，即可获得地基的有关指标参数；有时也可能要进行某些特殊的测试项目。

（3）对于三级岩土工程勘察，因结构物为小型的或简单的，或场地稳定、地基具有足够的承载力，故只需通过经验与定性的岩土工程勘察，就能满足设计和施工要求，设计采用简单的计算模式。

第五节 岩土勘察的基本要求

岩土工程勘察以房屋建筑和构筑物为例展开叙述。

（1）房屋建筑和构筑物（以下简称建筑物）的岩土工程勘察，应在搜集建筑物上部荷载、功能特点、结构类型、基础形式、埋置深度和变形限制等方面资料的基础上进行。其主要工作内容应符合下列规定：

查明场地和地基的稳定性、地层结构、持力层和下卧层的工程特性、土的应力历史和地下水条件以及不良地质作用等；提供满足设计、施工所需的岩土参数，确定地基承载力，预测地基变形性状；提出地基基础、基坑支护、工程降水和地基处理设计与施工方案的建议；提出对建筑物有影响的不良地质作用的防治方案建议；对于抗震设防烈度等于或大于6度的场地，进行场地与地基的地震效应评价。

（2）建筑物的岩土工程勘察宜分阶段进行。

可行性研究勘察应符合选择场址方案的要求；初步勘察应符合初步设计的要求；详细勘察应符合施工图设计的要求；场地条件复杂或有特殊要求的工程，宜进行施工勘察。

场地较小且无特殊要求的工程可合并勘察阶段，当建筑物平面布置已经确定，且场地或其附近已有岩土工程资料时，可根据实际情况，直接进行详细勘察。

（3）可行性研究勘察，应对拟建场地的稳定性和适宜性做出评价，并符合下列要求：

搜集区域地质、地形地貌、地震、矿产、工程地质、岩土工程和建筑经验等资料；在充分搜集和分析已有资料的基础上，通过踏勘了解场地的地层、构造、岩性、不良地质作用和地下水等工程地质条件；当拟建场地工程地质条件复杂、已有资料不能满足要求时，应根据具体情况进行工程地质测绘和必要的勘探工作；当有两个或两个以上拟选场地时，应进行比选分析。

（4）初步勘察应对场地内拟建建筑地段的稳定性做出评价，并进行下列工作：

搜集拟建工程的有关文件、工程地质和岩土工程资料以及工程场地范围的地形图；初步查明地质构造、地层结构、岩土工程特性、地下水埋藏条件；查明场地不良地质作用的成因、分布、规模、发展趋势，并对场地的稳定性做出评价；对抗震设防烈度等于或大于6度的场地，应对场地和地基的地震效应做出初步评价；季节性冻土地区应调查场地土的标准冻结深度；初步判定水和土对建筑材料的腐蚀性；对高层建筑进行初步勘察时，应对可能采取的地基基础类型、基坑开挖与支护、工程降水方案进行初步分析评价。

（5）初步勘察的勘探工作应符合下列要求：

勘探线应垂直地貌单元、地质构造和地层界线布置；每个地貌单元均应布置勘探点，在地貌单元交接部位和地层变化较大的地段，勘探点应予以加密；在地形平坦地区，可按网格布置勘探点；对岩质地基、勘探线和勘探点的布置，勘探孔的深度应根据地质构造、岩体特性、风化情况等，按地方标准或当地经验确定。

（6）当遇下列情形之一时，应适当增减勘探孔深度：

当勘探孔的地面标高与预计整平地面标高相差较大时，应按其差值调整勘探孔深度；在预定深度内遇基岩时，除控制性勘探孔仍应钻入基岩适当深度外，其他勘探孔达到确认的基岩后即可终止钻进；在预定深度内有厚度较大且分布均匀的坚实土层（如碎石土、密实砂、老沉积土等）时，除控制性勘探孔应达到规定深度外，一般性勘探孔的深度可适当减小；当预定深度内有软弱土层时，勘探孔深度应适当增加，部分控制性勘探孔应穿透软弱土层或达到预计控制深度；对重型工业建筑应根据结构特点和荷载条件适当增加勘探孔深度。

（7）初步勘察采取土试样或进行原位测试应符合下列要求：

采取土试样或进行原位测试的勘探点应结合地貌单元、地层结构和土的工程性质布置，其数量可占勘探点总数的1/4 ~ 1/2；采取土试样的数量和孔内原位测试的竖向建筑应按地层特点和土的均匀程度确定；每层土均应采取土试样或进行原位测试，其数量不宜少于6个。

（8）初步勘察应进行下列水文地质工作：

调查含水层的埋藏条件、地下水类型、补给排泄条件、各层地下水位，调查地下水位变化幅度，必要时应设置长期观测孔，监测地下水位变化；当需要测绘地下水等水位线图时，应根据地下水的埋藏条件和层位，统一量测地下水位；当地下水可能浸湿基础时，应采取水试样进行腐蚀性评价。

（9）详细勘察应按单体建筑物或建筑群提出详细的岩土工程资料和设计、施工所需的岩土参数；对建筑地基做出岩土工程评价，并对地基类型、基础形式、地基处理、基坑支护、工程降水和不良地质作用的防治等提出建议。主要应进行下列工作：

搜集附有坐标和地形的建筑总平面图，场区的地面整平标高，建筑物的性质、规模、荷载、结构特点、基础形式、埋置深度、地基允许变形等资料；查明不良地质作用的类型、成因、分布范围、发展趋势和危害程度，提出整治方案的建议；查明建筑范围内岩土层的类型、深度、分布、工程特性，分析和评价地基的稳定性、均匀性和承载力；对需进行沉降计算的建筑物，提供地基变形计算参数，预测建筑物的变形特征；查明埋藏的河道、墓穴、防空洞、孤石等对工程不利的埋藏物；查明地下水的埋藏条件，提供地下水位及其变化幅度；在季节性冻土地区，提供场地土的标准冻结深度；判定水和土对建筑材料的腐蚀性。

（10）详细勘察的勘探点布置，应符合下列规定：

勘探点宜按建筑物周边线和角点布置，对无特殊要求的其他建筑物可按建筑物或建筑群的范围布置；同一建筑范围内的主要受力层或有影响的下卧层起伏较大时，应加密勘探点，观察其变化；重大设备基础应单独布置勘探点；重大的动力机器基础和高耸构筑物，勘探点不宜少于3个；勘探手段宜采用钻探与触探相配合，在复杂地质条件、湿陷性土、膨胀岩土、风化岩和残积土地区，宜布置适量探井。

（11）详细勘察的单栋高层建筑勘探点的布置，应满足对地基均匀性评价的要求，且不应少于4个；对密集的高层建筑群，勘探点可适当减少，但每栋建筑物至少应有1个控制性勘探点。

（12）详细勘察的勘探深度自基础底面算起，应符合下列规定：

勘探孔深度应能控制地基主要受力层，当基础底面宽度不大于5m时，勘探孔的深度对条形基础不应小于基础底面宽度的3倍，对单独柱基不应小于1.5倍，且不应小于5m；对高层建筑和需做变形验算的地基，控制性勘探孔的深度应超过地基变形计算深度；高层建筑的一般性勘探孔应达到基底下0.5～1.0倍的基础宽度，并深入稳定分布的地层；对仅有地下室的建筑或高层建筑的裙房，当不能满足抗浮设计要求，需设置抗浮桩或锚杆时，勘探孔深度应满足抗拔承载力评价的要求；当有大面积地面堆载或软弱下卧层时，应适当加深控制性勘探孔的深度；在上述规定深度内遇基岩或厚层碎石土等稳定地层时，勘探孔深度可适当调整。

（13）详细勘察的勘探孔深度，尚应符合下列规定：

地基变形计算深度，对中、低压缩性土可取附加压力等于上覆土层有效自重压力20%的深度；对于高压缩性土层可取附加压力等于上覆土层有效自重压力10%的深度；建筑总平面内的裙房或仅有地下室部分的控制性勘探孔的深度可适当减小，但应深入稳定分布地层，且根据荷载和土质条件不宜少于基底下0.5～1.0倍基础宽度；当需进行地基整体稳定性验算时，控制性勘探孔深度应根据具体条件满足验算要求；当需确定场地抗震类别而邻近无可靠的覆盖层厚度资料时，应布置波速测试孔，其深度应满足确定覆盖层厚度的要求；大型设备基础勘探孔深度不宜小于基础底面宽度的2倍；当需进行地基处理时，勘探孔的深度应满足地基处理设计与施工要求。

（14）详细勘察采取土试样或进行原位测试应满足岩土工程评价要求，并符合下列要求：

采取土试样或进行原位测试的勘探孔的数量，应根据地层结构、地基土的均匀性和工程特点确定，且不少于勘探孔总数的1/2，钻探取土试样孔的数量不应少于勘探孔总数的

1/3；每个场地每一主要土层的原状土试样或原位测试数据不应少于6件（组），当采用连续记录的静力触探或动力触探为主要勘探手段时，每个场地不应少于3个孔；在地基主要受力层内，对厚度大于0.5m的夹层或透镜体，应采取土试样或进行原位测试；当土层性质不均匀时，应增加取土试样或原位测试数量。

（15）详细勘察应论证地下水在施工期间对工程和环境的影响。对情况复杂的重要工程，需论证使用期间水位变化和需提出抗浮设防水位时，应进行专门研究。

（16）基坑或基槽开挖后，岩土条件与勘察资料不符或发现必须查明的异常情况时，应进行施工勘察；在工程施工或使用期间，当地基土、边坡体、地下水等发生未曾估计到的变化时，应进行监测，并对工程和环境的影响进行分析评价。

第六节　工程岩体分级

一、工程岩体分类

（一）工程岩体分类的目的和原则

1.分类的目的

工程岩体分类的目的是从工程的实际需求出发，对工程建筑物基础或围岩的岩体进行分类，并根据其好坏进行相应的试验，赋予它必不可少的计算指标参数，以便于合理地设计和采取相应的工程措施，达到经济、合理和安全的目的。因此，工程岩体的分类为岩石工程建设勘察、设计、施工和编制定额提供了必要的基本依据。

根据用途的不同，工程岩体分类有通用的分类和专门的分类两种。通用的分类是具有较少针对性、原则性的和大致的分类，是供各学科领域及国民经济各部门笼统使用的分类。专用的分类是专为某种工程目的服务而专门编制的分类，所涉及的面窄一些，考虑的影响因素少一些，但更深入、细致一些。

供各种工程使用的工程岩体分类，从某种意义上讲，都是范围大小不等的专用分类。工程项目的不同，分类的要求也不同，考虑分类的侧重点也不同。例如，水利水电工程需着重考虑水的影响，而对于修建在地下的大型工程来讲，需考虑地应力对岩体稳定性的影响。

总之，工程岩体分类是为一定的具体工程服务的、是为某种目的编制的，它的分类内容和分类要求是为分类目的而服务的。

2.工程岩体分类的原则

进行工程岩体分类，一般应考虑以下几个方面。

（1）确定类级的目的和使用对象。考虑适用于某一类工程、某种工业部门或生产领域，还是为专门目的而编制的分类。

（2）分类应该是定量的，以便于用在技术计算和制定定额上。

（3）分类的级数应合适，不宜太多或太少，一般都分为五级，从工程实用性来看，这是恰当的。

（4）工程岩体分类方法与步骤应简单明了，数字便于记忆、便于应用。

（5）由于目的和对象不同，考虑的因素也不同。各个因素应有明确的物理意义，并且还应该是独立的影响因素。一般来说，为各种工程服务的工程岩体分类需考虑：岩体的性质，尤其是结构面和岩块的工程质量、风化程度、水的影响、岩体的各种物理力学参数、地应力以及工程规模和施工条件等。在定量分类中，其指标量值的变化都用几何级数来反映。级数的公比一般为1.2 ~ 1.4。特征变动范围都在10 ~ 30倍。

目前，在国际上，工程岩体分类的一个明显趋势是利用根据各种技术手段获取的"综合特征值"来反映岩体的工程特征，用它来作为工程岩体分类的基本定量指标，并力求与工程地质勘察和岩体（石）测试工作相结合，用一些简便快捷的方法，迅速判断岩体工程性质的好坏，根据分类要求判定类别，以便采取相应的工程措施。本章所介绍的一些工程岩体分类，大多应用"综合特征值"，需选用一些常用的、与岩体特征有关的指标参数，作为"综合特征值"一般是由多项指标综合计算而定的。

（二）工程岩体分类的独立因素分析

如上所述，进行工程岩体分类首先要确定影响岩体工程性质的主要因素，尤其是独立的影响因素。从工程观点来看，起主导和控制作用的影响岩体工程性质的因素有以下几方面。

1.岩石材料的质量

岩石材料的质量是反映岩石物理力学性质的依据，也是工程岩体分类的基础。从工程实践来看，主要表现在岩石的强度和变形性质方面。根据室内岩块试验，可以获得岩石的抗压、抗拉、抗剪强度和弹性参数及其他指标。应用上述参数来评价和衡量岩石质量的好坏至今尚没有统一的标准。从国内外岩体分类的情况来看，目前都沿用室内单轴抗压强度指标来反映。除此以外，更为简便的是，在现场进行点荷载试验获得点荷载强度指数，根据经验换算关系确定岩石的单轴抗压强度。

2.岩体的完整性

岩体的工程性质好坏基本上不取决于或很少取决于组成岩体的岩块的力学性质，而主要取决于受到各种地质因素和各种地质条件影响而形成的各种软弱结构面和其间的充填物质，以及它们本身的空间分布状态。它们直接削弱了岩体的工程性质。所以，岩体完整性的定量指标是表征岩体工程性质的重要参数。

目前，在岩体分类中能定量地反映结构面影响因素的方法有两种。

（1）结构面特征的统计结果。结构面特征的统计结果包括节理组数、节理间距、节理体积裂隙率，以及结构面的粗糙状况和充填物的状况等，这些都是工程岩体分类的重要参数。

（2）岩体的弹性波（主要为纵波）的速度。弹性波速度能综合反映岩体的完整性，所以，弹性波速也往往是工程岩体分类的重要参数。

当工程处于地表时，如边坡、坝基、建筑工程等，必须考虑由于风化作用对岩体的影响；对地下工程，则可较少考虑。目前，在工程岩体分类中，往往只是定性地考虑风化作用的影响，缺乏有效的定量评价方法。

3.水的影响

水对岩体质量的影响主要表现在两个方面：一是使岩石及结构面充填物的物理力学性质恶化；二是沿岩体结构面形成渗透，影响岩体的稳定性。就水对工程岩体分类的影响而言，尚缺乏有效的定量评价方法，一般是用定性与定量相结合的方法。

4.地应力

对工程岩体分类来说，地应力是一个独立因素。地应力对于部分工程，尤其是地下工程的稳定性影响非常大，因此，这是一个不能忽略的重要因素。但由于地应力的测量工作量大、评价方法相对比较复杂，很难非常正确地获得地应力分布值，所以，对工程的影响也难以确定。但在一般的工程岩体分类中，此因素考虑较少。目前，对地应力因素往往只能在综合因素中反映，如纵波速度、位移量等。

5.某些综合因素

在工程岩体分类中，一是应用隧洞的自稳时间或塌落量来反映工程的稳定性，二是应用巷道顶面的下沉位移量来反映工程的稳定性。这些考虑因素只是岩石质量、结构面、水、地应力等因素的综合反映。在有的岩体分类中，把它作为岩体分类以后的岩体稳定性评价来考虑。

综上所述，目前在工程岩体分类中，作为评价的独立因素，只有岩石质量、岩体结构面和水的影响等三项，地应力影响只能在综合因素中反映。

二、我国工程岩体分级标准

（一）工程岩体分级

1.分级指标

岩体基本质量：由岩石的坚硬程度和岩体完整程度决定，是岩体所固有的属性，是有别于工程因素的共性。

工程因素：地下水、初始应力、软弱结构面等。

2.分级方法

初步定级：从定性判别与定量测试两个方面分别确定岩石的坚硬程度和岩体的完整性，计算岩体基本质量指标。

详细定级：结合工程特点，考虑地下水、初始应力以及软弱结构面走向与工程轴线的关系等因素，对岩体基本质量指标进行修正，以修正后的岩体基本质量作为划分工程岩体级别的依据。

（二）分级标准

1.初步分级

（1）岩石坚硬程度的定性划分。根据对岩石风化情况、锤击手感、浸水后的反应等方面的观察来判断岩石的坚硬程度。

（2）岩体完整程度的确定。结构面的组数、分布及性质都会影响岩体的完整性。结构面结合程度取决于结构面张开度、粗糙度、贯通性及充填物性质。

2.详细分级

岩体基本质量分级是各类岩体工程分级以及选择工程参数的基础。在工程可行性研究或初步设计阶段，可作为工程岩体的初步分级。

工程岩体除与岩体基本质量好坏有关外，还受初始应力、地下水、工程尺寸以及施工方法等因素的影响。按国标标准，应结合工程特性修正岩体基本质量指标。

第三章 特殊性岩土勘察

第一节 膨胀岩土的勘察

膨胀岩土包括膨胀岩和膨胀土。膨胀岩的资料较少，对于膨胀岩的判定还没有统一指标，膨胀岩作为地基时可参照膨胀土的判定方法进行判定，在此主要讨论膨胀土。膨胀土是指由黏粒成分（主要由强亲水性矿物质）组成，并且具有显著胀缩性的黏性土。膨胀土具有强烈的亲水性，遇水后含水率增大，土体液化而丧失强度，导致雨后久久不能进入施工。

一、膨胀岩土的判别

国内外不同的研究者对膨胀岩土的判别标准和方法不尽相同，但大多采用综合判别法。《岩土工程勘察规范》（GB50021—2001）规定对膨胀岩土的判别分为初判和终判两步。

（一）膨胀岩土的初判

对膨胀岩土的初判主要是依据地貌形态、土的外观特征和自由膨胀率；终判是在初判的基础上结合各种室内试验及邻近工程损坏原因分析进行。

具有下列特征的土可初判为膨胀土。

（1）多分布在二级或二级以上阶地、山前丘陵和盆地边缘。

（2）地形平缓，无明显自然陡坎。

（3）常见浅层滑坡、地裂，新开挖的路堑、边坡、基槽易发生坍塌。

（4）裂缝发育方向不规则，常有光滑面和擦痕，裂缝中常充填灰白、灰绿色黏土。

（5）干时坚硬，遇水软化，自然条件下呈坚硬或硬塑状态。

（6）自由膨胀率一般大于40%。

（7）未经处理的建筑物成群破坏，低层较多层严重，刚性结构较柔性结构严重。

（8）建筑物开裂多发生在旱季，裂缝宽度随季节变化。

（二）膨胀岩土的终判

初判为膨胀土的地区，应计算土的膨胀变形量、收缩变形量和胀缩变形量，并划分胀缩等级。计算和划分方法应符合《膨胀土地区建筑技术规范》（GB50112—2013）的规定。有地区经验时，亦可根据地区经验分级。

分析判定过程中应注意，虽然自由膨胀率是一个很有用的指标，但不能作为唯一依据，否则易造成误判；从实用出发，应以是否造成工程的损害为最直接的标准，但对于新建工程，不一定有已有工程的经验可借鉴，此时仍可通过各种室内试验指标结合现场特征判定；初判和终判不是互相分割的，应互相结合，综合分析，工作的次序是从初判到终判，但终判时仍应综合考虑现场特征，不能只凭个别试验指标确定。

对于膨胀岩，膨胀率与时间的关系曲线，以及在一定压力下膨胀率与膨胀力的关系对洞室的设计和施工具有重要的意义。

二、膨胀岩土的勘察要点

（一）膨胀岩土地区的工程地质测绘和调查内容

为了综合判定膨胀土，从岩性条件、地形条件、水文地质条件、水文和气象条件及当地建筑损坏情况和治理膨胀土的经验等诸方面，判定膨胀土及其膨胀潜势，进行膨胀岩土评价并为治理膨胀岩土提供资料。

（1）查明膨胀岩土的岩性、地质年代、成因、产状、分布及颜色、节理、裂缝等外观特征。

（2）划分地貌单元和场地类型，查明有无浅层滑坡、地裂、冲沟及微地貌形态和植被情况。

（3）调查地表水的排泄和积聚情况以及地下水类型、水位和变化规律。

（4）搜集当地降水量、蒸发力、气温、地温、干湿季节、干旱持续时间等气象资料，查明大气影响深度。

（5）调查当地建筑经验。

（二）膨胀土地区勘探工作量的布置

（1）勘探点宜结合地貌单元和微地貌形态布置，其数量应比非膨胀岩土地区适当增加，其中采取试样的勘探点不应少于全部勘探点的1/2。

（2）勘探孔的深度，除应满足基础埋深和附加应力的影响深度外，尚应超过大气影响深度；控制性勘探孔不应小于8m，我国平坦场地的大气影响深度一般不超过5m，故一般性勘探孔不应小于5m。

（3）在大气影响深度内，每个控制性勘探孔均应采取I级、II级土试样，采取试样要求从地表下1m开始，取样间距不应大于1.0m，在大气影响深度以下，取样间距可为1.5～2.0m；一般性勘探孔从地表下1m开始至5m深度内，可取I级土试样，测定天然含水率。大气影响深度是膨胀土的活动带，在活动带内，应适当增加试样数量。

三、膨胀土地基评价

（一）膨胀岩土场地分类

按地形地貌条件可分为平坦场地和坡地场地。大量调查研究资料表明，坡地膨胀岩土的问题比平坦场地复杂得多，故将场地类型划分为平坦和坡地场地。

符合下列条件之一者应划为平坦场地。

（1）地形坡度小于5°，且同一建筑物范围内局部高差不超过1m。

（2）地形坡度大于5°小于14°，与坡肩水平距离大于10m的坡顶地带。

不符合以上条件的应划为坡地场地。

（二）膨胀土地基的变形量

膨胀土地基变形量的取值应符合下列规定。

（1）膨胀变形量应取基础某点的最大膨胀上升量。

（2）收缩变形量应取基础某点的最大收缩下沉量。

（3）胀缩变形量应取基础某点的最大膨胀上升量与最大收缩下沉量之和。

（4）变形差应取相邻两基础的变形量之差。

（5）局部倾斜应取砖混承重结构沿纵墙6～10m内基础两点的变形量之差与其距离的比值。

（三）膨胀土地基承载力确定

（1）载荷试验法。对荷载较大或没有建筑经验的地区，宜采用浸水载荷试验方法确定地基土的承载力。

（2）计算法。采用饱和单轴不排水快剪试验确定土的抗剪强度，再根据建筑地基基础设计规范或岩土工程勘察规范的有关规定计算地基土的承载力。

（3）经验法。对已有建筑经验的地区，可根据成功的建筑经验或地区经验值确定地基土的承载力。

（四）膨胀岩土地基的稳定性

位于坡地场地上的建筑物的地基稳定性按下列几种情况验算。

（1）土质均匀且无节理同时按圆弧滑动法验算。

（2）岩土层较薄，层间存在软弱层时，取软弱层面为潜在滑动面进行验算。

（3）层状构造的膨胀岩土，当层面与坡面斜交角小于45° 时，验算层面的稳定性。验算稳定性时，必须考虑建筑物和堆料荷载，抗剪强度应为土体沿潜在滑动面的抗剪强度，稳定安全系数可取1.2。

（五）膨胀土地区岩土工程评价的要求

当拟建场地或其邻近有膨胀岩土损坏的工程时，应判定为膨胀岩土，并进行详细调查，分析膨胀岩土对工程的破坏机制，估计膨胀力的大小和胀缩等级。

（1）对建在膨胀岩土上的建筑物，其基础埋深、地基处理、桩基设计、总平面布置、建筑和结构措施、施工和维护，应符合《膨胀土地区建筑技术规范》（GB50112—2013）的规定。

（2）一级工程的地基承载力应采用浸水载荷试验方法确定，二级工程宜采用浸水载荷试验，三级工程可采用饱和状态下不固结不排水三轴剪切试验计算，或根据已有经验确定。

（3）对边坡及位于边坡上的工程，应进行稳定性验算，验算时应考虑坡体内含水率变化的影响；均质土可采用圆弧滑动法，有软弱夹层及层状膨胀岩土应按最不利的滑动面验算；具有胀缩裂缝和地裂缝的膨胀土边坡，应进行沿裂缝滑动的验算。

第二节　红黏土的勘察

红黏土是指在湿热气候条件下，碳酸盐系岩石经过第四纪以来的红土化作用形成并覆盖于基岩上，呈棕红、褐黄等色的高塑性黏土。

红黏土是一种区域性特殊土，主要分布在贵州、广西、云南等地区，在湖南、湖北、安徽、四川等省也有局部分布。地貌上一般发育在高原夷平面、台地、丘陵、低山斜坡及洼地上，厚度多在5～15m。天然条件下，红黏土含水量一般较高，结构疏松，但强度较高，往往被误认为是较好的地基土。由于红黏土的收缩性很强，当水平方向厚度变化大时，极易引起不均匀沉陷而导致建筑破坏。

一、红黏土的工程地质特性

（一）红黏土物理力学性质的基本特点

红黏土的物理力学性质指标与一般黏性土有很大区别，主要表现在以下几点。

（1）粒度组成的高分散性。红黏土中小于0.005mm的黏粒含量为60%～80%；其中小于0.002mm的胶粒含量占40%～70%，使红黏土具有高分散性。

（2）天然含水率、饱和度、塑性界限（液限、塑限、塑性指数）和天然孔隙比都很高，却具有较高的力学强度和较低的压缩性。这与具有类似指标的一般黏性土力学强度低、压缩性高的规律完全不同。

（3）很多指标变化幅度都很大，如天然含水率、液限、塑限、天然孔隙比等，与其相关的力学指标的变化幅度也较大。

（4）土中裂隙的存在，使土体与土块的力学参数尤其是抗剪强度指标相差很大。

（二）红黏土的矿物成分

红黏土的矿物成分主要为高岭石、伊利石、绿泥石。黏性矿物具有稳定的结晶格架、细粒组结成稳固的团粒结构、土体近于两相体且土中水又多为结合水，这三者是使红黏土具有良好力学性能的基本因素。

（三）厚度分布特征

（1）红黏土层总的平均厚度不大，这是由其成土特性和母岩岩性所决定的。在高原或山区分布较零星，厚度一般为5～8m，少数达15～30m；在准平原或丘陵区分布较连续，厚度一般为10～15m，最厚超过30m。因此，当作为地基时，往往是属于有刚性下卧层的有限厚度地基。

（2）土层厚度在水平方向上变化很大，往往造成可压缩性土层厚度变化悬殊，地基沉降变形均匀性条件很差。

（3）土层厚度变化与母岩岩性有一定关系。厚层、中厚层石灰岩、白云岩地段，岩体表面岩溶发育，岩面起伏大，导致土层厚薄不一；泥灰岩、薄层灰岩地段则土层厚度变化相对较小。

（4）在地貌横剖面上，坡顶和坡谷土层较薄，坡麓则较厚。古夷平面及岩溶洼地、槽谷中央土层相对较厚。

（四）上硬下软现象

在红黏土地区天然竖向剖面上，往往出现地表呈坚硬、硬塑状态，向下逐渐变软，成为可塑、软塑甚至流塑状态的现象。随着这种由硬变软现象，土的天然含水率、含水比和天然孔隙比也随深度递增，力学性质则相应变差。

据统计，上部坚硬、硬塑土层厚度一般大于5m，约占统计土层总厚度的75%以上；可塑土层占10%～20%；软塑土层占5%～10%。较软土层多分布于基岩面的低洼处，水平分布往往不连续。

当红黏土作为一般建筑物天然地基时，基底附加应力随深度减小的幅度往往快于土随深度变软或承载力随深度变小的幅度。因此，在大多数情况下，当持力层承载力验算满足要求时，下卧层承载力验算也能满足要求。

（五）岩土接触关系特征

红黏土是在经历了红土化作用后由岩石变成土的，无论外观、成分还是组织结构上都发生了明显不同于母岩的质地变化。除少数泥灰岩分布地段外，红黏土与下伏基岩均属岩溶不整合接触，它们之间的关系是突变而不是渐变的。

（六）红黏土的胀缩性

红黏土的组成矿物亲水性不强，交换容量不高，交换阳离子以Ca^{+}、Mg^{+}为主，天然含水率接近缩限值，孔隙呈饱和水状态，以致表现在胀缩性能上以收缩为主，在天然状态下膨胀量很小，收缩性很高；红黏土的膨胀势能主要表现在失水收缩后复浸水的过程中，一部分可表现出缩后膨胀，另一部分则无此现象。因此，不宜把红黏土与膨胀土混淆。

（七）红黏土的裂隙性

红黏土在自然陡态下呈致密状，无层理，表部呈坚硬、硬塑状态，失水后含水率低于缩限，土中即开始出现裂缝，近地表处呈竖向开口状，向深处渐弱，呈网状闭合微裂隙。裂隙破坏土的整体性，降低土的总体强度；裂隙使失水通道向深部土体延伸，促使深部土体收缩，加深、加宽原有裂隙，严重时甚至形成深长地裂。

土中裂隙发育深度一般为2～4m，已见最深者可达8m。裂面中可见光滑镜面、擦痕、铁锰质浸染等现象。

（八）红黏土中的地下水特征

当红黏土呈致密结构时，可视为不透水层。当土中存在裂原时，碎裂、碎块或镶嵌状的土块周边便具有较大的透气、透水性，大气降水和地表水可渗入其中，在土体中形成依附网状裂隙赋存的含水层。该含水层很不稳定，一般无统一水位，在补给充分、地势低洼地段，才可测到初见水位和稳定水位，一般水量不大，多为潜水或上层滞水，水对混凝土一般不具腐蚀性。

二、红黏土勘察要点

（一）红黏土地区的工程地质测绘和调查内容

红黏土地区的工程地质测绘和调查应符合一般的工程地质测绘和调查规定，是在一般性的工程地质测绘基础上进行的。除此之外，还应着重查明下列内容。

（1）不同地貌单元红黏土的分布、厚度、物质组成、土性等特征及其差异。

（2）下伏基岩岩性、岩溶发育特征及其与红黏土土性、厚度变化的关系。

（3）地裂分布、发育特征及其成因，土体结构特征，土体中裂隙的密度、深度、延展方向及其发育规律。

（4）地表水体和地下水的分布、动态及其与红黏土状态垂向分带的关系。

（5）现有建筑物开裂原因分析，当地勘察、设计、施工经验等。

（二）红黏土地区勘探工作量的布置

红黏土地区勘探点的布置，应取较密的间距，查明红黏土厚度和状态的变化。初步勘察勘探点间距宜取30～50 m；详细勘察勘探点间距，对均匀地基宜取12～24 m，对不均匀地基宜取6～12 m。厚度和状态变化大的地段，勘探点间距还可加密。各阶段勘探孔的深度可按相应建筑物勘察的有关规定执行。对不均匀地基，勘探孔深度应达到基岩。

对不均匀地基、有土洞发育或采用岩面端承桩时，宜进行施工勘察，其勘探点间距和勘探孔深度根据需要确定。

由于红黏土具有垂直方向状态变化大、水平方向厚度变化大的特点，故勘探工作应采用较密的点距，特别是土岩组合的不均匀地基。红黏土底部常有软弱土层，基岩面的起伏也很大，故勘探孔的深度不宜单纯根据地基变形计算深度来确定，以免漏掉对场地与地基评价至关重要的信息。对于土岩组合的不均匀地基，勘探孔深度应达到基岩，以便获得完整的地层剖面。

基岩面上土层特别软弱，有土洞发育时，详细勘察阶段不一定能查明所有情况，为确保安全，在施工阶段补充进行施工勘察是必要的，也是现实可行的。基岩面高低不平、基岩面倾斜或有临空面时嵌岩桩容易失稳，进行施工勘察是必要的。

当岩土工程评价需要详细了解地下水埋藏条件、运动规律和季节变化时，应在测绘调查的基础上补充进行地下水的勘察、试验和观测工作。水文地质条件对红黏土评价是非常重要的因素，仅仅通过地面的测绘调查往往难以满足岩土工程评价的需要，此时补充进行水文地质勘察、试验、观测工作是非常必要的。

（三）试验工作

红黏土的室内试验应满足室内试验的一般规定，对裂隙发育的红黏土应进行三轴剪切试验或无侧限抗压强度试验。必要时，可进行收缩试验和复浸水试验。当需评价边坡稳定性时，宜进行重复剪切试验。

三、红黏土的岩土工程评价

红黏土的岩土工程评价应符合下列要求。

（1）建筑物应避免跨越地裂密集带或深长地裂地段。

（2）轻型建筑物的基础埋深应大于大气影响急剧层的深度；炉窑等高温设备的基础应考虑地基土的不均匀收缩变形；开挖明渠时应考虑土体干湿循环的影响；在石芽出露的地段，应考虑地表水下渗形成的地面变形。

（3）选择适宜的持力层和基础形式，在满足第（2）条要求的前提下，基础宜浅埋，利用浅部硬壳层，并进行下卧层承载力的验算；不能满足承载力和变形要求时，应建议进行地基处理或采用桩基础。

（4）基坑开挖时宜采取保湿措施，边坡应及时维护，防止失水干缩。

（5）红黏土的地基承载力确定方法原则上与一般土并无不同，应结合地区经验按有关标准综合确定，应特别注意红黏土裂隙的影响以及裂隙发展和复浸水可能使其承载力下降，考虑到各种不利的临空边界条件，尽可能选用符合实际的测试方法。过去积累的确定红黏土承载力的地区性成熟经验应予充分利用，当基础浅埋、外侧地面倾斜、有临空面或承受较大水平荷载时，应结合以下因素综合考虑确定红黏土的承载力：土体结构和裂隙对承载力的影响，开挖面长时间暴露、裂隙发展和复浸水对土质的影响。

（6）地裂是红黏土地区的一种特有的现象，地裂规模不等，长可达数百米、深可延伸至地表下数米，所经之处地面建筑无一不受损坏，故评价时应建议建筑物绕避地裂。红黏土中基础埋深的确定可能面临矛盾。从充分利用硬层，减轻下卧软层的压力而言，宜尽量浅埋；但从避免地面不利因素影响而言，又必须深于大气影响急剧层的深度。评价时应充分权衡利弊，提出适当的建议。如果采用天然地基难以解决上述矛盾，则宜放弃天然地基，改用桩基。

第三节 软土的勘察

天然孔隙比不小于1.0，且天然含水率大于液限的细粒土为软土，包括淤泥、淤泥质土、泥炭、泥炭质土等。软土一般是指在静水或缓慢水流环境中以细颗粒为主的近代沉积物。按地质成因，软土有滨海环境沉积、海陆过渡环境沉积、河流环境沉积、湖泊环境沉积和沼泽环境沉积。

我国软土主要分布在沿海地区，如东海、黄海、渤海、南海等沿海地区。内陆平原及一些山间洼地亦有分布。

一、软土的工程性质

（1）触变性。当原状土受到振动或扰动以后，由于上体结构遭破坏，强度会大幅度降低。触变性可用灵敏度S表示，软土的灵敏度一般为3～4，最大可达8～9，故软土属于高灵敏度或极灵敏土。软土地基受振动荷载后，易产生侧向滑动、沉降或基础下土体挤出等现象。

（2）流变性。软土在长期荷载作用下，除产生排水固结引起的变形外，还会发生缓慢而长期的剪切变形。这对建筑物地基沉降有较大影响，对斜坡、堤岸、码头和地基稳定性不利。

（3）高压缩性。软土属于高压缩性土，压缩系数大。故软土地基上的建筑物沉降量大。

（4）低强度。软土不排水抗剪强度一般小于20 kPa。软土地基的承载力很低，软土边坡的稳定性极差。

（5）低透水性。软土的含水量虽然很高，但透水性差，特别是垂直向透水性更差，属微透水或不透水层。对地基排水固结不利，软土地基上建筑物沉降延续时间长，一般达数年以上。在加载初期，地基中常出现较高的孔隙水压力影响地基强度。

（6）不均匀性。由于沉积环境的变化，土质均匀性差。例如，三角洲相、河漫滩相软土常夹有粉土或粉砂薄层，具有明显的微层理构造，水平向渗透性常好于垂直向渗透性。湖泊相、沼泽相软土常在淤泥或淤泥质土层中夹有厚度不等的泥炭或泥炭质土薄层或透镜体，作为建筑物地基易产生不均匀沉降。

二、软土的勘察要点

（一）软土勘察主要内容

软土勘察除应符合常规要求外，还应查明下列内容。

（1）成因类型、成层条件、分布规律、层理特征、水平向和垂直向的均匀性。

（2）地表硬壳层的分布与厚度、下伏硬土层或基岩的埋深和起伏。

（3）固结历史、应力水平和结构破坏对强度和变形的影响。

（4）微地貌形态和暗埋的塘、浜、沟、坑、穴的分布，埋深及其填土的情况。

（5）开挖、回填、支护、工程降水、打桩、沉井等对软土应力状态、强度和压缩性的影响。

（6）当地的工程经验。

（二）软土勘察工作布置

（1）软土地区勘察宜采用钻探取样与静力触探结合的手段。在软土地区用静力触探孔取代相当数量的勘探孔，不仅可以减少钻探取样和土工试验的工作量，缩短勘察周期，而且可以提高勘察工作质量。静力触探是软土地区十分有效的原位测试方法，标准贯入试验对软土并不适用，但可用于软土中的砂土硬黏性土等。

（2）勘探点布置应根据土的成因类型和地基复杂程度，采用不同的布置原则。当土层变化较大或有暗埋的塘、浜、沟、坑、穴时应予以加密。

（3）软土取样应采用薄壁取土器，并符合一般规格要求。

（4）勘探孔的深度不要简单地按地基变形计算深度确定，应根据地质条件、建筑物特点、可能的基础类型确定，此外，还应预计到可能采取的地基处理方案的要求。

（三）试验工作

软土原位测试宜采用静力触探试验、旁压试验、十字板剪切试验、扁铲侧胀试验和螺旋板载荷试验。静力触探最大的优点在于精确的分层，用旁压试验测定软土的模量和强度，用十字板剪切试验测定内摩擦角近似为零的软土强度，实践证明是行之有效的。扁铲侧胀试验和螺旋板载荷试验虽然经验不多，但最适用于软土也是公认的。

软土的力学参数宜采用室内试验、原位测试，结合当地经验确定。有条件时，可根据堆载试验、原型监测反分析确定。抗剪强度指标室内宜采用三轴试验，原位测试宜采用十字板剪切试验。压缩系数、先期固结压力、压缩指数、回弹指数、固结系数可分别采用常规固结试验、高压固结试验等方法确定。

三、软土的岩土工程评价

软土的岩土工程评价应包括下列内容。

（1）判定地基产生失稳和不均匀变形的可能性；当工程位于池塘、河岸、边坡附近时，应验算其稳定性。

（2）软土地基承载力应根据室内试验、原位测试和当地经验，并结合下列因素综合确定。

①软土成层条件、应力历史、结构性、灵敏度等力学特性和排水条件。

②上部结构的类型、刚度、荷载性质和分布，对不均匀沉降的敏感性。

③基础的类型、尺寸、埋深和刚度等。

④施工方法和程序。

（3）当建筑物相邻高低层荷载相差较大时，应分析其变形差异和相互影响；当地面有大面积堆载时，应分析对相邻建筑物的不利影响。

（4）地基沉降计算可采用分层总和法或土的应力历史法，并应根据当地经验进行修正，必要时，应考虑软土的次固结效应。

（5）提出基础形式和持力层的建议；对于上为硬层、下为软土的双层土地基应进行下卧层验算。

第四节　湿陷性土的勘察

湿陷性土是指那些非饱和、结构不稳定的土，在一定压力作用下受水浸湿后，其结构迅速破坏，并产生显著的附加下沉。湿陷性土在我国分布广泛，除常见的湿陷性黄土外，在我国干旱和半干旱地区，特别是在山前洪坡积扇（裙）中常遇到湿陷性碎石土、湿陷性砂土等。湿陷性黄土的勘察应按《湿陷性黄土地区建筑规范》（GB 50025—2018）执行。干旱和半干旱地区除黄土以外的湿陷性碎石土、湿陷性砂土和其他湿陷性土的岩土工程勘察按《岩土工程勘察规范》（GB 50021—2001）执行。

一、黄土地区的勘察要点

湿陷性黄土属于黄土。当其未受水浸湿时，一般强度较高，压缩性较低。但受水浸湿后，在上覆土层的自重应力或自重应力和建筑物附加应力作用下，土的结构迅速被破坏，并发生显著的附加下沉，其强度也随之迅速降低。

湿陷性黄土分布在近地表几米到几十米深度范围内，主要为晚更新世形成的马兰黄土和全新世形成的黄土状土（包括湿陷性黄土和新近堆积黄土）。而中更新世及其以前形成早更新世的离石黄土和午城黄土一般仅在上部具有较微弱的湿陷性或不具有湿陷性。我国陕西、山西、甘肃等省分布有大面积的湿陷性黄土。

（一）湿陷性黄土的工程性质

（1）粒度成分上，以粉粒为主，砂粒、黏粒含量较少，土质均匀。

（2）密度小，孔隙率大，大孔性明显。在其他条件相同时，孔隙比越大，湿陷性越强烈。

（3）天然含水量较少时，结构强度高，湿陷性强烈；随含水量增大，结构强度降低，湿陷性降低。

（4）塑性较弱，塑性指数为8～13。当湿陷性黄土的液限小于30%时，湿陷性较强；当液限大于30%以后，湿陷性减弱。

（5）湿陷性黄土的压缩性与天然含水量和地质年代有关，天然状态下，压缩性中等，抗剪强度较大。随含水量增加，黄土的压缩性急剧增大，抗剪强度显著降低；新近沉积黄土，土质松软，强度低，压缩性高，湿陷性不一。

（6）抗水性弱，遇水强烈崩解，膨胀量小，但失水收缩较明显，遇水湿陷性较强。

（二）黄土地区的工程地质测绘和调查内容

黄土地区的工程地质测绘和调查应符合一般的工程地质测绘和调查规定，是在一般性的工程地质测绘基础上进行的。此外，还应着重查明下列内容。

（1）查明湿陷性黄土的地层时代、岩性、成因、分布范围。

（2）湿陷性黄土的厚度。

（3）湿陷系数和自重湿陷系数随深度的变化。

（4）场地湿陷类型和地基湿陷等级及平面分布。

（5）湿陷起始压力随深度的变化。

（6）地下水位升降变化的可能性和变化趋势。

（7）提出湿陷性黄土的处理措施。常采用的处理方法有以下几种。

①垫层法，将湿陷性土层挖去，换填素土或者灰土，分层夯实。可以处理垫层厚度以内的湿陷性，此方法不能用砂土或者其他粗粒土换垫，仅适用于地下水位以上的地基处理。

②夯实法，可分为重锤夯实法和强夯法。重锤夯实法可处理地表下厚度1～2m土层的

湿陷性。强夯法可处理3～6m土层的湿陷性。适用于饱和度大于60%的湿陷性黄土地基。

③挤密法，采用素土或灰土挤密桩，可处理地基下5～15m土层的湿陷性。适用于地下水位以上的地基处理。桩基础，起到荷载传递的作用，而不是消除黄土的湿陷性，故桩端应支承在压缩性较低的非湿陷性土层上。

④预浸水法，可用于处理湿陷性土层厚度大于10m，自重湿陷量≥50cm的场地，以消除土的自重湿陷性。自地面以下6m以内的土层，有时因自重应力不足而可能仍有湿陷性，应采用垫层等处理方法。

⑤单液硅化或碱液加固法，将硅酸钠溶液注入土中。对已有建筑物地基进行加固时，在非自重湿陷性场地，宜采用压力灌注；在自重湿陷性场地，应让溶液通过灌注孔自行渗入土中。适宜加固非自重湿陷性黄土场地上的已有建筑物。

（三）黄土地区勘探工作量的布置

1.初步勘察

（1）勘探线应按地貌单元纵横方向布置，在微地貌变化较大的地段予以加密，在平缓地段可按网格布置。初步勘察勘探点的间距。

（2）取土和原位测试勘探点，应按地貌单元和控制性地段布置，其数量不得少于全部勘探点的1/2，其中应包括一定数量的探井。

（3）勘探点的深度，根据湿陷性黄土层的厚度和地基主要压缩层的预估深度确定，控制性勘探点中应有一定数量的取土勘探点穿透湿陷性黄土层。

2.详细勘察

（1）勘探点的布置应根据建筑物平面和建筑物类别以及工程地质条件的复杂程度等因素确定。

（2）在单独的甲、乙类建筑场地内，勘探点不应少于4个。

（3）采取不扰动土样和原位测试的勘探点不得少于全部勘探点的2/3；其中采取不扰动土样的勘探点不宜少于1/2，其中应包括一定数量的探井。

（4）勘探点的深度，应大于地基主要压缩层的深度，并穿透湿陷性土层，对非自重湿陷性黄土场地，自基础底面算起的勘探点深度应大于10m，对自重湿陷性黄土场地，陇西—陇东—陕北—晋西地区，应大于15m，其他地区应大于10m。

对甲、乙类建筑物，应有一定数量的取样勘探点穿透湿陷性土层。

二、其他湿陷性土的勘察要点

湿陷性土场地勘察，除应遵守一般的勘察要求规定，另外，还有如下要求。

（1）由于地貌地质条件比较特殊、土层产状多较复杂，所以勘探点的间距应按各类建筑物勘察规定取小值。对湿陷性土分布极不均匀的场地应加密勘探点。

（2）控制性勘探孔深度应穿透湿陷性土层。

（3）应查明湿陷性土的年代、成因、分布和其中的夹层、包含物、胶结物的成分和性质。

（4）湿陷性碎石土和砂土，宜采用动力触探试验和标准贯入试验确定力学特性。

（5）不扰动土试样应在探井中采取。

（6）不扰动土试样除测定一般物理力学性质外，尚应作土的湿陷性和湿化试验。

（7）对不能取得不扰动土试样的湿陷性土，应在探井中采用大体积法测定密度和含水率。

（8）对于厚度超过2m的湿陷性土，应在不同深度处分别进行浸水载荷试验，并应不受相邻试验浸水的影响。

第五节　其他特殊性土的勘察

一、混合土勘察

由细粒土和粗粒土混杂且缺乏中间粒径的土应定名为混合土。当碎石土中粒径小于0.075mm的细粒土质量超过总质量的25%时，为粗粒混合土；当粉土或黏性土中粒径大于2mm的粗粒土质量超过总质量的25%时，为细粒混合土。

混合土在颗粒分布曲线上呈不连续状，主要成因有坡积、洪积、冰水沉积形成。经验和专门研究表明：黏性土、粉土中的碎石组分的质量只有超过总质量的25%时，才能起到改善土的工程性质的作用；而在碎石土中黏粒组分的质量大于总质量的25%时，则对碎石土的工程性质有明显的影响，特别是当含水率较大时。

（一）混合土的勘察要点

混合土的勘察应符合下列要求。

（1）查明地形和地貌特征，混合土的成因、分布，下卧土层或基岩的埋藏条件。

（2）查明混合土的组成、均匀性及其在水平方向和垂直方向上的变化规律。

（3）勘探点的间距和勘探孔的深度除应满足各类建筑物勘察要求外，尚应适当加密加深。

（4）应有一定数量的探井，并应采取大体积土试样进行颗粒分析和物理力学性质测定。

（5）对粗粒混合土宜采用动力触探试验，并应有一定数量的钻孔或探井检验。

（6）现场载荷试验的承压板直径和现场直剪试验的剪切面直径都应大于试验土层最大粒径的5倍，载荷试验的承压板面积不应小于$0.5m^2$，直剪试验的剪切面面积不宜小于$0.25m^2$。

（二）混合土的岩土工程评价

混合土的岩土工程评价应包括下列内容。

（1）混合土的承载力应采用载荷试验、动力触探试验并结合当地经验确定。

（2）混合土边坡的容许坡度值可根据现场调查和当地经验确定。对重要工程应进行专门试验研究。

二、填土的勘察

（一）填土的概念

由于人类活动而堆填的土，统称为填土。在我国大多数城市周边的地表面，普遍覆盖着一层人工杂土堆积层。这种填土无论其物质的组成、分布特征和工程性质均相当复杂，且具有地区性特点。

1.填土的分类

填土根据物质组成和堆填方式，可分为下列4类。

（1）素填土。由碎石土、砂土、粉土和黏性土等一种或几种材料组成，不含杂物或含杂填土。

（2）杂填土。含有大量建筑垃圾、工业废料或生活垃圾等杂物。

（3）冲填土。由水力冲填泥沙形成。

（4）压实填土。按一定标准控制材料成分、密度、含水率、分层压实或夯实而成。

填土的工程性质和天然沉积土比起来有很大的不同。由于堆填时间、环境，特别是物质来源和组成成分的复杂和差异，造成填土性质很不均匀，分布和厚度变化缺乏规律，带有极大的人为偶然性，往往在很小的范围内，填土的质量密度会在垂直方向变化较大。

2.填土的工程性质

填土往往是一种欠压密土，具有较高的压缩性，在干旱和半干旱地区，干或稍湿的填土往往具有湿陷性。因此，填土的工程性质主要包括以下几个方面。

（1）不均匀性。填土由于物质来源、组成成分的复杂和差异，分布范围和厚度变化缺乏规律性，所以不均匀性是填土的突出特点，而且在杂填土和冲填土中更加显著。

（2）湿陷性。填土由于堆积时未经压实，所以土质疏松，孔隙发育，当进水后会产生附加下陷，即湿陷。通常，新填土比老填土湿陷性强，含有炉灰和变质炉灰的杂填土比素填土湿陷性要强，干旱地区填土的湿陷性比气候潮湿、地下水位高的地区湿陷性强。

（3）自重压密性。填土属欠固结土，在自身重量和大气降水下渗的作用下有自行压密的特点，压密所需的时间随填土的物质成分不同而有很大的差别。例如，由粗颗粒组成的砂和碎石素填土，一般回填时间在2～5年即可以达到自重压密基本稳定，而粉土和黏性土质的素填土则需5～15年才能达到基本稳定。建筑垃圾和工业废料填土的基本稳定时间需要2～10年；而含有大量有机质的生活垃圾填土的自重压密稳定时间可以长达30年以上。冲填土的自重压密稳定时间更长，可以达几十年甚至上百年。

（4）压缩性大，强度低。填土由于密度小，孔隙度大，结构性很差，故具有高压缩性和较低的强度。对于杂填土而言，当建筑垃圾的组成物以砖块为主时，则性能优于以瓦片为主的土；而建筑垃圾土和工业废料土一般情况下性能优于生活垃圾土，这是因为生活垃圾土物质成分杂乱，含大量有机质和未分解或半分解状态的动、植物体。对于冲填土，则是由于其透水性弱，排水固结差，土体呈软塑状态之故。

（二）填土勘察要点

1.填土地区岩土工程勘察内容

（1）搜集资料，调查地形和地物的变迁，填土的来源、堆积年限和堆积方式。

（2）查明填土的分布、厚度、物质成分、颗粒级配、均匀性、密实性、压缩性和湿陷性。

（3）判定地下水对建筑材料的腐蚀性。

2.填土勘探布置

填土勘察应在各类建筑物勘察规定的基础上加密勘探点，确定暗埋的塘、浜、坑的范围。勘探孔的深度应穿透填土层。

3.填土勘探方法

应根据填土性质确定。对由粉土或黏性土组成的素填土，可采用钻探取样、轻型动力触探与原位测试相结合的方法；对含较多粗粒成分的素填土和杂填土宜采用动力触探、钻探，并应有一定数量的探井；对于冲填土和黏性土素填土可采用静力触探；对于杂填土成分复杂，均匀性很差的填土，单纯依靠钻探难以查明，应有一定数量的探井。

4.填土的工程特性指标测试方法

（1）填土的均匀性和密实度宜采用触探法，并辅以室内试验。

（2）填土的压缩性、湿陷性宜采用室内固结试验或现场载荷试验。

（3）杂填土的密度试验宜采用大容积法。

（4）对压实填土，在压实前应测定填料的最优含水率和最大干密度，压实后应测定其干密度，计算压实系数。

（三）填土的岩土工程评价

（1）阐明填土的成分、分布和堆积年代，判定地基的均匀性、压缩性和密实度；必要时应按厚度、强度和变形特性分层或分区评价。

（2）对堆积年限较长的素填土、冲填土和由建筑垃圾或性能稳定的工业废料组成的杂填土，当较均匀和较密实时可作为天然地基；由有机质含量较高的生活垃圾和对基础有腐蚀性的工业废料组成的杂填土，不宜作为天然地基。

（3）填土地基承载力应结合地区经验、室内外测试结果按有关标准综合确定。当填土底面的天然坡度大于20%时，应验算其稳定性。

（4）填土地基基坑开挖后应进行施工验槽。处理后的填土地基应进行质量检验。对复合地基，宜进行大面积载荷试验。

（5）填土的成分比较复杂，均匀性差，厚度变化大，工程上一般要进行地基处理。处理方法有换土垫层法，适用于地下水位以上，可减少和调整地基不均匀沉降；碾压、重锤夯实及强夯法，适用于加固浅埋的松散低塑性或无黏性填土；挤密桩、灰土桩，适用于地下水位以上；砂、碎石桩适用于地下水位以上，处理深度一般可达6～8m。

三、多年冻土勘察

多年冻土为含有固态水，且冻结状态持续两年或两年以上的土。我国多年冻土主要分布在青藏高原帕米尔及西部高山（包括祁连山、阿尔泰山、天山等），东北的大小兴安岭和其他高山的顶部也有零星分布。

（一）多年冻土的工程性质

冻土的主要特点是含有冰，并且含冰量极不稳定，随湿度的升降而剧烈变化，导致冻土工程性质发生相应显著变化。多年冻土为不透水层，具有牢固的冰晶胶结联结，从而具有较高的力学性能。抗压强度和抗剪强度均较高，但受湿度和总含水量的变化及荷载作用时间长短的影响：内摩擦角很小，可近似把多年冻土看作理想的黏滞体；在短期荷载作用下，压缩性很低，类似于岩石，可不计算变形，但在长期荷载作用下，冻土的变形增大，特别是温度在近似零度时，变形会更突出。

根据土冻胀率的大小可分为不冻胀、弱冻胀、冻胀、强冻胀和特强冻胀土5类。

土冻结时体积膨胀，在于水在转化为冰时体积膨胀，从而使土的孔隙度增大。如果土中的原始孔隙空间足以容纳水在冻结时所增大的体积，则冻胀不会发生；只有在土的原始饱和度很高或有新的水分补充时才会发生冻胀。所以对冻胀性的理解应为：土冻结时体积增大的性能。

（二）多年冻土的勘察要点

1.多年冻土地区的勘察内容

多年冻土勘察内容应根据多年冻土的设计原则、多年冻土的类型和特征进行，并应查明下列内容。

多年冻土的设计原则为“保持冻结状态的设计”“逐渐融化状态的设计”和“预先融化状态的设计”，不同的设计原则对勘察的要求是不同的。

（1）多年冻土的分布范围及上限深度。

（2）多年冻土的类型、厚度、总含水率、构造特征、物理力学和热学性质。多年冻土的类型，按埋藏条件分为衔接多年冻土和不衔接多年冻土，按物质成分有盐渍多年冻土和泥炭多年冻土，按变形特性分为坚硬多年冻土、塑性多年冻土和松散多年冻土。多年冻土的构造特征有整体状构造、层状构造、网状构造等。

（3）多年冻土层上水、层间水和层下水的赋存形式、相互关系及其对工程的影响。

（4）多年冻土的融沉性分级和季节融化层土的冻胀性分级。

（5）厚层地下冰、冰锥、冰丘、冻土沼泽、热融滑塌、热融湖塘、融冻泥流等不良地质作用的形态特征、形成条件、分布范围、发生发展规律及其对工程的危害程度。

2.多年冻土勘探布置

勘探点的间距应满足各类建筑物勘探要求，还应适当加密。勘探孔的深度应满足下列要求。

（1）多年冻土勘探孔的深度应符合设计原则的要求。对季节冻土地基钻探的钻孔深度可与非冻土地基的钻探要求相同。对多年冻土用作建筑地基的钻孔深度，可采用下列三种状态之一进行设计：①多年冻土以冻结状态用作地基，在建筑物施工和使用期间，地基土始终保持冻结状态；②多年冻土以逐渐融化状态用作地基，在建筑物施工和使用期间，地基土处于逐渐融化状态；③多年冻土以预先融化状态用作地基，在建筑物施工之前，使地基融化至计算深度或全部融化。

（2）对保持冻结状态设计的地基，不应小于基底以下2倍基础宽度，对桩基应超过桩端以下3～5 m。

（3）对逐渐融化状态和预先融化状态设计的地基，应符合非冻土地基的要求。

（4）无论何种设计原则，勘探孔的深度均应超过多年冻土上限深度的1.5倍。

（5）在多年冻土的不稳定地带，应查明多年冻土下限深度；当地基为饱冰冻土或含土冰层时，应穿透该层查明其厚度。

3.多年冻土的勘探和测试要求

（1）为减少钻进中摩擦生热，保持岩芯核心土温不变，多年冻土地区钻探应缩短施工时间，应采用大口径低速钻进，一般开孔孔径不应小于130 mm，终孔直径不应小于108 mm，回次钻进时间不应超过5 min，进尺不应超过0.3 m，遇含冰量大的泥炭或黏性土可进尺0.5 m；必要时可采用低温泥浆，冲洗液可加入适量食盐，以降低冰点并避免在钻孔周围造成人工融区或孔内冻结。

（2）应分层测定地下水位。

（3）保持冻结状态设计地段的钻孔，孔内测温工作结束后应及时回填。

（4）取样的竖向间隔，应满足各类建筑物勘察取样要求，在季节融化层应适当加密，试样在采取、搬运、储存、试验过程中应避免融化；进行热物理和冻土力学试验的冻土试样，取出后应立即冷藏，尽快试验。

（5）试验项目除按常规要求外，还应根据需要，进行总含水率、体积含冰量、相对含冰量、未冻水含量、冻结温度、导热系数、冻胀量、融化压缩等项目的试验；对盐渍化多年冻土和泥炭化多年冻土，尚应分别测定易溶盐含量和有机质含量。

（6）工程需要时，可建立地温观测点，进行地温观测；由于钻进过程中孔内蓄存了一定热量，要经过一段时间的散热后才能恢复到天然状态的地温，其恢复的时间随深度的增加而增加，一般20m深的钻孔需一星期左右的恢复时间，因此孔内测温工作应在终孔7天后进行。

（7）当需查明与冻土融化有关的不良地质作用时，调查工作宜在2~5月进行；多年冻土上限深度的勘察时间宜在9月、10月。

（三）多年冻土的岩土工程评价

多年冻土岩土工程评价应符合下列要求。

（1）多年冻土的地基承载力，应区别保持冻结地基和容许融化地基，结合当地经验用载荷试验或其他原位测试方法综合确定，对次要建筑物可根据邻近工程经验确定。

（2）除次要工程外，建筑物宜避开饱冰冻土、含土冰层地段和冰锥、冰丘、热融湖、厚层地下冰、融区与多年冻土区之间的过渡带，宜选择坚硬岩层、少冰冻土和多冰冻土地段及地下水位或冻土层上水位低的地段和地形平缓的高地，一定要避开不良地段，选择有利地段。

（3）多年冻土地区地基处理措施。多年冻土地区地基处理措施应根据建筑物的特点和冻土的性质选择适宜有效的方法。一般选择以下处理方法。

①保护冻结法，宜用于冻层较厚、多年地温较低和多年冻土相对稳定的地带，以及不

采暖的建筑物和富冰冻土、饱冰冻土、含土冰层的采暖建筑物或按容许融化法处理有困难的建筑物。

②容许融化法的自然融化，宜用于地基总融陷量不超过地基容许变形值的少冰冻土或多冰冻土地基；容许融化法的预先融化宜用于冻土厚度较薄、多年地温较高、多年冻土不稳定的地带的富冰冻土、饱冰冻土和含冰土层地基，并可采用人工融化压密法或挖除换填法进行处理。

第四章　岩土工程设计

第一节　概述

一、岩土工程设计的特点

（一）对自然条件的依赖性

岩土工程与自然界的关系极为密切，设计时必须全面考虑气象、水文、地质及其动态变化，包括可能发生的自然灾害及由于兴建工程改变自然环境引起的灾害，必须特别重视调查研究，做好勘察工作。岩土工程迄今还是一门不够严谨、不够完善、不十分成熟的科学技术，存在相当大的风险。

（二）岩土性质的不确定性

岩土参数是随机变量，变异性大。而且，不同的测试方法会得到不同的测试值，差异往往相当大，相互间无确定的关系。故在进行岩土工程设计时，不仅要掌握岩土参数及其概率分布，而且要了解测试的方法及测试条件与工程原型条件之间的差别。

（三）注重经验特别是地方经验

近代土力学与岩石力学的建立，为岩土工程的计算和分析提供了理论基础。但由于岩土性质复杂多变，以及岩土与结构相互作用的复杂性，不得不作简化，以致预测和实际之间有时相去甚远。鉴于岩土工程计算的不完善，工程经验特别是地方经验，在岩土工程设计中应予高度重视。

（四）原位测试、实体试验、原型观测的特殊地位

取样试验进行室内试验仍是岩土测试的重要手段，但由于小块试样的代表性不足，取

试样、运输、保存、试验过程中的扰动，某些岩土无法取试样等问题而显出它的局限性，故原位测试在岩土工程勘察中被广泛应用。但是，原位测试一般因应力、应变条件复杂，影响因素多，和实体工程差异大等原因，难以进行理论分析。有些原位测试项目不直接得出设计参数，甚至和设计参数没有物理概念上的联系，成果的应用带有很强的经验性和地区性。

为了避免尺寸效应的影响，有时某些工程要做实体试验，如足尺的平板载荷试验，桩载荷试验，锚杆抗拔试验等。只要这些试验有足够的代表性，就可以作为岩土工程可靠的最终设计依据。

由于设计参数和计算方法的不精确性，原型观测对于检验岩土工程设计的合理性及监测施工的质量和安全，有特殊重要的意义。

二、基本技术要求和设计原则

（一）基本技术要求

岩土工程设计应以最少的投资，最短的工期，达到设计基准期内安全运行，并满足所有的预定功能要求，包括三个方面：

（1）预定功能要求；

（2）安全性和耐久性要求；

（3）投资和工期的经济性要求。

（二）设计时应考虑的因素

（1）设计基准期内预定的功能；

（2）场地条件、岩土性质及其变化；

（3）工程结构特点；

（4）施工环境，相邻工程的影响；

（5）施工技术条件，设计实施的可行性；

（6）地方材料资源；

（7）投资和工期。

（三）注意场地条件，防治灾害

应充分搜集场地的地形、地质、水文、水文地质等资料，作为设计的依据。场地可能发生的自然灾害，如暴雨、洪水、地震、滑坡、泥石流等，以及由于工程建设引起的灾害，如采空塌陷、抽水塌陷、边坡失稳、管涌、突水等，应在勘察、预测和评价的基础上，采取有效防治措施。

（四）合理选用岩土参数

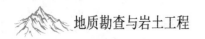

选用岩土参数时，应注意岩土体的非均质性、各向异性、参数测定方法、测定条件与工程原型之间的差异、参数随时间和环境的改变，以及由于工程建设而可能引起的变化等。

由于岩土参数是随机变量，故应在划分工程地质单元的基础上，进行统计分析，算出各项参数的平均值、标准差、变异系数。确定其标准值和设计值。在选定测试方法时，应注意其适用性。

（五）定性分析和定量分析结合

定性分析是岩土工程分析的首要步骤和定量分析的基础。对于下列问题一般只作定性分析：

（1）工程选址和场地适宜性评价；

（2）场地地质背景和地质稳定性评价；

（3）岩土性质的直观鉴定。

定量分析可采用解析法、图解法或数值法，都应有足够的安全储备以保证工程的可靠性。考虑安全储备时，可用定值法或概率法。

定性分析和定量分析，都应在详细分析现有资料的基础上，运用成熟的理论和类似工程经验，进行论证，并宜提出多个方案进行比较。

（六）注意与结构设计的配合

在岩土工程设计中，岩土工程师与结构工程师应密切配合，使岩土工程设计与结构工程设计协调一致。

三、岩土工程设计方法

工程设计必须保证工程的适用性、安全性、耐久性、经济性和可持续发展的要求，其中安全性更是首当其冲。现在，结构设计已经普遍采用概率极限状态设计法，用分项系数表达。岩土工程设计由于固有的复杂性和研究积累不足，加上岩土工程涉及建筑、铁路、公路、港口、水利水电工程等诸多领域，各个行业部门工程特点不同，使得岩土工程设计至今仍处于工程类比法、容许应力法、单一安全系数法和概率极限状态设计法（可靠度设计）并存阶段。

（一）工程类比法

工程类比设计法属于典型的经验设计法，主要依据已有治理工程的成功经验，通过主要工程岩土条件、变形破坏特征以及工程自身特点的对比，获得待设计工程的设计参数或方案。如隧道与地下工程中的喷锚支护工程设计，在目前国内的相关规范中都明确规定以工程类比法为主，辅助量测法和理论验算法。通常有直接对比法和间接对比法两种。直接类比法一般是根据围岩的岩体强度和岩体完整性、地下水影响程度、洞室埋深、可能受到的地应力大小、洞室形状和尺寸、施工方法及使用要求等方面的因素，将设计的工程与上述条件基本相似的已建工程进行对比，由此确定喷锚支护的类型和参数；间接类比法一般是根据现行喷锚支护技术规范，按其围岩类别表及锚喷支护设计参数确定拟建工程的喷锚支护类型与参数。

（二）容许应力法

容许应力法是在正常使用条件下，比较荷载作用和岩土抗力，要求强度有一定储备，变形满足正常使用要求。荷载和抗力的取值都是定值，建立在经验的基础上。

地基容许承载力就是容许应力法。例如根据经验给定地基容许承载力为200kPa，就意味着地基能够承受200kPa的荷载，强度有一定储备，变形满足正常使用要求（除非规定要进行变形验算），安全度已经隐含在其中。但是，地基的极限承载力到底是多少，隐含的安全度到底有多大是不清楚的。容许应力法虽然比较粗糙，但在信息不充分，更多依赖经验的情况下，也是有效而实用的方法。

（三）单一安全系数法

单一安全系数法就是人们在设计中无法完全把握诸多不确定性因素，因此从安全的角度出发，在考虑结构实际允许的承载能力时，常采用将设计结构的理论计算承载能力除以一个大于1的系数K（安全系数），作为实际结构允许承担的荷载。

安全系数K的确定：长期的经验的积累、合理的综合判断、工程的类比、合理的反算。

但是，安全系数并不是定量表示安全性的尺度。

（1）岩土工程存在着不确定性；

（2）岩土体结构和岩土材料性能的不确定性；

（3）裂隙水和孔隙水压力的多变性；

（4）岩土信息的随机性、模糊性和不完善性；

（5）现场与实验室岩土指标的不确定性；

（6）计算理论和方法的不确定性和不精确性；

（7）应力变形的机理不清楚。

（四）概率极限状态设计法

概率极限状态设计法是将工程结构的极限状态分为承载能力极限状态和正常使用极限状态两大类。按照各种结构的特点和使用要求，给出极限状态方程和具体的限值，作为结构设计的依据。用结构的失效概率或可靠指标度量结构可靠度，在结构极限状态方程和结构可靠度之间以概率理论建立关系。这种设计方法即为基于概率的极限状态设计法。

1.承载能力极限状态

结构或构件达到最大承载能力或者达到不适于继续承载的变形状态，称为承载能力极限状态。

超过该极限状态，结构就不能满足预定的安全性功能要求。

当结构或构件出现下列状态之一时，应认为超过了承载能力极限：

（1）结构、构件或其连接因超过材料强度而受到破坏（包括疲劳破坏），或因过度塑性变形而不适于继续承载（如支挡结构强度破坏、边坡失稳等）；

（2）结构整体或其中一部分作为刚体失去平衡（如挡土墙倾覆、滑移等）；

（3）结构转变为机动体系（如格构锚索中的格构破坏或外锚头破坏等）；

（4）结构或构件失稳（如压屈、内锚固端系统失效等）。

2.正常使用极限状态

结构或构件达到正常使用或耐久性能中某项规定限值的状态称为正常使用极限状态。

它是判别结构是否满足正常使用和耐久性要求的标准，超过该极限状态，结构就不能满足预定的适用性和耐久性的功能要求。

当结构或构件出现下列状态之一时，应认为超过了正常使用极限：

（1）影响正常使用或外观的过大变形；

（2）影响正常使用或耐久性能的局部损坏（包括裂缝）；

（3）影响正常使用的振动；

（4）影响正常使用的其他特定状态。

3.可靠度与失效概率

可靠度是评价工程结构可靠性的指标，其定义为在规定的时间内和在规定的条件下，工程结构完成预定功能的概率。若在规定的时间内和在规定的条件下，结构不能完成预定的功能，则称相应的概率为工程结构的失效概率。

四、荷载及其作用效应组合

荷载和抗力是工程设计中的两个基本变量。各类工程结构如建筑、桥梁、输电塔等，其最重要的功能，就是承受其生命全过程中可能出现的各种荷载。结构设计时，应考虑哪些荷载及荷载取值的大小，将直接影响结构工作时的安全性。因此，工程结构的设计荷载有哪些，这些荷载产生的背景，各种荷载的取值和计算方法以及荷载组合等，是每一位土木工程师所应具备的基本专业知识。

各类工程的设计对象不同，其承受的荷载作用也各有特点；各种荷载变化的程度不同，对结构的影响也不尽相同，因而荷载取值难以有完全统一的规定。目前，国内针对各类工程结构的设计规范中，对荷载的分类、取值均有专门规定；这些规定既有共性，也有特性。同时，荷载取值必然与工程对象的使用期限、对安全性的要求等密切相关，也要与具体的设计计算方法互相匹配。

（一）岩土工程中常见的荷载种类

（1）上部结构传下来的荷载；
（2）岩土体的自重；
（3）土压力；
（4）水压力；
（5）地震作用力；
（6）其他作用力。

（二）荷载效应组合

荷载效应组合：按照概率统计和可靠度理论把各种荷载效应按一定规律加以组合，就是荷载效应组合。不同的工程领域，对荷载效应组合有不同的规定，应遵循各自工程领域的相应规范。

第二节 桩设计

一、桩基础技术概述

桩基础施工是由基桩和桩顶组合构成的，是建筑项目工程施工的基石。桩基础技术在实际施工中根据桩端支撑的具体情况分成地承台桩基和高承台桩基，高承台桩基由于施工工艺的差异，分成灌注桩和预制桩构成。桩基础较强的竖向承载力在地震或者暴雨等恶劣环境下能够充分发挥其积极的作用，有效地将建筑竖向的荷载向周围的地表和地下进行分散，提高建筑的稳固安全性，最大限度地降低坍塌或者倾斜等问题的发生。岩土工程在施工过程中进行桩基础施工要重视低级变形和承载力变化的影响因素，要进行严格的勘测工作，发挥桩基础施工的重要作用，增加建筑整体结构的稳定性。在实际开展工作过程中，桩基础技术和其他技术有一定的差异，将产生较大的工作量和较多的费用，对现场的地质状况有严格的要求，在施工工作开展之前要多到现场进行严格的勘测工作，为桩基础工程的承载力和防震性能提供一定的保障。

二、岩土工程桩基工程设计的主要影响因素分析

（一）地质条件因素

不同的岩土工程所面临的地质条件不同，所采用的桩基施工工艺及对桩基工程设计的要求也会不同。地质条件对桩基工程设计的影响主要包括地基连接和地基承重层两个方面。桩基础是承载建筑荷载的主要构件。在桩基工程设计过程中，必须综合考虑土体质量、压缩模量、承重层承载力等基本条件，合理设置各项参数。同时，应充分考虑桩基础穿越土层的具体情况，综合分析桩基础的穿越能力和地下水分布特征，确保桩基础选择的合理性。

（二）上部结构因素

在桩基础的设计中，应充分考虑上部结构的基本条件，保证桩基础能承受上部结构的荷载，从而保证建筑的整体稳定。目前，我国土地资源越来越稀缺，导致岩土工程出现了巨大的变化，同时对建筑结构设计提出了新的要求，促使岩土工程结构设计的多元化和复

杂化，地上建筑高度、结构形式以及墙体厚度不同，对桩基的类型、埋深、截面积的要求也会有所不同。因此，上部结构是影响桩基工程设计的主要因素。

三、岩土工程桩基础工程设计

（一）设计流程

工程设计流程为：现场调查—资料收集和整理—基本参与确定—单桩承载力计算—桩身设计及强度计算—图纸绘制。在基本参数确定中，要明确单桩的结构尺寸，确定桩基数量，科学规划桩基平面布局。

（二）桩基选型

首先，对桩基所在地区的地质结构特征、施工技术条件、环境变化情况予以综合考量，剔除不良因素，注重设计可行性。其次，持力层的确定。桩基础工程设计中会遇到不同的地质结构，这时需要根据底层分布特征确定桩基类型和位置，注重桩基的稳固性。一般情况下，持力层会确定在岩层或硬土层中，如果桩长度所达深度位置没有硬涂层，可选择强度中等以上的土层，或压缩性中等的黏土层。最后，桩长度与承载埋设深度的确定。一般情况下，承台顶面在地面下100mm为宜。

（三）单桩设计

1.截面尺寸

一般来说，单桩截面尺寸与布桩构造及单桩承载力要求有直接关系。在设计中，要求同一桩基内桩径尺寸一致；荷载分布不均衡的情况下要按照地基土体结构特征和荷载承受能力实行单桩布设，确定桩体直径和截面尺寸。尤其要注重灌注桩的选择；在桩材强度高于端承桩持力层强度且基土层较为合适的情况下，应优先选择扩底灌注桩。

2.平面布局

要求群桩截面与荷载中心位置重合，注重单桩荷载划分的均衡性；桩体要围绕承台外围空间布设；为增加群桩截面的惯性矩，要求桩及垂直水平上的受力明显高于荷载和弯矩方向上的横截面轴线距离；箱基、带梁筏基、以墙下条形为基础的桩，宜沿梁或墙作双排或单排布置，减小承台梁宽度或底板厚度。

3.桩身设计

桩身设计是桩基础工程设计重要的组成部分，也是最为繁杂的部分。桩身设计的内容以配筋率、配筋长度、混凝土强度确定、桩顶构造设计为主。本文通过对预制桩、灌注桩及预应力桩的分析，对上述参数加以确定和计算。混凝土强度等级为：预制桩要求强度等级在C30以上、灌注桩的强度等级在C25以上，而预应力桩的强度等级在C40以上；配筋率方面，打入式预制桩不可小于0.8%，静压式预制桩不可低于0.6%。灌注桩要控制在0.2%～0.65%；配筋长度的确定需综合考虑抗弯矩能力和水平荷载情况。如桩基承台下面存在淤泥质土或液化土层，配筋长度应能穿越淤泥质土或液化土层。对于地震区或抗拔桩等类型的桩体，要求采用长配筋的设计方式。而钻孔灌注桩的配筋长度要求在桩长的2/3以上；桩顶构造设计中，要求桩顶嵌入承台的距离在50mm左右，从承台内延伸出的主筋锚固长度控制在30～35d。灌注桩的桩基直径较大时，内部纵筋长度应与锚固长度一致。

4.承台设计

承台设计的相关参数为：承台宽度和厚度一般分别为500mm和300mm左右；边桩中心位置与承台边缘的距离要大于桩长度，外边缘的距离与承载之间的距离需超过150mm，如果设计中使用的是条形承台梁，距离要控制在75mm以上；承台混凝土强度等级以C30为主，纵筋保护层的厚度会根据有无垫层来确定，无垫层厚度控制在70mm以上，有垫层厚度控制在40mm以上；两桩承台连接中，连接梁可设置在连接位置最短的方向上；单桩承台，连接梁设置在两者互相垂直方向上；需抗震的柱下独立承台，连接梁设置在两者的主轴方向；承台应该与连接梁的顶面同一标高，且连接梁宽度设计在250mm以上。

（四）静载荷试验

静荷载试验是完善桩基础工程设计的关键环节，借助静荷载试验，可获取更加精准的数据参数，提高桩基础工程设计方案的可靠性、合理性。不过，静荷载试验难度较高，需专业人员从旁指导和监督，并根据现场实际情况，科学规划试验内容，选择试验方式。另外，在静荷载试验中，桩基承载力的计算需要深度考量现场作业中存在的影响因素，保证实验后所得参数的准确性，提升桩基础工程设计水平。且规模较大、静荷载试验难度高，相关人员需做好科学把控。

第三节　地基基础

一、岩土工程地基基础的选型分析

（一）岩土工程地基基础选型的主要特征

1.地基基础选型的方案较为复杂

对工程地基基础进行选型分析，所采用的方案其实比较丰富，也十分复杂。由于建筑工程项目的展开主要以地基基础为准，该部分看似是基础，但却也是非常重要的环节。基础选型一旦存在差异，就会加大该项工程的建设成本，也会造成一些资源的浪费，甚至会给工程项目带来较大的危险。目前，随着建筑工程行业的发展，以及一些新型技术与方法的引入，在选择地基基础类型时，可以根据这类方式进行综合选择，更好地保证了选型的准确性，也为后续的工程建设展开奠定了更为坚实的基础。

2.逐渐朝信息化方向发展

近年来，我国信息技术的发展越来越迅速，各个行业的数据也都逐渐由传统的形式转向信息化。信息化使得人们获取数据信息的成本降低，效率得到了有效提升。目前，建筑工程行业规模与数量的增长，以及建设程度的复杂化，使得其类型越来越丰富，对于技术的需求也越来越大。要充分地了解建筑工程的特征，从各个方面提高工程地基基础的选型效果，就必然要引入信息技术，紧跟时代的发展趋势。在对这些信息技术进行分析和研究的基础上，了解相关的内容，从更为全面的角度展开研究分析，也是地基基础选型分析的必然趋势。

3.充分考虑到工程项目的性能需求

任何类型的建筑工程项目，对于各个方面的要求都比较多。对于岩土类的工程而言，更需要从多个角度来进行考虑，才可以使得地基基础选型达到更高的要求。地基基础的选型，不仅要符合最为基础的特征，为了达到一定的建设标准，还应当对实际的建造环节，以及建造细节进行考量。确保建设过程中的施工方式，以及建筑物的结构组成等都能够和地基基础类型相匹配，从而尽可能地减少施工环节存在的问题。

（二）加强对岩土工程地基基础选型的分析探究

1.天然型地基基础选择

工程地基基础最常见的是天然型。对于这种类型的建筑基础施工来说，主要的操作过程也十分简单。在具体的实践环节，可以更好地对这类的建筑施工进行管理和控制，而且，该地基基础类型所消耗的建设成本也相对较低。也正因如此，很多的调查都显示出，天然型地基基础在岩土工程建设中的应用非常广泛，不但能够减少施工建设的成本，更可以为工程建设项目的稳定性提供保障。在对此展开分析时，除却以上因素之外，还必须考虑到地基基础能否承载所建设的工程，能否有效地保证建设过程中的安全性能。除此之外，必须要对地基基础的地质类型进行分析，重视一些特殊的地质结构，比如高压性，湿陷性的黄土，等等。如果存在土质结构不平衡的情况，就会造成不同程度的地基沉降，从而给整个工程项目造成巨大的损失。因此，该部分的内容分析尤为重要。同时，岩土层的稳定性需要结合建筑基础来进行综合考虑，确保岩土层的稳定性不会影响后期的工程建设。

2.预制类型

随着各项工艺技术的不断完善，我国建筑工程行业有了更广阔的发展空间。使用最为广泛的混凝土工艺水平也在不断地提升，这使得建筑工程具体施工环节的一些细节，也因此有了更高的标准。由此一来，预制类型的地基基础形式，在当前的建筑施工环节使用范围也越来越广。预制地基基础主要包含两种类型，静压式管桩地基基础以及锤击管桩地基基础。岩土工程施工中，这两种类型应用比较常见，而且消耗的施工工期相对比较短，实际操作环节也没有一般的工程那么复杂。也就是说，这样的地基基础施工更受到建筑工程单位喜爱，人们对这类地基基础的接受程度相对也更高一些。

不过，对于岩土工程的地基基础选型进行分析时，在预制类型中要注意重点关注，预制的管桩能否穿透岩层上部而渗透到内部，从而达到更为稳定的状态。这类地层里一旦有障碍物的存在就必须要采取措施将其清除，否则无法保证预制管桩的穿透，地基的稳定性也就无法得到保障。同时，要分析工程项目所在地的地质结构和组成比例，包括地质层里的岩石、水分等，要尽可能地根据施工的程度，考虑到一些透水性强的地质层，是否会对施工造成影响，影响程度如何，也需要有进一步的思考。

3.人工挖孔灌注式地基基础

在岩土工程的施工环节，人工挖孔灌注式的地基基础使用也十分常见。在该种技术的实践操作环节，必须结合所使用的施工工艺，有效应用建筑施工单位提供的施工设备等，才可以提高地基的稳固性，从而满足建设施工的实际需求。

4.筏型地基基础

这种地基基础是一种常用的类型，尤其是在建设高层建筑时，往往会结合筏型地基基础来展开施工。该种类型地基基础的优势十分突出，由于地基往底下埋得比较深，所以稳定性较强。但从另一方面来说，对这一地基进行开挖时难度却也比较大，更有着较大的施工风险，往往消耗的施工成本也非常大。所以，一般在对该种地基基础展开分析时，主要考虑到其安全性是否满足标准，建筑工程预算是否与该项地基消耗的成本相契合，同时，针对岩土工程建设各个环节所使用的施工艺术和地质层结构，以及施工场地的环境，等等，都要展开更为全面的分析。只有提前了解岩土层结构和地质特征是否稳定等这些因素，才可以判断施工环节是否存在其他问题，以免整个建筑工程项目造成影响。如果存在一些不好判断的部分，就要采用专业的实验来进行测试，便于为后期展开地基基础的设计和施工，提供更为科学合理的参考依据。久而久之，在更为全面的分析和研究下，才能结合建筑施工项目的特征，以及施工工艺和各种因素，选择更准确的地基基础类型，为建筑工程的稳定性做好足够的准备工作，提供更为安全的保障措施。

二、地基基础设计分析

（一）载荷组合与抗力限值的规定

第一，先对地基的承载力进行仔细的了解，进而深入分析基础底面，得出埋藏的深浅度，并且确定单桩承载力桩数，承台底面的载荷应该按照抗力的限值和有关的荷载组合标准进行研究，保证载荷的系数为1.0则说明为正常状态。第二，变形沉降计算。基础底面在对荷载的极限能力进行计算分析之后还需要对准永久性进行分析。第三，基础承台高度计算。对钢筋以及其他材料的强度进行统计分析，要知道处于最上方的结构的荷载力以及基底反力都应该按照承载力的极限状态进行荷载效应的组合分析。当对地基的裂缝的宽度进行计算的时候，也需要按照正常的极限状态和荷载标准以及相关系数进行。

（二）岩土勘查报告中的载荷预估分析

岩土工程勘察报告的荷载预估分析表示，在高层建筑的建设过程当中，从地面开始计算，如果上升一层，荷载就为12 ~ 15kN/m^2；如果是在地面以下的话，每一层的荷载则为20kN/m^2，同时需要注意的是，基础的自重需要另行计算。在不同的框架中荷载能力是不同的，在多层框架中时，地面以上的每一层的荷载都在10 ~ 12kN/m^2。而多层砌体结构的建筑承重则为线性载荷，一般来说载荷都比较大，主要在30 ~ 35kN/m^2。

（三）钻孔灌注桩的压浆分析

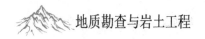

在钻孔灌注桩工作中应该做好压浆工作，这样能够在一定程度上提高施工的质量以及取得良好的效果，同时还能够保证建筑的承载力得到有效的提升。对于注桩来说，桩身中应用到砼的强度一定要达到使用的标准，另外，在预埋桩的桩身中也可以安装导管，用来传送水泥砂浆。需要注意的是，一定要保证砂浆和虚土之间的密实性，而且还应该沿着桩身做抬升处理，直至到地面，这样也就提高了桩的承载力。后压浆技术是能够提高桩的承载力的另一种方式，有较好的经济效果同时，可降低桩的沉降。后压浆技术的应用还可以对预留的桩身进行质量检测，从而进一步保证工程的质量。

第四节　边坡工程

一、设计内容

（一）边坡形状

1.直线形

坡高10m以内，土质均匀的边坡，所谓一坡到顶。

2.台阶形

（1）坡高大于12m，台阶高8～10m，台阶宽2m，困难条件下，石质边坡台阶宽可适当减少；

（2）对于由多层岩土构成的边坡，岩土界面处宜设台阶。对于多层岩土边坡，可按不同坡率放坡。

（二）边坡排水系统边坡排水系统

（1）坡顶截水沟；

（2）平台排水沟；

（3）竖向跌水沟、集水井；

（4）坡脚侧沟（道路边沟）；

（5）仰斜式排水孔：孔径75～150mm，仰角不小于6°，内插钢塑软式透水管或速排龙。钢塑软式透水管是以防锈弹簧圈支撑管体，形成高抗压软式结构，无纺布内衬过滤，使泥沙杂质不能进入管内，从而达到净渗水的功效。丙纶丝外绕被覆层具有优良吸水性，能迅速收集土体中多余水分。橡胶筋使管壁被覆层与弹簧钢圈管体成为有机一体，具有很好的全方位透水功能，渗透水能顺利渗入管内，而泥沙杂质被阻挡在管外，从而达到透水、过滤、排水一气呵成的目的。

（三）边坡绿化

（1）湿法喷播：以水为载体，喷播种子，适用于土坡。

（2）客土混植喷播：以客土为载体，喷播混植生种子，适用于岩质边坡。

二、设计步骤

（一）具体步骤

（1）收集道路平、纵、横设计图；

（2）收集边坡专项地质勘察资料；

（3）初拟设计边坡典型横断面图；

（4）上机计算，调整有关参数及初拟横断面图，形成计算书；

（5）绘图；

（6）主要工程数量统计；

（7）编写设计总说明；

（8）质量验收：按《建筑边坡工程技术规范》（GB 50330–2013）和其他相关规范（程）执行。

（二）绘图

1.边坡平面设计图

以道路平面图为基础，绘制边坡设计平面图，主要内容如下。

（1）边坡的平面投影，包括各级平台、边坡轮廓界面线和主要变化点的坐标、设计边坡的起止里程；

（2）排水系统及流向；

（3）支护类型的标注；

（4）图说内容：坐标系、边坡全长、排水系统的设置、支护结构类型与规格等不便用图表达的设计内容。

2.边坡横断面设计图

以道路横断面图为基础，绘制边坡设计横断面图，主要内容如下。

（1）各级台阶高、平台宽及水沟、坡脚起坡点高程及其与线路中心的关系；

（2）原地面线及地层分界线；

（3）护坡结构类型及坡率的标注；

（4）锚索（杆）的竖向布置和长度及其与水平面的夹角；

（5）图说内容：护面结构材料和规格、锚杆（索）规格、纵向间距、孔径、设计载力等不便用图表达的设计内容。

3.各种大样图

锚索（杆）构造、护面结构构造、跌水沟等。

（三）设计总说明内容

（1）前言：道路梗要，边坡位置、长度、最大高度。

（2）设计依据。

（3）设计标准与原则：边坡等级、稳定系数、生态环境和地质灾害意识。

（4）设计范围与规模：边坡设计起止点里程、总长、最大高度、台阶级数及分级高。

（5）工程地质条件和水文地质条件。

（6）边坡设计：

①边坡形状；

②边坡稳定分析与计算：失稳形态的推断、计算方法、计算结果；

③边坡支护结构：结构类型、构造、材料、规格、锚索（杆）设计承载力；

④边坡排水：各种水沟的规格、材料；

⑤边坡绿化。

（7）边坡监测：

①监测项目与内容；

②测点布置；

③监测频率与周期。

（四）具体设计

1.边坡形状

边坡拟采用多级，坡率分别为1∶0.4、1∶0.5、1∶0.75、1∶1.0、1∶1.25的台阶形状，单级台阶高原则上取10.0m，台阶宽1.5～2.0m，台阶内侧设平台截水沟。

2.边坡稳定分析与计算

（1）边坡失稳形态推断：边坡大部分由残积土和强、弱、微风化混合花岗岩组成，边坡失稳形态在岩质边坡中考虑结构面的影响，按折线滑面进行验算，在土层中按圆弧滑动面加以控制。

（2）稳定计算方法：条分法—刚体极限平衡理论。

3.边坡支护结构

（1）线路左侧高边坡地段：边坡主要由残积亚黏土及强、弱、微风化混合花岗岩组成，未发现不良地质现象，初步判断无结构面整体稳定性问题，原则上采用允许坡率放坡，故高边坡部分采用全黏结锚杆＋矩形格构护坡，一则可加固节理裂隙发育的坡面，二则有利于坡面绿化，防止坡面进一步风化，从而保证边坡的整体稳定性与安全性。

（2）线路右侧边坡：边坡主要由残积亚黏土及强风化混合花岗岩组成，且坡高在10m左右，坡顶有放坡条件，故采用允许坡率放坡，坡面用浆砌片石人字骨架防护，以利稳定和绿化。

（3）坡高5～11m的其他地段：边坡主要由残积亚黏土或人工填土及强风化混合花岗岩组成，坡顶无充分放坡条件，考虑到对生态环境和民房的保护，当线路距建筑较近时，可采用坡率为1：0.25的土钉墙形式，坡面为矩形格构，以利稳定和绿化。

①全黏结锚杆（土钉）：锚杆与水平面夹角15°，孔径110mm，锚杆长4～15m；1根A28螺纹钢筋，锚杆间距2.5m×3m，土钉间距1.5m×1.75m，矩形布置；锚杆通长注浆，注浆强度等级M30，注浆体材料28d，无侧限抗压强度不低于25MPa；单孔锚杆的设计承载力不小于127kN（128螺纹钢筋）。

②钢筋混凝土矩形网格护面：网格骨架断面尺寸40cm×40cm，嵌入坡面5cm，C25混凝土现浇。

4.边坡排水

（1）地面排水：边坡地面排水采用侧沟、平台截水沟、跌水沟和天沟排水。

①路侧边沟：位于坡脚或路肩边缘外侧，纵坡与道路一致，该部分内容由道路专业设计，底宽、沟深等详见道路专业图纸。

②平台截水沟：位于平台内侧，底宽40cm，沟深40cm，沟壁厚30cm，M7.5浆砌片石砌筑，引向跌水沟并排至道路集水井。

③坡顶截水沟：位于坡顶以外5m，基本上沿等高线布置，底宽40cm，沟深40cm，沟壁厚30cm，M7.5浆砌片石砌筑，排往跌水沟引至道路雨水管的集水井或坡体外。

④跌水沟：踏步式跌水沟竖向设于坡面，采用C25素混凝土浇筑而成，间距25～35m，并与平台截水沟形成网络，将水排往路侧边沟集水井。

（2）地下水排水：由于边坡所在地段的地下水赋存条件较差，坡面均未全封闭，故一般不设地下水排水措施，施工开挖中如发现坡面某处有地下水渗流，可钻孔设置横向排水软管。

5.边坡绿化

在矩形格网内客土喷混植生材料，由专业生态环境建设队伍实施，该部分详见有关的绿化景观设计图纸。

第五节 基坑工程

一、基坑护壁结构土压力的特点

土压力是土与支护结构之间相互作用的结果。土压力的大小和分布，传统的计算理论只考虑几种极限状态，即主动状态、被动状态与静止状态，用朗肯和库伦等理论计算。对于无支撑（锚拉）的基坑支护（如板桩、地下连续墙等），其支护结构背面上的土压力可按主动土压力计算；对于有支撑、锚拉的情况，由于支护结构的位移受到支撑力、锚固力的制约，其背面上的土压力将有可能未进入主动状态，而处于静止土压力与主动土压力之间的状态。对于被动状态，存在同样情况。

在基坑开挖深度范围内有地下水时，作用在墙背上的侧压力有土压力和水压力两部分。水压力一般呈三角形分布；在有残余水压力时，可按梯形分布进行计算。

对砂土和粉土等无黏性土用水土分算的原则计算，作用于支护结构上的侧压力等于土压力与静水压力之和，静水压力按全水头取用。对黏性土宜根据工程经验，一般按水土合算原则计算，在黏性土孔隙比较大或水平向渗透系数较大时，也可采用水土分算的方法进行。

二、深基坑支护类型与设计

（一）深基坑支护类型

深基坑支护结构主要承受基坑开挖卸荷所产生的土压力和水压力，并将此压力传递到支撑或土锚，它是稳定基坑的一种施工临时挡墙结构。深基坑支护的类型，按结构型式可分为板桩挡墙、柱列式挡墙、自立式水泥土挡墙、地下连续墙、组合式挡墙和沉井（箱）等。

板桩挡墙系由钢板桩、钢管桩、钢筋混凝土板桩、主桩横挡板等组成竖直墙体，支挡基坑四周的土水等荷载，并起到一定的防渗作用，是维持基坑稳定的临时结构物。

柱列式挡墙又称桩排式地下墙，属板式支护体系，它是把单个桩体，如钻孔灌注桩、挖孔桩及其他混合式桩等并排连接起来，形成的坑壁挡土结构。

自立式水泥土挡墙是利用一种特殊的搅拌头或钻头，钻进地基至一定深度后，喷出固化剂，使其沿着钻孔深度与地基土强行拌和而成的加固土桩体，固化剂通常采用水泥或石灰，可用浆体或粉体，或高压水泥浆（或其他硬化剂），这些桩体构成自立式挡土墙。

地下连续墙是用专门的挖槽机械，在地面下沿着深基坑周边的导墙分段挖槽，并就地吊放钢筋网（笼）浇筑混凝土，形成一个单元的墙段，然后又连续开挖浇筑混凝土，从而形成地下连续墙。它既可以承担侧壁的土压力和水压力，在开挖时起挡土、防渗和对邻近建筑物的支护作用，同时又可将上部结构的荷载传到地基持力层，作为地下建筑和基础的一个组成部分。

组合式支护是指在同一基坑中，根据建筑物结构特点和要求开挖的深度不同，结合地质条件和周边环境条件，采用钻孔桩、沉管桩、搅拌桩、旋喷桩等组合成复合式支护结构。

沉井是一种垂直的筒形结构物，通常用混凝土或钢筋混凝土制成，施工时从井筒中间挖土，使筒失去支撑而下沉，直到设计高度为止，然后封底。整个井筒在施工时作为支撑护壁，也是永久的深基础。

（二）设计计算

1.板桩墙的设计计算

（1）无支撑（锚拉）板桩计算（静力平衡法）。较浅的基坑，板桩可以不加支撑，而仅依靠入土部分的土压力来维持板桩的稳定。但基坑开挖较深时，则需根据开挖深度、板桩的材料和施工要求，设置一道或几道支撑，当基坑特别宽大或者基坑内不允许被水平横撑阻拦时，可采用拉锚代替支撑。

（2）单支撑（锚拉）板桩计算。单支撑（锚拉）板桩不同于无支撑（锚拉）板桩在于其顶端附近设有一支撑（或拉锚），于支撑（锚拉）点处视板桩无水平移动而形成一铰接简支点，板桩入土部分的变位形态与入土深度相关。当板桩入土深度较浅时，在墙后主动土压力作用下，板桩墙下端可能会向着主动土压力作用方向有少量位移或转动，墙下端可视作简支。板桩入土深度较深时，板桩墙的底端向右倾斜，促使右侧也产生被动土压力。墙前后均出现被动土压力，形成嵌固弯矩，板桩墙下端可视为弹性嵌固支撑。

2.地下连续墙的设计计算

地下连续墙的设计计算，可用板桩墙的计算方法进行。对多支撑（锚拉）地下连续墙，还可用山肩邦男近似解法，其基本假定如下：

（1）在黏性土层中，挡土结构作为底端自由的有限长弹性体。

（2）挡土结构背侧土压力，在开挖面以上取为三角形，在开挖面以下取为矩形，以抵消开挖面一侧的静止土压力。

（3）开挖面以下土的横向抵抗反力取为被动土压力，其中ε_f为被动土压力减去静止土压力后的数值。

（4）横撑设置后即作为不动支点。

（5）下道横撑设置后，认为上道横撑的轴力保持不变，且下道横撑点以上的挡土结构仍保持原来的位置。

（6）开挖面以下挡土结构弯矩为零的那点假想为一个铰，而且忽略此铰以下的挡土结构对此铰以上挡土结构的剪力传递。

拉锚是将一种新型受拉杆件的一端（锚固段）固定在开挖基坑的稳定地层中，另一端与工程构筑物相联结（钢板桩，挖孔桩、灌注桩及地下连续墙等），用以承受由于土压力、水压力等施加于构筑物的推力，从而利用地层的锚固力，维持构筑物（或土层）的稳定。

深基坑支护体系包括支护（围护）结构和支撑（锚拉）系统。按材料分类，支撑系统有钢支撑和钢筋混凝土支撑两类；按受方形式分为单跨压杆式、多跨压杆式、双向多跨压杆式、水平框架式等。钢支撑结构是一种单跨或多跨压弯杆件，按钢结构设计方法计算钢支撑的内力。钢筋混凝土支撑按水平封闭框架结构设计，计算封闭框架在最不利荷载作用下，产生的最不利内力组合和最大水平位移。

第六节 其他

一、岩体洞室位置的选择

（1）地质构造、地层特性的影响。同一断面尺寸、形状的洞室，在地质构造好、地应力小、坚硬的巨厚层岩体，因岩体稳定性好，地下洞室可以不需支护或作一般支护即可长期稳定；相反，在地质构造差（如大断裂带）或原始地应力大或薄层破碎、含水、风化严重的岩体中，洞室支护上受到的围岩压力将特别大，而且可能在失稳或处理不当的情况下产生严重的塌方、变形或破坏。

（2）使用功能的考虑。地下洞室单位使用面积或使用空间的造价，一般均比相同条件的地面工程的费用高。人们花费很大代价建造的地下洞室，如果不能满足使用功能的要求，是完全不可思议的。各类地下洞室的功能要求不同，位置选择的侧重点也应有所不同。如城市重要机关的地下指挥所，地下洞室顶部应有足够的覆盖层厚度以满足防护的要求。洞口选择时应考虑两个以上不同方向的位置，洞口还不应设在原子冲击波可能作用的主要方向，不应设在低洼和毒剂不易消散的地方；城市地下商场、游乐场应选择靠近人流比较集中的市区；地下储库应根据所储物质的性质与其他建筑物保持一定的距离，防止可能遭受破坏时的相互影响；重要的地下洞室还应注意分散、隐蔽和伪装。

（3）注意收集有关设计、施工资料。技术决策人员除必须深入现场实地考察外，还必须注意收集有关资料。这些资料通常应包括拟建地区的地形、地质构造、地层岩性及物理力学性质试验资料，以及气象、水文、地震烈度资料及已建类似地下洞室的利用经验等。掌握资料的重要性是不言而喻的，如某地下机加工车间，在选址定点后，施工过程中发现洞室底板标高低于十年一遇的洪水，有淹没的可能；又如某锅炉厂在扩建过程中，拟利用旧防空洞建为车间，未做仔细的地质与施工准备工作，造成洞室大塌方而被迫终止。

（4）地下洞室的性能、规模、特点和与地面建筑物的联系。这些情况也对洞室位置的选择起着制约作用，如地下洞室的规模较大，在小的山丘下面就布置不下；一般地下工厂除地下部分外，还必须有一定的地面附属建筑与之配合，有的地下工厂可能不是一次建成，而是分两阶段或三阶段进行。在选址时除应考虑第一阶段地下工程的配套设施及能形成生产线外，还应考虑地下洞室以后扩建或另建地下洞室与之配套的可能。

（5）相邻隧道间距的考虑。在地下建筑规划、选点时，对相邻隧道间距的考虑具有重要的意义。若相邻隧道的间距过小，表明隧道间的岩体间壁过窄，不足以承受山体的压力，可能造成岩体失稳、塌方或破坏。若岩体间壁过宽，如为地下生产车间，则建筑平面布置不紧凑，生产线延长，成本增加；如为交通隧道，则增加洞口征地和过多地占用山体内的地下部分。因此，只要可能，一般总希望选择较小的隧道间距，这就有必要计算岩体间壁的最小允许宽度或在相应技术规范中规定相邻隧道的最小间距。

（6）地下水情况的考虑。

①建在干燥或少水岩层中的地下建筑，一般于洞室衬砌内外都采取了一定的排水措施，所以，通常不计地下水的静水压力，但在洞室位置选择时，仍宜避开岩体破碎区，以减少雨季或异常情况下可能向洞室内部的渗漏。

②在富含地下水的岩层中修建一般有人地下洞室时，应做好洞内的防渗堵漏、防潮去湿和排水等工作。洞室衬砌上还应考虑外水压力的作用，外水压力等于洞室埋深处的水压乘以折减系数，折减系数为等于或小于1的数值，根据岩体的裂隙情况和排水措施情况而定。

（7）洞口位置与标高、洞轴线走向、洞室断面与长度等项选择。洞口宜选择在厚层、坚硬的陡坡（坡角不宜小于45°）地段。洞口严禁选在有危岩崩塌、滑坡、泥石流威胁的地段；在区域地质构造应力大的地区，洞轴线宜与水平方向的最大主应力方向平行；洞轴线宜与岩层走向和主要节理走向呈大角度或不小于40°的锐角相交，并宜沿山体脊线布置，避免在山垭、冲沟、山间洼地下部通过；洞体宜尽量避开断层、破碎带及较厚的软弱夹层，当不能避开时，宜于以垂直方式通过并做好加固、排水或加强支护等应急措施。如为地下工厂或电站，可把断面较大的主洞布置在好岩体中，用小断面的通道穿过断层等稳定性差的岩体的办法来解决。

（8）方案比较与论证。各项因素或指标都满意的尽善尽美方案是少有的，应根据上列各项内容综合考虑，提出2个或3个可行的洞室位置选择方案，进行对比分析，提出初步的意向性方案，必要时应进一步搜集有关资料和进行试验、研究，广泛地听取专家意见和可行性论证，最后做出决策。

二、土体洞室位置的选择

（1）土体强度和含水情况。这是洞址位置选择时应首先考虑的因素。如以黄土为例，在我国华北、西北，东北地区分布广泛，这些地区的老黄土，结构较紧密、厚度较大、强度较高、一般无湿陷性，是建洞的理想土层，其毛洞跨度为3～4m时，可较长时间保持稳定，跨度小于10m时，成洞条件一般较好。对于其他非黄土地区的土体洞室，应避免在有淤泥、软土、流沙及富含水的土层及有可能冲刷、淹没的地带选择洞址。

（2）对邻近建筑物影响的考虑。由于土体强度比岩体强度低，无论是采用明挖法还是暗挖法，在洞室施工过程中都难免会对洞周土体乃至地面产生扰动、变形。因此，选址时应尽量与重要建筑物保持一定的距离，不可从高楼下直接穿过。

（3）施工方法的考虑。从工程地质条件、施工难易和建筑经济分析出发，总是强调要选择好的地址建洞，但在城市建设的某一特定的狭窄区域内，往往无选择的余地，即使施工难、投入多，也只有在指定的地点想办法，这时选址就变成选择施工方法。如一城市隧道必须从一建筑物旁穿过，可考虑用地下连续墙阻止土体的侧向变形，或用化学加固提高土体的强度，用盾构法推进以减少对土体的扰动，并在施工过程及竣工后一定时间内监测土体的变形和地面沉降等。

第七节　方案设计与施工图设计

在岩土工程勘察活动完成后，根据甲方的施工要求及场地的地质、环境特征和岩土工程条件，所进行的桩基工程、地基工程、边坡工程、基坑工程等岩土工程施工范畴的方案设计与施工图设计。

主要内容：

（1）岩土工程设计软件桩基工程：主要是桩的设计，包括桩的类型、选型与布置，单桩群桩承载力计算、沉降计算、配筋、施工以及桩检测与验收等。

（2）地基工程：运用各种地基处理技术进行地基方案设计，包括换填垫层法、预压法、振冲法、砂石桩法、强夯法和强夯置换法、深层搅拌法、高压喷射注浆法、锚杆静压桩托换法等。

（3）边坡工程：包含边坡设计与防护、路坡设计、水利堤防设计、土石坝设计等。

（4）基坑工程：包含基坑工程、地下工程、地下水控制。同时基坑工程还包括挡土、支护、岩土体应力、应变原位测试、集水明排、截水与回灌等。

（5）其他：包括隧道及地下工程、地震工程、爆破工程等。

第五章　岩土工程施工

第一节　岩土工程的地基处理

一、振密、挤密方法

（一）强夯法施工

1.准备阶段

（1）拟定初步施工方案。①了解施工场地土质概况、确定强夯参数；②确定夯后土的物理力学指标；③选定强夯机具；④施工组织及计划安排；⑤保证质量及安全措施；⑥工程预算。

（2）平整场地。场地高差要求小于±10cm。可铺设垫层，在地表形成硬层，用以支撑起重设备。同时可加大地下水和表层距离，防止夯击效率的降低。

（3）试夯。确定正式施工方案。并防止震动向远处传播，一般挖隔震沟，防震效果主要取决于隔震沟的深度而不是宽度，所以在震动速度为0.5g的时候，隔震沟为2m深即可。

2.施工阶段

（1）起重机就位，对第一个夯实点完成夯击作业后，移至下一个夯点夯击，直至完成全部夯点夯击。

（2）用推土机将夯坑填平，间隔规定天数，待孔隙水压力消散。

（3）重复步骤（1）和步骤（2）。

（4）“满夯”。最后一遍夯击，采用调整落距或减少夯锤重量的方法减少夯击能，以便加固地基表层。

（5）夯后测试，检查夯击效果。

3.收尾阶段

（1）强夯设备、机具退场，平整场地。

（2）提交以下技术资料：①强夯各遍施工图；②强夯各遍施工记录；③强夯各遍场地平整记录；④强夯测试试验报告；⑤夯后场地整平、碾压竣工图及资料；⑥探坑回填资料。

（3）选点检验。检验点不少于3处，可采用标准贯入试验、静力触探等方法进行检验。

（4）提交强夯施工报告。包括①所有验收用的技术资料；②地基加固效果的评价；③地基未来变化的预测。

（二）振冲法施工

1.施工准备工作

施工准备一般应做好下列工作：

（1）参加设计单位的技术交底。

（2）收集、分析施工场地地质资料。

（3）查清施工场地内地下障碍物。

（4）编写施工组织设计。

（5）配备相应功率及型号的振冲器和配套机具。

（6）施工场地应做到“三通一平”。三通指路通、电通、水通。施工道路应满足施工机械和填料运输车辆进入施工场地。水、电用量应满足施工要求。

（7）根据建筑物或桩位主要轴线按图纸测放桩位。桩位测放允许偏差小于30mm。当主要建筑物或桩位轴线由建设单位测放时，施工单位必须复核；如果由施工单位测放，监理应进行检查。测量放线应有正式记录，以免处理后因主要轴线不准造成巨大损失。

（8）做好施工场地作业布置。

（9）在护桩或建筑物非主要部位进行试制桩。

2.施工

施工的一般工序为：桩机对准桩位、成孔并清孔、填料振密、上提振冲器逐段加密等步骤。

（1）成孔。成孔是保证施工质量的首要环节，成孔应符合下列规定：

①振冲器对准桩位，偏差应小于100mm。先开启高压水泵，振冲器端口出水后，再启动振冲器，待运转正常后开始成孔。

②成孔过程中振冲器应处于悬垂状态，要求振冲器下放速度小于或等于振冲器贯入土层速度。振冲器与导管之间有减振器相连接，因此导管有稍微偏斜是许可的，但不能偏斜

过大，而使振冲器偏离贯入方向。

③成孔速度取决于地基土质条件和振冲器类型及成孔水压等，根据工程实践经验，成孔最大速度一般控制在每分钟不大于2m。

④有些振冲规范规定，造孔深度可小于设计桩深300mm。这是为了防止高压水对处理深度以下地基土的冲击。在此造孔深度填料，振冲器带着填料向下贯入设计深度并开始加密，减少水冲对下卧地基土的影响，即成桩深度与设计桩深一致。对于软淤泥、松散粉砂、砂质粉土、粉煤灰等易被水冲破坏的土，初始成孔深度可小于设计深度300mm以上，甚至可达1.0m，充满填料向下贯入减少水冲影响，但开始加密深度必须达到设计深度。

⑤成孔水压大小视振冲器贯入速度和地基土冲刷情况而定。一般为0.3～0.8MPa。成孔水压大即水量大，返出地表的泥沙多；水压小，返出泥沙少。在不影响成孔速度的情况下水压宜小。

⑥当成孔时，振冲器出现上下振动或电流大于电机额定电流时可终止成孔。若未达到设计深度，应与设计及监理人员研究解决。

（2）清孔。成孔后，返出泥浆密度大，或孔中有狭窄或缩孔地段时，应进行清孔。将振冲器提出孔口或需要扩孔地段上下提拉振冲器，使孔口返出泥浆变稀（密度降低），振冲孔顺直通畅，以利填料加密。

（3）填料。一般清孔结束可将填料倒入孔中，有一些地层也可不清孔，成孔结束后即可开始填料。填料方式可采用连续填料、间断填料或强迫填料三种方式。

连续填料，在制桩过程中振冲器留在孔内，连续向孔内填料直至充满振冲孔。连续填料要求填料速度和数量满足成桩要求，若填料数量不足或不及时，振冲器在孔中长时间运转及水冲，振冲孔不断扩大，难以加密成桩。连续填料一般适用于机械作业。

间断填料填料时将振冲器提出孔口，倒入一定量填料（一般高度1.0m），再将振冲器放入孔中振捣填料。间断填料一般多用人工，使用机械填料难以控制每次填料数量。由于每次填料要将振冲器提出孔口，当孔深比较大时，填料难以到达底部，提放振冲器占用时间，施工效率低，8m以内孔深可采用间断填料法。目前这种填料方式已较少使用。

强迫填料利用振冲器的自重和振动力将上部的填料输送到孔下部需要填料的位置。强迫填料利用振冲器夹带填料，振冲器所受阻力大，由于要在填料满孔状态下保证振冲向下贯入，要求振冲器的额定电流远大于加密电流，否则振冲器在向下运行中电流超过电机额定电流，而不能贯入应该达到的位置，造成桩体漏振。因此，强迫填料一般适用于大功率振冲器施工。

（4）振密。振密是振冲法处理地基的关键环节，振冲法振密控制标准基本上可分三种：

①填料量控制。振密过程中，按每延米填入填料数量控制。这种控制标准缺点在

于：由于孔内土质不同、强度不同，相同填料量可能造成沿孔深不同土层存在填料“不足”或“富余”情况，加密效果不甚理想。目前较少采用单纯填料量控制。

②电流控制。是指振冲器的电流达到设计确定的加密电流值。振冲器在贯入土层前运行时的电流称为振冲器空载电流。当振冲器贯入土层中，受到周围土的约束时，为保持振冲器处于自由振动状态，必须克服周围土对振冲器的约束力，结果必然导致电机电流增大，即电机输出功率增加。设计确定的加密电流实际上是振冲器空载电流加某一增量电流值。在施工中，由于不同振冲器的空载电流有差值，应对加密电流进行相应调整。电流控制实际是振冲器的电机输出功率控制，控制一定的加密电流即振冲器以一定电机功率的振动力施加于周围土质，这样在孔周围土质软弱地段需要多填料，而在土质强度高的地段填料数量就需要少些，以达到与振冲器相同输出功率、振动力相匹配的周围土的抗力，因此通过相同电机功率振动力作用使加密后周围土相对变得比较均匀。

③加密电流、留振时间、加密段长度综合指标法。采用这三种指标加密标准是为了使加密质量更有保证。因为加密效果不仅同加密电流值大小有关，同时也和达到该电流值的维持时间长短有关，留振时间就是保证达到加密电流值延续的时间。同样，相同加密电流和留振时间条件下，加密段长度大小对加密效果起着关键作用，加密段长度短效果好，加密段长度大效果差。目前，振冲法处理加密标准已逐步统一采用多指标控制标准。

由于采用加密电流、留振时间、加密段长度作为加密控制标准，填料数量仅作为参考标准，但填料数量的多少应予以充分的关注。若填料数量与设计要求相差较大，应向设计、监理报告，分析研究填料数量大小对地基加固质量的影响，当确实影响加固效果时，应及时调整加密技术参数，确保施工质量。

无论采用哪一种加密控制标准，桩体加密都应从孔底开始，逐段向上，中间不得漏振。根据工程经验，30kW振冲器加密电流为45～60A，75kW振冲器为70～100A，留振时间为5～15s，加密段长度为200～500mm，加密水压0.1～0.5MPa。

加密结束后，应先关闭振冲器，再关闭高压水泵。

施工中，每一孔（桩）都必须有完整的原始记录；成孔时每贯入1～2m记录电流、水压、时间；加密时每加密1～2m，即要记录电流、水压、时间、填料量。记录应及时、准确，字迹清晰，不得随意涂改。

二、其他地基处理方法

（一）深层搅拌法

深层搅拌法又称DMM（deep mixing method）工法，它是通过特制机械——各种深层搅拌机，沿深度将固化剂（水泥浆，或水泥粉或石灰粉，外加一定的掺和剂）与地基土强制就地搅拌，利用固化剂和地基土发生一系列物理、化学反应，使之形成具有整体性、水稳性好和较高强度的水泥土桩或水泥土块体，与天然地基形成复合地基。

（二）CFG桩法

1.概述

凡复合地基中竖向增强体是由低强度混凝土形成的复合地基，统称为低强度混凝土桩复合地基。

低强度混凝土常用水泥、石子及其他掺和料（如砂、粉煤灰、石灰等）制成，强度一般处于5～15MPa范围内，介于碎石桩和钢筋混凝土桩之间。与碎石桩相比，低强度混凝土桩桩身具有一定的刚度，不属于散体材料桩。其桩体承载力取决于桩侧摩阻力和桩端端承力之和或桩体材料强度。当桩间土不能提供较大侧限力时，低强度混凝土桩复合地基承载力高于碎石桩复合地基。与钢筋混凝土桩相比，桩体强度和刚度比一般混凝土小得多。这样有利于充分发挥桩体材料的潜力，降低地基处理费用。低强度混凝土桩常采用地方材料，因地制宜配制低强度混凝土。因此，低强度混凝土桩具有较好的经济效益和社会效益。下面介绍具有代表性的水泥粉煤灰碎石桩。

水泥粉煤灰碎石桩，简称CFG（Cement Fly-ash Gravel）桩，是由碎石、石屑、粉煤灰，掺适量水泥加水拌和，用各种成桩机制成的具有可变黏结强度的桩型。通过调整水泥掺量及配比，可使桩体强度等级在C5～C20之间变化。桩体中的粗骨料为碎石；石屑为中等粒径骨料，可使级配良好；粉煤灰具有细骨料及低标号水泥作用。

2.常用的施工方法

（1）长螺旋钻孔灌注成桩。适用于地下水埋藏较深的黏性土、泥浆污染比较严重的场地。

（2）泥浆护壁钻孔灌注成桩。适用于分布有砂层的地质条件。

（3）长螺旋钻孔泵压混合料成桩。适用于分布有砂层的地质条件，以及对噪声和泥浆污染要求严格的场地。施工时，首先用长螺旋钻钻孔达到预定标高，然后提升钻杆，同时用高压泵将桩体混合料通过高压管路及长螺旋钻杆的内管压到孔内成桩。这一工艺具有低噪音、无泥浆污染的优点，是一种很有发展前途的施工方法。

（4）振动沉管灌注成桩。适用于无坚硬土层和密实砂层的地质条件，以及对振动噪声限制不严格的场地。当遇坚硬黏性土层时，振动沉管会发生困难，此时可考虑用长螺旋钻预引孔，再用振动沉管机成孔制桩。就目前国内情况来看，振动沉管机灌注成桩用得比较多。这主要是由于振动沉管打桩机施工效率高，造价相对较低。

（三）土工合成材料

1.土工合成材料的连接方法

（1）搭接法。将一片土工织物的末端自由地压在另一片的始端上。搭接的宽度为750 ~ 1500mm，地层越软，搭接宽度越大。搭接法耗费土工织物较多。

（2）缝接法。用手提缝纫机将两片土工织物缝起来，其搭接量一般小于25cm。

（3）胶接法。用适用于各种土工膜的胶黏剂，如聚氯乙烯胶及聚氨酯类胶等，涂抹在被砂纸打毛揩净的土工膜搭接部位，压紧、固化24h后，便黏合牢固。

（4）电热锲焊接法。电热锲夹在两层被焊土工膜之间将膜加热，热锲向前移动时，其后的两棍轮一起向前移动将两膜压合。

（5）溶剂焊接。溶剂将土工膜表面溶化成胶状然后黏结，例如THF溶剂，两膜搭接80 ~ 100mm，搭接面擦拭干净将溶剂涂刷在搭接面上，黏合后用滚筒滚压固化。

2.土工合成材料展铺

以道路工程为例，有三种展铺方法：

（1）直接铺放。

先清除地面植物，然后将土工织物展开，并用木桩标出土工织物相对于道路中心线的边，以保证摊铺位置正确。

（2）在有垂直壁的路槽内铺放。

土工织物横越路槽成段展开，无须采取特殊措施。土工织物上折的端部与路槽边垂直。

（3）摊铺于路槽内用粒料嵌固。

土工织物横越路槽展开，两端嵌固长度由侧边粒料护道覆盖，然后土工织物折回护道上，再用第二层基层材料嵌固。

第二节　岩土工程的桩基础施工

一、桩基础的含义

桩基础指的是通过桩支撑着承台的基础，也就是由承台和支撑着这个承台的桩组成的基础。承台承受上部建（构）筑物的荷载，并把荷载传递给桩，使各桩受力均匀。桩是竖直或微倾斜的基础构件，其作用是把上部结构物的荷载和力传给下部的地基。地基是承受由基础传来的荷载和力的那部分地层。

桩基础有着悠久的发展历史。历史文物挖掘显示，早在新石器时代人类就在松软土层中应用下部削尖的树身支撑原始建筑物，这也是人类历史上使用桩基的最早记录。到宋朝，桩基技术已发展得比较成熟，今山西省太原市的晋祠圣母殿都是现留存的北宋年间修建的桩基建筑物，在英国也保存了部分罗马时代的木桩基础的建筑。后来还有石桩也被人类广泛应用，但是它没有木桩应用广泛，直到科技进步的今天，木桩仍在世界个别地区得到应用。

二、桩型的选择

不同桩型的适用条件应符合下列规定：

（1）泥浆护壁钻孔灌注桩宜用于地下水位以下的黏性土、粉土、砂土、填土、碎石土及风化岩层。

（2）旋挖成孔灌注桩宜用于黏性土、粉土、砂土、填土、碎石土及风化岩层。

（3）冲孔灌注桩除宜用于上述地质情况外，还能穿透旧基础、建筑垃圾填土或大孤石等障碍物。在岩溶发育地区应慎重使用，采用时，应适当加密勘察钻孔。

（4）长螺旋钻孔压灌桩后插钢筋笼宜用于黏性土、粉土、砂土、填土、非密实的碎石类土、强风化岩。

（5）干作业钻、挖孔灌注桩宜用于地下水位以上的黏性土、粉土、填土、中等密实以上的砂土、风化岩层。

（6）在地下水位较高，有承压水的砂土层、滞水层、厚度较大的流塑状淤泥、淤泥质土层中不得选用人工挖孔灌注桩。

（7）沉管灌注桩宜用于黏性土、粉土和砂土，夯扩桩宜用于桩端持力层为埋深不超过20m的中、低压缩性黏性土、粉土、砂土和碎石类土。

三、灌注桩的施工

（一）泥浆护壁钻孔灌注桩成孔施工

1.桩孔施工的一般规定

（1）在建筑物旧址或杂填土区域施工时，应先用钎探或其他方法，探明桩位处的地下情况。有浅埋旧基础、大石块、废铁等障碍物时，应先挖除或采取其他处理措施。

（2）回转钻机钻架天车滑轮槽缘、回转器中心和桩孔中心三者应在同一铅垂线上，以保证钻孔垂直度，回转器中心同桩孔中心位置偏差不得大于20 mm。

（3）冲击或冲抓钻机钻架天车滑轮槽缘的铅直线应对准桩孔中心，其偏差不得大于20mm。

（4）桩孔施工应尽量一次不间断完成，不得无故中途停钻，施工中，各岗位操作人员必须认真履行岗位职责，详细交代钻进情况及下一班应注意的事项。

（5）桩孔施工到设计深度后，应会同有关部门对孔深、孔径、孔的垂直度、孔位及其他情况进行检查，确认符合设计要求后，应填写终孔验收单。

（6）桩孔竣工、搬移钻机后，必须保护好孔口，防止人员或杂物掉落孔内。

2.清孔

清孔的目的是彻底清除孔底沉淀的钻渣和替换孔内浓泥浆，保证灌注混凝土的质量和桩承载力。

（1）压风机清孔（亦称抽浆清孔）。压风机清孔，是用压缩空气抽吸出含钻渣的泥浆以达到清孔的目的。由风管将压缩空气输入排泥（渣）管，使泥浆形成密度较小的泥浆空气混合物，在管外液柱压力下沿排泥管向外排出泥浆和孔底沉渣，同时用水泵向孔内注水，保持水位不变直到喷出清水或沉渣厚度达到设计要求为止。

（2）换浆清孔。换浆清孔是利用正、反循环回转钻机，在钻孔完成后不停钻、不进尺，继续循环清渣，直至达到清孔的质量要求。

（3）掏渣清孔。干钻（无循环液）施工的桩孔，不得用循环液清除孔底虚土，应采用掏渣筒、抓（斗）锥清孔或采用向孔底投入碎石夯实的办法使虚土密实，达到清孔目的和设计要求。

（二）泥浆护壁钻孔灌注桩成桩施工

1.钢筋笼的制作及吊放

（1）钢筋笼制作要求。

①钢筋笼主筋直径不宜小于16mm，截面配筋率控制在0.35%～0.5%，钢筋笼长度不应小于14倍桩径。

②钢筋的种类、钢号及规格应符合设计要求。对钢筋的材质有疑问时，应进行物理力学性能或化学成分的分析试验。

③制作前应除锈、整直，用于螺旋筋的盘筋无须整直。主筋一般应尽量用整根钢筋。焊接用的钢材，须进行可焊性和焊接质量的检验。

④为了便于运输和下笼，当钢筋笼全长超过10m时宜分段制作。分段后的主筋接头应互相错开，保证同一截面内的接头数目不多于主筋总根数的50%。两个接头的间距应大于50cm。接头可采用搭接、帮条或坡口焊接，也可采用绑扎加点焊。但要保证连接处能承受钢筋笼的自重。

（2）钢筋笼的焊接要求。

①主筋的焊接不得在同一横断面上，应错开焊接。主筋的焊接长度，应为主筋直径的10～15倍。

②加劲筋的焊接长度应为加劲筋直径的8～10倍。加劲筋主筋的焊接应采用点焊。

③螺旋筋与主筋可用细铁丝绑扎，并间隔点焊固定。

（3）加强措施。钢筋笼直径较大或较长时，为防止在吊放或运输中变形，应采取加强措施。

（4）校直。为保证钢筋笼的圆度和直度，制作钢筋笼的主筋必须校直。

（5）其他要求。主筋为高碳钢材质时，不宜采用焊接方法，以免焊接高温影响主筋强度。箍筋宜用细铁丝与主筋绑扎。

2.钢筋笼的吊放

（1）钢筋笼的吊放应设2～4个位置恰当的起吊点。钢筋笼直径大于1300mm，长度大于6m时，可采取措施对起吊点予以加固，以保证钢筋笼起吊不变形。

（2）吊放钢筋笼时，应对准孔位轻放、慢放入孔。钢筋笼入孔后应徐徐下放，不得左右旋转。若遇阻碍应停止下放，查明原因进行处理。严禁高起猛落、碰撞和强行下放。

（3）钢筋笼过长时宜分节吊放，孔口焊接。分节长度应按孔深、起吊高度和孔口焊接时间合理选定。孔口焊接时，上下主筋位置应对正，保持钢筋笼上下轴线一致。

（4）钢筋笼全部入孔后，应按设计要求检查安放位置并做好记录。符合要求后，可将主筋点焊于孔口护筒上或用铁丝牢固绑扎于孔口，以使钢筋笼定位，防止钢筋笼因自重下落或灌注混凝土时往上窜动造成错位。

（5）桩身混凝土灌注完毕达到初凝后，即可解除钢筋笼的固定措施，以使钢筋笼在混凝土收缩时不影响固结力。

（6）采用正循环或压风机清孔时，钢筋笼入孔宜在清孔之前进行。若采用泵吸反循环清孔，钢筋笼入孔一般在清孔后进行。若钢筋笼入孔后未能及时灌注混凝土，间隔时间较长，致使孔内沉渣超过规定要求，应在钢筋笼定位可靠后重新清孔。

（三）灌注桩后注浆施工

后注浆桩施工是指在钻孔、冲孔和挖孔灌注桩在成桩后，通过预埋在桩身的注浆管利用压力作用，将能固化的浆液（如纯水泥浆、水泥砂浆、加外掺剂及掺和料的水泥浆、超细水泥浆、化学浆液等），经桩侧或桩端的预留压力注浆装置均匀地注入地层，压力浆液对桩周或桩端附近的桩周土层起到渗透、填充、置换、劈裂、压密及固结或多种形式的组合等不同作用，改善其物理力学性能及桩与岩、土之间的边界条件，从而提高桩的承载力以及减少桩基的沉降量。

第三节　岩土工程的地下连续墙施工

一、施工前的准备工作

（一）场地准备

对作业位置放线测量；按设计地面标高进行场地整平，拆迁施工区域内的房屋、通信等障碍物和挖除工程部位地面以下3m内的地下障碍物；必要时加固场地地基。

（二）泥浆（或稳定液）制备

根据挖槽的方式不同，有两种类型的泥浆，即静止方式（稳定液）和循环方式。如使用抓斗挖槽机时，随着挖槽深度不断加深，槽内泥浆应随时补充增加，直到浇灌混凝土时将泥浆替换出为止，泥浆一直贮存在槽内，故属静止方式。这种方式使用的泥浆只是为了保持槽壁的稳定而无其他目的。循环式则不同，如用钻头或其他切削具回转挖槽时，则需要在槽内充满泥浆的同时，利用泵使泥浆在槽底与地面之间循环，泥浆始终处于流动状态，故称循环方式。这种方式使用的泥浆不仅可起稳定槽壁的作用，同时也是排除钻渣的手段之一。有关泥浆的论述已在第三章中作了介绍，本章仅就地下连续墙施工的特殊要求予以补充。

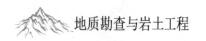

（三）导墙施工

1.施工顺序

平整场地—测量确定导墙平面位置—挖导沟（处理土方）—加工钢筋框结构—支模板（严格按设计要求保证模板安装垂直度）—浇灌混凝土—拆除模板（同时设置横撑）—回填导墙外侧空隙并压实。

2.施工要求

（1）导墙的纵向分段宜与地下连续墙的分段错开一定距离。

（2）导墙内墙面应垂直并平行于连续墙中心线，墙面间距应比地下连续墙设计厚度大40～60mm。

（3）墙面与纵轴线的距离偏差一般不应大于±10mm；两条导墙间距偏差不大于±5mm。

（4）导墙埋设深度由地基土质、墙体上部载荷、挖槽方法等因素决定，一般为1～2m；导墙顶部应保持水平并略高于地面，保证槽内泥浆液面高于地下水位2.0m以上；墙厚为0.1～0.2m，带有墙趾的，其厚度不宜小于0.2m，一般宜设在老土面以下10～15cm。

（5）导墙背侧须用黏土回填并夯实，不得有漏浆发生。

（6）预制钢筋混凝土导墙安装时，必须保证接头连接质量；现浇钢筋混凝土导墙，水平钢筋必须连接牢固，使导墙成为一个整体，防止因强度不足或施工不善而出现事故。

（7）现浇钢筋混凝土导墙，拆模板后应立即在墙间加设支撑；混凝土养护期间，起重机等重型设备不应在导墙附近作业，防止导墙开裂、位移或变形。

二、地下连续墙施工

（一）槽段开挖施工方法

1.多头钻施工法

下钻应使吊索保持一定张力，即使钻具对地层保持适当压力，引导钻头垂直成槽。下钻速度取决于钻渣的排出能力及土质的软硬程度，注意使下钻速度均匀，下钻速度最大为9.6m/h；采用空气吸泥法及砂石泵时，速度一般为5m/h。

2.抓斗式施工法

导杆抓斗安装在一般的起重机上，抓斗连同导杆由起重机操纵上下、起落卸土和挖槽，抓斗挖槽通常用“分条抓”或“分块抓”两种方法。分条抓或分块抓是先抓两侧“条”（或“块”），再抓中间“条”（或“块”），这样可避免抓斗挖槽时发生侧倾，保证抓槽精度。

3.钻抓式施工法

钻抓式挖槽机成槽时，采取两孔一抓挖槽法，预先在每个挖掘单元的两端，先用潜水钻机钻两个直径与槽段宽度相同的垂直导孔，然后用导板抓斗形成槽段。

4.冲击式施工法

其挖槽方法为常规单孔桩方法，采取间隔挖槽施工。

（二）清槽

连续墙槽孔的沉渣，大部分随泥浆循环排出槽孔外，少量密度大的沉在底部，如不清除，会沉在底部形成夹层，使地下连续墙沉降量增大，承载力降低，并减弱其截水防渗性能，甚至会导致出现管涌。而且，泥渣混入混凝土中会使混凝土强度降低，钻渣被挤至接头处会影响接头部位防渗性能。沉渣会使混凝土的流动性降低，使浇筑速度降低、钢筋笼上浮。如沉渣过厚，也会使钢筋笼不能吊放到预定深度，所以必须清槽。

清槽的目的是置换槽孔内稠泥浆，清除钻渣和槽底沉淀物，以满足墙体结构功能要求，同时为后续工序创造良好的条件。

一般情况下，清槽采用导管吸泥泵法、空气升液法和潜水泵排泥法三种排渣方式。一般操作程序是（以回转挖掘法为例）：到设计深度后，停止钻进，使钻头空转4～6min并同时用反循环方式抽吸10min，将泥浆密度控制在要求的范围内。

为提高接头处的抗渗及抗剪性能，对地墙接合处，用外形与槽段端头相吻合的接头刷，紧贴混凝土凹面，上下反复刷动5～10次，保证混凝土浇筑后密实、不渗漏。

在地下连续墙成槽完毕，经过检验合格后，在下锁口管、钢筋笼、下导管的过程中，总会有一些沉渣产生，将影响以后地下墙的承载力并增大沉降量。所以对基底沉渣进行处理就显得十分必要。

清渣一般在钢筋笼安装前进行。混凝土浇筑前，再一次测定沉渣厚度，如不符合要求，再清槽一次。

清槽的质量要求：清槽结束后1h，测定槽底沉渣淤积厚度不大于100mm，槽底100mm处的泥浆密度不大于1150kg/m^3。

（三）钢筋笼的制作和吊放

1.钢筋笼的制作

钢筋笼的制作应根据设计钢筋配置图和槽段的具体情况及吊放机具能力而定。钢筋笼按一个单元槽段宽制作，在墙转角则制成L形钢筋笼。

为保证钢筋笼的几何尺寸和相对位置正确，钢筋加工一般应在工厂平台上放样成型，下端纵向主筋宜稍向内弯曲一点，以防止钢筋笼放下时，损伤槽壁。钢筋笼在现场地面平卧组装，先将闭合钢筋排列整齐，再将通长主筋依次穿入钢箍，点焊就位，要求钢筋笼表面平整度误差不得大于5cm。为保证钢筋笼具有足够的刚度，吊放时不发生变形，钢筋笼除设结构受力筋外，一般还设纵向钢筋桁架和主筋平面内的水平及斜向拉条，与闭合箍筋点焊成骨架。钢筋笼的主筋（包括主筋组成的纵向桁架）和箍筋交点采用点焊，也可视钢筋笼结构情况，除四周两道主筋交点全部点焊外，其余采用50%交错点焊和用0.8mm以上铁丝扎结。成型时用的临时绑扎铁丝，应在焊后全部拆除，以免挂泥。对较宽尺寸的钢筋笼，应增设直径25mm的水平筋和剪力拉条组成的横向水平桁架，主筋保护层厚度一般为7～8cm，水平筋端部距接头管和混凝土接头面应有10～15cm间隙。一般在主筋上焊50～60cm高的钢筋耳环或扁钢板作为定位垫块，其垂直方向每隔2～5m设一排，每排每个面不少于2块，垫块与壁面间留有2～3cm间隔，可防止插入钢筋笼时擦伤槽壁和保证位置正确。钢筋笼内净空尺寸应比混凝土导管连接处的外径大10cm以上，这部分空间要求贯通，钢筋叠置的地方要确保混凝土流动的必要距离。有的还在混凝土导孔内两侧各焊1～2根通长的钢筋作导向用，以便下放混凝土导管。钢筋笼纵向筋距槽底应有20～30cm。

2.钢筋笼的吊放

对长度小于15m的钢筋笼，一般采用整体制作，用15t或25t履带式吊车一次整体吊放；对长度超过15m的钢筋笼，常采取分二段制作吊放，接头尽量布置在应力小的地方，先吊放一节，在槽上用帮条焊焊接（或搭接焊接）。由于一般是一个单元槽段为一个钢筋笼，因此宽度较大，应采用二副铁扁担或一副铁扁担及二副吊钩起吊的方法，以防钢筋笼弯曲变形。先六点绑扎水平起吊，使其在空中不晃动，辅助起重机吊下部两点或四点，然后主机升起，系在钢筋笼上口的横担将钢筋笼吊直对准槽口，使吊头中心对准槽段中心，缓慢垂直落入槽内，避免损伤槽壁。在放到设计标高后，用横担设吊钩或在四角主筋上设弯钩，搁置在导墙上，进行混凝土灌注。为保证槽壁不塌，应在清完槽3～4h内下完钢筋笼，并开始灌注混凝土。

（四）混凝土灌注

1.灌注方法

通常采用履带式吊车吊混凝土料斗（或翻料斗），通过下料漏斗提升导管灌注。导管内径一般选用150～300mm，用2～3mm厚钢板卷焊而成，每节长2～2.5m，并配几节1～1.5m的调节长度用的短管，由管端粗丝扣或法兰螺栓连接，接头处用橡胶垫圈密封防漏，接头外部应光滑，使之在钢筋笼内上拔不挂住钢筋。单元槽段长度在4m以下时，采用单根导管；槽段长度在4m以上时，用2～3根导管。导管间距一般在3m以下，最大不得超过4m，同时距槽段端部不得超过1.5m。接头管在地面组装成2～3节一段，用吊车吊入槽孔连接，导管的下口至槽底间距，一般取0.4m或1.5d（d为导管直径）。

采用球胆或预制圆柱形混凝土隔水塞，球胆预先塞在混凝土漏斗下口，当混凝土灌注后，从导管下口压出漂浮在泥浆表面；混凝土塞则用8号铁丝吊在导管口，上盖一层砂浆，待混凝土达一定量后，剪断铁丝，混凝土塞下落埋入底部混凝土中。在整个灌注过程中，混凝土导管应埋入混凝土中2～4m，最小埋深不得小于1.5m，否则会把混凝土上升面附近的浮浆卷入混凝土内；亦不宜大于6m，埋入太深，将会影响混凝土充分地流动。导管随灌注随提升，避免提升过快造成混凝土脱空现象，或提升过晚而造成埋管拔不出的事故。灌注时利用不停灌注及导管出口混凝土的压力差，使混凝土不断从导管内挤出，使混凝土面逐渐均匀上升，槽内的泥浆逐渐被混凝土置换而排出槽外，流入泥浆池内。

2.混凝土灌注注意事项

（1）灌注要连续进行，不得中断，并控制在4～6h内完成，以保证混凝土的均匀性，间歇时间一般应控制在15min内，任何情况下不得超过30min。

（2）灌注时要保持槽内混凝土面均衡上升，而且要使混凝土面上升速度不大于2m/h，灌注速度一般为30～35m^3/h，导管不能做横向运动，否则会使泥渣、泥浆混入混凝土内。

采用多根导管时，各导管处的混凝土面高差不宜大于0.3m。导管提升速度应与混凝土的上升速度相适应，始终保持导管在混凝土中的插入深度不小于1.5m，也不能使混凝土溢出漏斗或流进槽内。

（3）在混凝土灌注过程中，要随时用探锤测量混凝土面实际标高（至少3处，取平均值），计算混凝土上升高度，导管下口与混凝土相对位置，统计混凝土灌注量，及时做好记录。

（4）搅拌好的混凝土应在1.5h内灌注完毕，夏季应在1.0h内浇完，否则应掺加缓凝剂。混凝土灌注到顶部3m时，可在槽段内放水适当稀释泥浆，或将导管埋深减为lm，或适当放慢灌注速度，以减少混凝土排除泥浆的阻力，保证灌注顺利进行。

（5）当混凝土灌注到墙顶层时，由于导管内超压力减少，混凝土与泥浆混杂，质量较差。所以应超灌0.5～0.6m。

第四节 岩土工程的锚固技术

一、锚固技术的分类

锚固技术在国内外已达600余种，可在各种地层、各种条件下使用。锚固技术可按锚固体的形状、受力方式、锚杆结构等进行分类。

（一）按锚固体形态

1.圆柱形锚杆

圆柱形锚杆指锚固体呈均匀圆柱状。锚杆施加应力后，预应力由自由端传递给锚固体，再由锚固体从上而下逐渐传递，依靠锚固体与周围岩土间的摩擦阻力或黏结力将应力传递给地层。该类锚杆施工工艺简单，适用于各种岩土条件。

2.端部扩大头型锚杆

端部扩大头型锚杆又称扩底型锚杆。它依靠锚固体与岩土体间的摩擦阻力及扩大头处岩土对锚固体的端承力，将结构物通过锚杆自由端传来的拉力传递给地层。在相同锚固段长度及直径下，端部扩大头型锚杆的承载力远比圆柱形大，但施工工艺复杂，周期长，成本偏高。适用于软弱土层和锚固段不宜过长的土层。

3.连续球体型锚杆

该类锚杆在自由段与锚固段交界处安设有止浆密封装置。因此可对锚固段进行高压灌浆，并且可进行二次以上灌浆处理，迫使锚固段形成一连串球形扩散体，使周围土体与灌浆体间具有更高的嵌合强度，串球锚固体是在灌浆压力的挤压作用和浆液的扩散作用下形成的。该类锚杆一般仅适用于淤泥质黏土层、松散土层或在有较高锚固力要求的土层。

（二）按锚固体传力方式

1.拉力型锚杆

锚杆的传力方式是通过拉杆与锚固体以及锚固体与地层间的黏结或摩阻力引导外力依次递减的，是依靠锚固段首尾部位的不均匀拉伸变形来带动与锚固段相结合的岩土体变形，从而调节岩土体的抗剪强度。当受较大拉力作用时，锚固体易开裂，甚至被拉崩塌。但结构简单，施工方便，是国内外应用最广泛的锚杆类型。

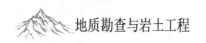

2.压力型锚杆

为克服拉力型锚杆中锚固体受力不均匀而对锚固力的影响，出现了压力型锚杆。这类锚杆的特点是沿预应力拉杆全长涂以油脂并套上塑料管使拉杆与锚固体分离，拉杆埋于锚固体中，内端接内锚头或承拉板。当灌浆后锚杆受拉时，外力通过无黏结拉杆直接将锚固力传到锚固体根部，将锚杆拉力转变为对锚固体根部的压力，再通过锚固段根部与首部间不均匀压缩变形来带动与其黏结在一起的岩土体发生变形，从而调节岩土体的抗剪强度。该类锚杆在相同条件下比拉力型锚杆锚固力大，防腐性与稳定性较好，内锚头和承拉板与拉杆之间可拆卸，变成可拆式锚杆。

3.剪力型锚杆

剪力型锚杆同压力型锚杆一样，也用油脂和塑料胶管将拉杆套起并与锚固体分离，再通过若干个与黏结在拉杆上的小剪力管将作用在锚杆上的总拉力分解成几个分力，使拉力分别作用于锚固体的不同部位，因此整个锚固体受力均匀而产生均匀变形，从而带动与锚固体黏结的岩土体的变形，调动更大范围的岩土体抗剪能力。

二、锚杆的成孔工艺

（一）锚杆的成孔方法

在锚固工程中所钻进的岩土体绝大部分为软弱土层和复杂破碎或坚硬不稳固地层，常常是在一个钻孔中出现几种岩土层，因此，锚固工程施工成孔工艺较为复杂，往往采用综合性成孔方法。目前常用的钻进方法除常规正循环回转钻进外，还有长螺旋回转钻进、长螺旋冲击回转钻进、风动冲击器冲击回转钻进、跟套管长螺旋回转钻进、跟管冲击回转钻进、冲击挤密钻进和反循环冲击回转钻进等钻进方法。

在软土地层中，由于冲洗液循环时对孔壁的渗透作用，削弱了地层的抗剪强度，不利于锚杆的承载能力；而在硬岩石斜孔钻进时，采用硬质合金钻头破碎岩石，效率低而成本增加，采用金刚石钻头破碎岩石时钻头寿命短，易产生偏斜，且成本高，所以在锚固工程施工中不提倡使用正循环回转钻进方法。这里介绍其他几种钻进成孔方法。

1.长螺旋回转钻进

长螺旋回转钻进不使用冲洗介质，是在各类土层中成孔的优选方法。钻进中土屑沿螺旋叶片在惯性离心力和向上推力的作用下返出孔口。这种方法钻进效率高，最高可达20m/h，操作简单，要求设备功率低，转速控制在50～80r/min，给进压力小，深孔时利用钻具回转力和自身重力即可钻进，且无污染、噪声小，是市深基坑支护中土层锚杆施工成孔的主要方法。

2.长螺旋冲击回转钻进

长螺旋冲击回转钻进是在土层中含有块石、碎石或破碎的岩层中使用的成孔方法。它是将风动冲击器安装在长螺旋钻杆的前端，利用风动冲击器破碎孔内硬岩块，而用螺旋叶片排除岩土屑。由于在土层中夹块石、碎石时螺旋钻进效率极低，且易发生孔内事故，而冲击回转钻进时地层破碎而风量漏失后，上返气流减少，携带岩粉屑能力降低，易造成埋钻事故。将两种方法结合起来使用，解决了硬岩破碎困难和排粉困难的双重问题，由此提高成孔效率和施工质量。此种方法的技术参数只要满足风动冲击回转钻进的要求，就能满足钻进成孔的需要。为防止叶片在软硬不均的地层中卡钻，在软地层前部有硬岩层和软地层厚度超过单根螺旋钻杆长度时慎用此法。

3.冲击回转钻进

在锚固工程施工中，多采用气动冲击回转钻进方法。冲击回转钻进主要优点是在硬岩层中成孔效率高，质量好，钻孔偏斜小，成孔后洗孔时间短，施工工期容易保证。冲击回转钻进的主要技术参数是风动冲击器所需要的风压、风量和转数，给进压力控制在10kN左右。钻进过程中经常进行强力排粉来达到孔内安全。风动冲击器可根据设计的钻孔直径加以选用。

4.冲击回转挤密钻进

冲击回转挤密钻进方法主要是在软弱土层中为了提高锚杆的承载能力，减小坍塌和孔内残留钻渣而使用的一种新型成孔方法。将冲击器安装在钻杆底部，冲击器装有特殊形状的挤密钻头。钻进时利用冲击器的冲击力将钻头击入土层中，同时钻机的给进力推动钻头压入土层之中，并且在钻机回转力的作用下钻头转动一定角度对土层作剪切破碎，在产生的土屑冲击力、给进压力的双重作用下被挤到孔壁之中，并使土层结构遭到破坏，排挤土颗粒间的薄膜水、孔隙水，土颗粒重新排列而密实，黏聚力增加，抗剪强度增大，因此增加了锚固体与土层的黏结力和摩擦阻力，提升锚杆的承载能力。

（二）锚杆成孔中的注意事项

锚杆成孔质量的好坏，不仅关系到锚杆的承载能力，而且对后续工序有直接影响，因此在锚杆成孔中应注意以下事项：

（1）锚杆成孔前必须将场地平整好，准确测量锚杆孔位与钻机的机高，使钻孔轴线与设计轴线偏差在50mm之内，以保证所有锚杆的承压台顺利安装。

（2）成孔中钻机的安装必须保证其稳固性，在钻进中钻机不得移位或摆动，以防止钻孔偏斜和倾角的变化，防止孔深后两孔交叉而串通。

（3）钻进中及时排除孔内岩渣，尤其是干孔钻进时，排渣不及时或孔内岩渣过多往往容易造成孔内事故，从而影响施工进度和锚固质量。

（4）无冲洗介质或采用高压空气作为冲洗介质钻进成孔时，一定要依据地层性质选择合理的钻进技术参数，确定合理的给进速度，避免盲目施加压力和加快给进速度，以防止钻具因扭矩增大而折断、埋钻和卡钻。

（5）在溶蚀地层或黏性较高的地层中钻进时，一定要注意钻机扭矩的变化，控制回转速度和给进压力，防止因钻孔角度下垂使钻具起拔困难或锚拉杆不能安装，而重复透孔。

（6）锚杆成孔多为斜孔，倾角较大，钻具在重力作用下与孔壁摩擦较严重，当岩土屑较多时，摩擦阻力更大，因此，选择钻机时，最好使用功能多一些，应选用直径较大、刚性较好的厚壁钻杆，以保证顺利成孔。

三、锚杆的制作与安装

预应力锚杆拉杆材料的选择主要取决于锚固对象和现场使用施加预应力及锁定设备、使用年限等因素。锚杆的结构主要由拉杆、扶正架、锚头、锚尖和注浆管等组成。锚杆的制作与安装视锚杆用途、使用年限、预应力大小等而定。

（一）锚拉杆材料的选择

锚拉杆的质量主要取决于拉杆材料。拉杆的材料主要有普通螺纹钢、高强精轧螺纹钢、高强钢丝和钢绞线等类型。为保证锚固体系在使用期限内能有效施加应力，应对锚杆体系中的拉杆进行防腐处理，以降低锚杆周围环境中的腐蚀物对杆体的腐蚀作用。为保证杆体位于锚固体之中，使锚固体受力均匀，应每隔一段长度安装一定的支撑架，并在拉杆下端安装锚尖，以提升锚杆的承载能力。

（二）锚杆杆体的安装

锚杆杆体的入孔安装应根据锚杆长度、杆件材料、钻孔倾角及杆体结构等确定。

（1）锚杆杆体的材料为钢筋时，可利用钢筋的刚度和杆体上安装的支撑环直接安放。将制作质量合格的杆体直接插入锚孔内，插入深度不得小于设计深度的95%，注浆管一同下入孔底，距离为100～200mm。

（2）当锚杆杆体为钢绞线、钢丝组装而成时，应首先检查杆体制作质量，确保隔离环、束紧环安装牢固。注浆管安装符合设计要求时，可采用人力直接插入锚孔内，或用钻杆和钢质注浆管送入孔底。安装时不得扭压、弯曲，杆体送入孔内深度不得小于锚杆长度的95%。注浆管底部管头距孔底距离不得大于200mm，宜为50～100mm。杆体安装好后，不得扭转或敲击。

四、锚固技术的注浆工艺

锚固工程的注浆是锚固系统施工关键工序之一，一般选用水泥砂浆或水泥素浆，特殊情况下可采用化学浆液或混合浆液注浆。浆液注入锚固段，与地层黏结的同时握紧杆体，起到传递锚固力和保护杆体的作用。浆液固化后对杆体的黏结强度、与地层间的黏结产生的最大摩阻应力，以及对锚固段的防腐能力，在很大程度上取决于浆液材料、配合比、拌和质量及注浆方法等。

第六章　岩土工程监测

第一节　岩土工程监测的信号处理

一、岩土工程监测技术

（一）超声波监测技术

超声波液体探测技术早就得到了广泛应用，主要用于判定围岩开挖的损伤形态，与振速测量仪器大致相似。超声波工程监测就是利用超声波在液体内的传播性能，结合波速与振幅的变化来判断岩体的性质。声波在液体中传播显示的图像如果发生绕射，这也就表明声波的传播路径存在裂缝，从而导致传播距离增大，波速下降。超声波监测更加简洁方便，同时能够保障测量的精准度，控制经济成本。超声波监测主要是在通过介质时，结合频率与波速振幅的变化来判断介质的性质。目前常见的超声波监测方法包括单孔测试法与双孔测试法，单孔测试法主要是在硐室巷道断面确定相应的测试点，而后利用凿岩机进行打孔，孔深可结合现场施工情况加以确定，而后将圆管状声波探头放入钻孔内，待孔内充满水后可实现与孔壁岩体的声耦合，最后进行逐点测试，直至完成测试。双孔测试法则是在硐室巷道断面打两个平行孔，将两个圆管状声波探头分别放置到两个钻孔的底部，待孔内充满水后，可实现与孔壁岩体的声耦合。

（二）微震/声发射

微震/声发射在无损监测、油气勘探中的应用较为常见，目前可作为岩石损伤与断裂研究的主要手段。微震主要是指在岩石材料发生变形后，所产生的伴生现象与围岩结构力学之间存在着密切关联，所以在得到的信号中可获得有关于围岩受力破坏的应用信息。一般可在采动区顶板或底板内布置检波器，可实现对微震数据的获取，通过对数据信息的处理，可获得破裂的位置，并通过三维图像的形式展现出来，从而判断出岩石结构是否发生破坏。此项技术融合了数据采集技术与计算机技术等优势，可实现远距离、动态化监测，所形成的弹性波与应力波，可在岩体中快速传播，而微震监测点关键在于判断震源位置以及震源强度。在监测过程中需要考虑未来开采活动的实际情况，同时要尽量使用现有巷道，测站硐室的选择也要尽量避开活动的影响范围，从而减少施工与维修费用。

（三）地质雷达

地质雷达监测法能够保障监测工作的安全进行，为快速施工提供支持，同时也能够保障地质灾害预报的准确度。地质雷达监测法主要是结合地震波的反射原理，利用地震波所产生的反射波特性，测定地质条件与岩石特性。地质雷达是当下地质灾害探测船分辨率较高的一项设备，其探测距离能够满足隧道掘进的各项需求，属于先进的物探设备之一。地质雷达的主要构成包括发射电路、控制面板、接收电路等，所获得的模型信号能够以图像的形式展示出来，结合电磁波的传播特性，可实现对图像内容的解释，从而判定其最终的物理特征。在围岩裂缝中，无论是充满空气还是水，岩体的介电常数均较大，雷达所发射的电磁波经过松动圈后会产生强烈的反射，并呈现出杂乱物状的状态，通过收集可确定围岩松动的具体范围，获得松动圈的厚度值。

（四）土体水平位移监测

岩土工程监测技术在对土地水平位移进行监测时，需要结合施工进度与施工方案确定相应的监测计划，并明确岩土建设中的各项流程，在进行监测前也需要确定实际工作范围以及岩土工程的各项关键点。在岩土工程施工过程中，要想获得相应的性能指标，则需要进行更为深入的监测工作。一般情况下，在进行岩土工程设计时，往往采取的都是动态设计法结合施工现状，对设计结构作出调整，这就要求设计人员了解维护或支护结构的可变性。在完成精准设计后，可对土体水平位移方案进行设计，但在设计过程中可能会出现各种问题，影响监测工作质量，乃至与实际岩土工程脱节。而导致此类问题的主要原因与设计思路存在局限相关，同时也与控制施工成本存在密切关系。因此，在开展土体水平位移监测时，需要做好前期的测量与准备工作，保障测量的精准度，同时也要加大监测管理力度，保障工程方案的合理性。而在选择监测器材时也要符合相关标准，按照设计需求严格保障监测工作的规范性。

二、岩土工程监测技术特点

岩土工程在施工过程中，以隐性岩土问题以及动态变化性问题为主，因此落实工程监测技术对于岩土工程而言具有重要意义。也正是岩土工程中的各项变化，导致岩土监测难度增大，带来诸多安全风险，为了减少风险问题的发生，施工监测就应当结合各项问题以及监测的特点与功能，推动岩土工程建设工作的稳步进行。

（一）较强的针对性

岩土工程所选择的监测技术应当具有较强的针对性，同时也要对施工情况进行动态化监测，在岩土工程施工期间，要合理应用施工监测技术，加强安全管理，并在岩土工程施工中保障各项技术的合理应用。在进行工程监测时，所获得的各项数据信息是动态变化的，随着时空的稳步推进，各项数据会随之发生变化。因此，岩土工程监测要具有较强的针对性与时效性，通过对工程信息的全面整合，加强监督管理，保障相关数据的全面获取。如果在岩土施工中，未保障信息的时效性，则可能导致严重的安全隐患，引发较为恶劣的安全事故。

（二）较高的精准性

岩土工程监测技术需要保持精准性，同时也要控制好监测数据的误差，保障仪器的精准度，并对监测仪器进行校准，分析监测中存在的数据误差，及时找出岩土工程中存在的各项问题，从而为岩土工程建设提供更为可靠的指导，减少风险问题的发生。在岩土工程施工中，合理选择监测技术的同时，也要保障监测技术的精确度，此外，还要合理选择相关的配套设施，保障监测工作的稳步进行。

（三）同等精度标准

岩土工程监测技术需要与监测点、监测数据拥有同等精度，在选择监测技术时，既需要与岩土工程项目相符，也要确保通过监测技术能够获取关于岩土工程项目的数值变化，而不是将绝对值作为最终的监测结果。此外，在选择监测位置时，也要与测定位置保持同等精度，在开展岩土工程监测工作时，可选择在同一位置安装同一监测设备，进行全方位监测。

三、岩土工程监测信息处理

明确岩土工程监测的内容之后，使用合理的信息处理技术对监测信息进行处理，才能获得正确的参数信息，才能为岩土工程提供合理的指导。

（一）统计分析法对岩土工程监测信息进行处理

使用统计分析的方法对岩土监测信息进行处理，需要结合自变量和因变量之间的关系，进行回归分析。在岩土工程的施工过程中，一般情况下，岩土工程的突变是由降水、开挖等外部因素和岩体结构等内部因素共同引起的，因为这其中的自变量和因变量之间的关系是非线性的，所以要根据统计学的原理，使用原变量对回归方程进行表示，之后对岩土工程监测中的各种主客观原因进行综合分析，将预报误差估算出来。对于其中的时间序列线性模型的分析，可以使用的方法有三种，分别是自回归模型、混合模型和滑动平均模型。在进行岩土监测信息处理的时候，要根据实际的监测条件和监测要求来进行选择。同时，要对计算时间和模型非线性迭代进行考虑，在建立模型的过程中要对这三种模型之间的转换关系进行考虑，对误差平方的预估要使用双向预测的方法来进行，要对其中的模型参数进行预测。对模型参数进行预测的程序分析如下：点击“开始”，输入“时间序列”和“有关信息”，进行“差分”处理，“计算平均值”“计算方程”、确定“参数估计”和“模型阶数”，将“预报误差值”计算出来，将“模型阶数”和“参数评估值”输出、对“误差值”进行预报，最后结束。

（二）信息响应面法对岩土工程监测信息进行处理

岩土工程监测的复杂性，不仅要求使用统计分析法对其监测结果进行处理，同时还要在处理的过程中使用响应面法等综合处理技术。使用这种处理技术能够有效解决随机变量和系统响应之间的转换问题，通过修匀函数的形式，对所有的非常规数据进行整理，使用修匀函数趋近值表示真实的响应函数。在使用响应面法的时候，首先，需要对计算点进行设计，在设计的时候可以使用局部加权回归散点修匀的方法，使用迭代加权的方法对监测数据进行拟合处理；其次，要对修匀函数进行估计，准确反映时间和位移的关系，以促使修匀函数拟合度的提高。

（三）神经网络法对岩土工程监测信息的处理

在进行岩土监测的过程中，经常受到地质条件、工程结构和工程施工条件的影响，导致监测信息呈现出多变性和随机性，使得监测系统中的非线性关系日益复杂化，在这种情况下，可以使用神经网络解决其中的非线性问题。比如，使用BP神经网络对数据进行处理，因为这种网络具有很多隐层，对这些隐层的处理要使用纯线性变换函数来进行。在训练的次数增加之后，其中的误差就会相应减小，但是在使用的过程中，需要克服网速慢的问题。相较于回归曲线法对监测信息的处理，神经网络法对监测信息的处理更加细致。但是在设计的应用过程中，受到相应的工程现状的限制，只能具体问题具体分析。

神经网络是由很多适应性很强的简单单元组成的，具有广泛性，通过并行互连的方式连接在一起的网络。这种网络组织能够对生物神经系统对真实世界中的物体的交互反应进行模拟。

（四）对监测数据的空间效应和时间效应进行修正

第一，测量误差。使用合适的监测仪器对环境、装置、方法和人员等因素的误差进行测量，在测量的时候要严格遵守相关的规范，在进行反应系统误差和传递误差计算的时候要使用综合均方差来进行。

第二，对滞后误差进行初测。初测过程要从洞内开始，以规范为基础对爆破等初读数进行读取，在施工管理水平的基础上，分析空间效应对误差的影响。

第三，以黏弹性变形与三维有限元分析为依据，在矫正误差的过程中将位移比值和荷载引入其中，将总体的位移量计算出来。

第二节　桩基工程监测

一、工程施工桩基的主要分类以及监测技术

桩基工程是一个系统工程，建筑桩基分类繁多，按承载力分为端承桩、摩擦桩和端摩桩；按成桩分为预制桩和就地灌注桩，预制桩还可以分为打入桩与静力压入桩等，灌注桩依成孔分为冲孔、钻孔、挖孔等灌注桩；按桩质分为钢桩、钢筋砼桩、砼桩、木桩、粉喷桩、石灰桩、砂桩、碎石桩等；按桩的横截面的形状分为实心的圆桩、方桩、矩形桩与异状桩，空心的圆桩、方桩等。由于建筑桩基种类繁多，其监测内容主要包括以下几个方面：各类桩、墩、桩墙竖向或横向承载力监测，包括单桩及群桩承载力监测；墩底持力层承载力及变形性状的监测；各类桩、墩及桩墙结构完整性监测；桩上共同作用或复合地基中桩土荷载分担比的监测，桩体及土体应力应变的监测；施工中对环境影响（如振动、噪声、土体变形）的监测；特殊条件下或事故处理中的其他监测。

二、施工桩基监测的技术方法使用

（一）桩基静载荷试验法

静载荷试验是在桩顶部逐级施加竖向压力、竖向上拔力或水平推力，观测桩顶部随时间产生的沉降、上拔位移或水平位移，以确定相应的单桩竖向抗压承载力、单桩竖向抗拔承载力或单桩水平承载力的方法。目前，桩的静载荷试验主要采用锚桩法、堆载平台法、

地锚法、锚桩和堆载联合法以及孔底预埋预压法等。

（二）桩基动力测试法

桩基的动力测试法，也称为动力试桩，动力是相对于静力而言，桩静力试验是加荷过程相对缓慢，以致桩土产生的加速度微小，惯性效应可以忽略不计，桩土各部分随时都处于静力平衡状态。桩基的动力监测法有高（大）应变发和低（小）应变法、声波透射法。

1.高应变法

高应变法是用重锤冲击桩顶，实测桩顶部的速度和历时曲线，通过波动理论分析，对单桩竖向抗压承载力和桩身完整性进行判定的监测方法。由于高应变法来源于打桩分析法，最早是用打桩分析仪，监测打桩和分析打桩的结果。严格来说，高应变法适用于对预制打入桩进行动力监测，对摩擦桩及摩擦端承桩合适，对于端承桩不合适。对于就地灌注砼的端承桩，使用高应变法监测，若处理不当，反而会把好桩弄坏。

2.低应变法

低应变法主要是采用低能量瞬态或稳态激振方式在桩顶激振，实测桩顶部的速度时程曲线或速度导纳曲线，通过波动理论分析或频域分析，对桩身完整性进行判定的监测方法。该方法监测简便，且监测速度较快，但如何获取好的波形，如何较好地分析桩身完整性，却是监测工作的关键。低应变法主要用于监测桩身缺陷及其位置，判定桩身完整性类别。

3.声波透射法

此方法在预埋声测管之间发射并接收声波，通过实测声波在混凝土介质中传播的声时、频率和波幅衰减等声学参数的相对变化，对桩身完整性进行监测。

（三）桩基监测的其他方法

（1）钻芯法。对于大直钻孔灌注桩，由于设计荷载一般较大，用静力试桩法有许多困难，所以常用地质钻机在桩身上沿长度方向钻取芯样，通过对芯样的观察和监测确定桩的质量。此方法主要用于监测灌注桩桩长、桩身混凝土强度、桩底沉渣厚度，判断或鉴别桩端岩土性状，判定桩身完整性类别。但这种方法只能反映钻孔范围内的小部分混凝土质量，而且设备庞大、费工费时、价格昂贵，不宜作为大面积监测方法，而只能用于抽样检查，一般抽检总桩量的5%～10%，或作为无损监测结果的校核手段。

（2）静力、动力触探：一般用于复合地基监测。

（3）埋设应力传感器法：一般用于桩、土荷载分担比的监测。

（4）射线法：该法是以放射性同位素辐射线在混凝土中的衰减、吸收、散射等现象为基础的一种方法。当射线穿过混凝土时，因混凝土质量不同或存在缺陷，导致接收仪所记录的射线强弱发生变化，据此来判断桩的质量。

三、桩基处理的原则

（一）事故处理应满足的基本条件

（1）对事故处理方案要求安全可靠，经济合理，施工期短，方法可靠；

（2）对未施工部分应提出预防和改进措施，防止事故再次发生。

（二）处理前应具备的条件

（1）事故性质和范围清楚；

（2）目的要明确，应有预定处理方案；

（3）参加的人意见基本一致，并确定处理方案。

（三）事故应及时处理，防止留下隐患

（1）桩成孔后，应检查桩孔嵌入持力层深度，岩石强度，沉渣厚度。桩孔垂直度等数据必须符合设计要求，只要有一项不符合设计要求，就应及时分析解决，建设单位代表签字认可后，方能灌注砼、移动钻机，防止以后提出复查等要求而产生不必要的浪费；

（2）基桩开挖前必须全面检查成桩记录和桩的测试资料，发现质量上有争议问题，必须意见一致后方能挖土，防止基桩开挖后再来处理造成不必要的麻烦。

应考虑事故处理对已完工程质量和后续工程方式的影响，如在事故处理中采取补桩时，会不会损坏混凝土强度还较低的邻近桩。

第三节　深基坑监测

一、基坑

所谓基坑是指在建筑物建设之前所开挖的地下空间用于构建建筑工程的建筑基础和地下的建筑物。根据基坑在整体工程中的重要性，基坑的周围环境，基坑的开挖深度等标准来划分基坑的等级。深基坑是指开挖深度超过十米，周围施工环境中有重要的建筑物的基坑。

为防止基坑坍塌等问题的出现所造成的基坑的毁损，一般在基坑开挖后，要采取相应的支撑保护措施。常见的支撑保护措施主要有钢板桩支护、水泥墙支护，地下墙支护、土钉墙支护，等等。

二、岩土工程的深基坑监测

（一）岩土工程的深基坑监测的重要性

近年来，我国城市建设发展迅速，特别是高层建筑以及地下建筑飞速发展。但是由于我国土地资源稀缺，导致建筑物非常密集，基坑的挖掘对周围环境的影响越来越大，在很多时候，基坑的实际开挖与基坑设计存在很大程度的差异，基坑工作越来越受大家的重视。

导致基坑实际开挖与基坑设计存在差异的主要原因有：

（1）传统的地质勘测数据根本上很难准确分析整个地下岩土层的全部情况；

（2）现阶段的基坑设计理论与设计依据明显不够完善；

（3）在进行基坑施工时，基坑的支撑保护结构容易发生移动。

通过分析我们了解到，在正常情况下，岩土工程的基坑项目在设计计算时，虽然能够大体描述基坑支护结构和岩土工程周边环境的变形规律，以及基坑大体能承受的受力范围，但为进一步提高基坑与周边环境的安全性，保证基坑工作的顺利进行，就必须加强深基坑监测。

（二）基坑监测的主要内容

（1）基坑支撑保护结构：支护结构的监测，主要是以挡土墙墙顶的位移，倾斜程度，岩土工程主要钢筋的承受能力，立柱的沉降与升起的程度为监测内容。

（2）基坑所在位置的地下水情况：主要包括孔隙水的压力以及图体内水的水位情况等监测内容。

（3）基坑的底部和周围的土质状况：主要有岩土的压力，土质基本情况等内容。

（4）基坑周围建筑的变化，是否明显受到基坑的影响：一般来说，深基坑的挖掘影响附近范围内的建筑物，地下管线等。

（5）基坑周边的管道设施，道路情况。

（6）其他监测对象。

（三）岩土工程深基坑监测的基本要求

（1）一般来说，岩土工程的深基坑的监测等级应该与基坑设计等级相同。当岩土工程的深基坑的监测等级与基坑设计等出现矛盾不一致时，必须无条件地以设计等级为准。

（2）位移控制标准在一般情况下由设计等级确定。在做了安全性评估分析报告的条件下，通过具体分析，一方面，可以放宽或收紧位移控制标准；另一方面，也可以在基坑各边采用不同的控制标准。这种情况下，要求较为灵活，施工监测者以经验为主，加以缜密的思考分析，做出自己的判断。

（3）基坑监测工作应由有资质的单位承接。一般来说，岩土工程的基坑监测工作要由有资质的单位承接，因为基坑监测的技术要求水准较高，一般的单位一方面缺乏经验，另一方面缺乏先进的技术与优秀的人才，势必会影响深基坑监测质量。

（4）基坑监测工作一般由业主方委托，不能由施工单位自行监测。基坑的监测工作要由业主委托可信赖的单位或个人进行，一般来说，如果由施工单位自行监测，会导致权力过于下放，导致不必要的麻烦。

（5）当监测工作的责任落实具有较大争议时，应该协商解决，业主、设计和施工方都可以委托有资质的专业单位同时进行监测。

（6）深基坑监测的数据必须真实可靠，严禁弄虚作假，在上报时，应该保存原始数据，不能人为地对原始数据做任何改动。

（7）监测数据必须及时提交，确保数据的时效性，提高监测的精确度和准确度。一旦出现变动，应该重新进行检测，提交最新的监测数据。

（8）监测日记及施工周边环境信息收集，巡视检查。

三、岩土工程深基坑监测技术

（一）水平位移监测

水平监测的主要作用是可以检查深基坑支护结构的挡土墙以及拍桩变形后的形状，另外，在不同的深度设置监测位点，可以提前检查是否有土体失稳的预兆以及现象，可以了解和总结出坑边垂直剖面向上位移与基坑边的距离的变化规律。水平位移测量主要适用于测量特定方向上的水平位移距离。在测量水平位移距离时，可以采用视准线法小角度法以及投点法等；还可以用建立极坐标法来测定监测的任意方向的水平位移与可视监测点的分布情况，当监测点与基准点无法通视或者距离位置相当远时，可以采用GPS（Global Positioning System，GPS）测量法等高科技方法。

（二）竖向位移监测

竖向位移监测与横向位移监测基本相同，但是监测的方法略有不同，竖向位移监测主要采用几何水准或者液体静力水准等。

（三）深层水平位移监测

深层水平位移监测主要是进行裂缝监测，主要对裂缝的位置、裂缝的走向、裂缝的长度、裂缝的宽度进行监测，必要时，还需要对裂缝的深度进行监测。

（四）倾斜监测

倾斜监测是指运用倾斜仪对基坑的支护结构沿基坑垂直方向的倾斜监测。主要原理是在桩墙或者是地下住户结构连续墙中埋设倾斜管，倾斜管必须要插入桩墙底以下的位置，然后可以使用测倾仪测量倾斜管的斜率，由此测绘得到桩身的水平位移曲线。

（五）支护结构内力监测

支护结构的应力监测主要是利用应力计设备，使之沿着桩身的主体钢筋、整体工程的冠梁、腰梁中断面较大的地方测量主体钢筋的应力，然后将得出的数据与设计数据进行有效的比较，最终判断出桩身以及冠梁处的应力与设计值是否一致。

（六）锚杆及土钉内力监测

锚杆在进行张拉活动时，会产生一定的预应力，但是，由于张拉的工艺以及锚杆的材料等特性因素，往往会导致锚杆的预应力遭受一定的损失。在一般情况下，为了使锚杆达到设计时的预定应力，就必须对锚杆进行超张拉，我们可以在锚杆的锚头位置安装一个小型的锚固力传感器，以便测量出在深基坑开挖过程中锚固力的变化情况，从而可以确定锚杆是否处于正常的工作状态或者锚杆的张拉是否达到了极限状态。

（七）土压力监测

土压力监测是指通过埋藏在土桩侧壁土体中的压力传感器进行压力测量。

（八）孔隙水压力监测

孔隙水压力宜通过埋设钢弦式或应变式等孔隙水压力计进行测试。孔隙水压力计必须要埋藏在土中，而且在进行钻孔埋藏时，必须要用中细砂进行相应的填充，而不能采用注浆封孔。

（九）地下水位监测

地下水位监测技术主要是用电极传感器进行深基坑的监测。地下水位的变化对深基坑支护结构的稳定性具有重要的影响，这主要是由于外界强降水导致的地下水位的上升，使支护结构产生的土压力迅速增加，导致支护结构遭到破坏。由地下水位观察结果可知，如果地下水位明显下降，则可能是因为深基坑的开挖面发生了严重的渗透或者是开挖面底部发生了严重的渗流。

第四节　软土基础监测

一、软基概念及特点

软基是软弱地基的简称，主要是指由淤泥淤泥质土、未完成固结的冲填土、杂填土或其他高压缩性土层构成的地基，一般指由淤泥、淤泥质土形成的地基，处理软弱填土地基较少见。

由于软弱地基结构松散承载能力低、变形性大，渗透不稳定，抗滑稳定性差等特点，修建建筑物时，必须采取专门结构形式及工程处理措施。

二、软基处理常用方法

软基处理常用方法有：换填垫层法、桩类加固法、堆载预压法、真空预压法及堆载+真空联合预压法。

三、软基处理监测方法及特点

软基处理监测方法主要包括：沉降观测、十字板原位剪切试验、标准贯入原位测试、平板载荷试验、土工试验指标对比、地下水位观测、孔隙水压力监测、地基土分层沉降观测、土体位移监测等。换填垫层法及桩类地基处理法地基监测以沉降观测为主，预压法地基处理法地基监测对原位测试、土工试验、孔隙水压力监测、土体位移监测等进行综合监测，下面重点介绍预压法地基处理监测方法及分析。

（一）地表沉降观测

地表沉降观测即根据设置在处理地层中的随地基同步沉降的观测点与在观测时间内不产生沉降的控制点进行观测高程测量，并计算出沉降差。沉降观测点的位置应有代表性，一般处理域的四周角点及中心应布置观测点，如果处理面积较大，可按方格网布置，观测点的数量应能全面反映地基的变形并结合地质情况加以确定，不宜少于6个点。

沉降观测点一般由钢铁等不易变形的材料制成，一端埋入处理前地基一定深度，另一端露出地表，定期测量高程，前后两次高程差即前后两次测量时间内的沉降量。控制点宜设置在地基处理区域外外围的坚实地基或基岩中。

沉降观测应定时测量，提供每次测量的高程、最后两次的沉降差及总的沉降量，提供沉降随时间变化曲线，当沉降速率过快时应立即上报业主或业主委托的单位（如监理单位）。

（二）十字板原位剪切试验

十字板原位剪切试验的目的是通过地基处理前的十字板原位剪切试验强度与地基处理后的十字板原位剪切试验强度比较，计算地基强度的增强量。十字板原位剪切试验一般0.5米至1.0米试验1次，地理处理中及处理后的测试点应以地基处理前测试点为圆心进行布置，且距离2.0米左右，测试点的数量以设计单位的要求为准。

（三）标准贯入试验及土工试验

在地基处理前、处理中及处理后布置一定数量的钻探孔，对地基进行取样及标准贯入试验。土工试验目的是通过地基处理前的土工试验数据与地基处理后的土工试验数据比较，计算指标的增强量，取土间距一般在2米左右。标贯试验间距2.0米左右，计算标贯锤击数的增量。钻孔数量可根据工程地质条件及设计要求确定，一般不少于6个。

（四）平板载荷试验

在地基处理前、处理中及处理后布置一定的平板载荷试验，对地基进行承载力试验。试验目的是通过地基处理前的地基承载力与地基处理中及后的承载力比较，计算地基承载力的增强量。平板载荷试验的数量根据工程地质条件及设计要求确定，一般不少于3个。

（五）地下水位观测

在地基处理区域内布置一定数量的地下水位观测井，定期测量地下水位高程，以了解在地基处理中及处理后地下水变化的总趋势，以此反映地基土孔隙水压力的增长与消散规律。地下水位观测井的数量根据工程地质条件及设计要求确定，一般不少于3个。

（六）孔隙水压力监测

在地基处理区域内布置一定数量的孔隙水压力监测点，定期测量孔隙水压，地基孔隙水压力的增长与消散规律，反映了软基的排水固结特性及有效应力变化规律。孔隙水压力监测点的数量根据工程地质条件及设计要求确定，一般不少于3个。

（七）孔隙水压力监测

在地基处理区域内布置一定数量的孔隙水压力监测点，定期测量孔隙水压，地基孔隙水压力的增长与消散规律，以此反映软基的排水固结特性及有效应力变化规律。孔隙水压力监测点的数量根据工程地质条件及设计要求确定，一般不少于3个。

（八）地基土分层沉降观测

（1）在地基处理区域内布置一定数量的地基土分层沉降观测点，通过对分层沉降监测数据结果的分析，了解土体沉降的分布深度，以评价地基处理效果。

（2）孔隙水压力监测点的点位数量与深度应根据分层土的分布情况确定，每一土层应设一点，最浅的点位应在地基处理表面以下50cm处，最深的点位应设在超过地基处理理论厚度处或设在压缩性低的砾石或岩石层上。

（九）土体水平位移监测

在地基处理区域内布置一定数量的土体水平位移监测点，了解土体在水平方向位移变化的规律及深度。水平土体位移监测点的数量根据工程地质条件及地基处理位置确定。

四、监测数据处理及指标选用

（1）对各地基处理监测方法所取得的数据进行分析统计，一般情况下取其平均值，对十字板剪切指标、抗剪强度指标取其标准值，对平板载荷试验取特征值。必须注意的是，应对设置的监测点及时进行检查，如发现移动，则数据采集终止。

（2）各种监测方法的数据应相互验证，一般情况下，得出的结论基本一致。

第五节 探地雷达岩土监测技术

探地雷达又名地质雷达，它是一种高分辨率电磁方法，通过高频电磁波束反射来探测地下目标物，该方法也被称为脉冲微波法、脉冲无线电频率法等，基于地下隧道、矿业的发展，美国军方开始探究地下雷达技术。在污染防治方面，地下雷达技术可应用于地下水域土壤中污染物的检测，该技术能够清晰地为现场提供剖面截图，图像的清晰度、分辨率较高。探地雷达技术是一种新型的技术方法，能为地下工程提供精确的图像与数据，具有较高的应用价值，极大地推动了矿业、考古等领域的发展。

一、探地雷达技术的探测原理

现阶段，我国经济发展进入中高度发展阶段，总体经济状况平稳运行。随着工程建设项目数量的增多，工程建设的质量成为人们关注的重要问题，传统的检测方法很难达到当前的施工水平，因此无损检测技术应运而生，探地雷达作为非破坏性的地球物理检测技术，受到工程技术人员的推崇，同时该技术已被广泛运用于岩土工程、地基工程、隧道工程，并已取得一定的成果。探测雷达技术采用高频电磁波技术，将天线从地面输送到地下，经目标物反射后回到地面，同时地面的另一天线负责接收信号。

脉冲波的双程方向是通过反射脉冲测得的时间，再通过上述公式求出反应物的深度。具体而言，脉冲波的双程走时由反射脉冲相对于发射脉冲的延时而确定，依照发射高频电磁波产生反射波探测地下地质结构。然后通过发射天线电磁波以60° ~90° 的波束角向地下发射电磁波，电磁波在传播途中遇到电性分界面产生反射。反射波被设置在某一固定位置的接收天线（Rx）接收，与此同时接收天线还接收到沿岩层表层传播的直达波，反射波和直达波同时被接收机记录或在终端将两种显示出来。

二、岩石工程中探地雷达监测技术分析

施工前期，工作人员要探测工程区域内岩土物质的大体分布情况，并清楚掌握其中的物理学原理，了解其中的影响因素。在岩土工程勘测过程中，工程师应指导工程试验工作的完成。基于钻探是一项耗时性工作，且该工作的预算有着严格的要求，而运用探地雷达能精准扫描检测浅层地质分布的具体情况，从而指导工程师做好事前的勘测工作。实践证明，探地雷达与钻探参照孔的良好融合能提高数据的准确性。

采用探地雷达勘测岩土的基本步骤为：

（一）建立目标勘测区坐标确定测线的水平位置

测线布置原则：若测线目标是一维体，假设管线方向已知，应遵循测线垂直管线长轴的原则；若管线方向未知，则需要遵循测线与管线呈方格网原则；如果测线目标是二维体，需遵循测线与二维整体走向垂直，根据二维走向的变化程度调整线距：当目的物的体积较小时，应根据先大网格后小网格的原则来确定目的物的范围。

（二）测试方法的制定

测试方法一般可分为三种：投射法、剖面法、宽角法。

（三）选择测量参数

探地雷达的参数并非一成不变的，需要根据实际情况选择、设置并测量参数。参数的选择对测量结果的精确度有直接影响，通常情况下，选择探地雷达的测量数据时需要考虑以下几个方面：

1.目的体的深度与体积影响

天线中心，在场地许可且分辨率高的情况下，应选择中心频率较低的天线，否则，应选择中心频率较高的天线。

2.时窗

时窗长度可由下面公式估算：

$$W=1.3\times(2\times hmax/v) \qquad (6\text{–}1)$$

式中：*w*——时窗，单位是ns；

hmax——最大探测深度，单位是m/ms。

从公式中可以看出，最大探测深度和地层电磁波速度影响时窗的选择，两者呈反相关性，*v*越大，*W*越小，考虑到*hmax*和*v*的变化，一般在选择时窗时都预留30%以上的余量。

3.扫描点数

探地雷达在接收到地下的反射后，由于地上另一根天线所反映出的图像是波形曲线图，为了提高数据的准确性，一般情况下，为保证将频率控制在一定范围内，需设置多个采样点。

4.扫描速率

扫描速率指每秒的扫描次数，具体是由扫描线的密集程度呈现的，如果扫描线较为密集，可以通过提高天线移动的速度，进而扩大采集范围，为了保证采集的扫描线符合后续工作分析的要求，要确保同一探测范围内至少有20条扫描线。

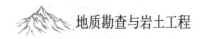

（四）估计与标定电磁波速

正如下面公式所示，h代表雷达探测目标的深度，t为反射时间，v为电磁波速，t与v呈负相关，t与v和h呈正相关，t值主要受到探地雷达设备的影响，而v值是影响探测精度的主要参数，可以从以下几个方面估算v值：

$$h=t\times v \tag{6-2}$$

式中：h——雷达探测目标的深度，单位m；

t——反射时间，单位s；

v——电磁波速，m/s。

（1）测量对象材质的介电常数，利用公式进行估算。

（2）根据已知埋深物体的反射走时进行估算。

（3）根据地下点孤立日标产生的反射双曲线进行估算。

（五）利用数字化技术处理雷达图像

尽管探地雷达能够为我们呈现高清晰度的图像，但是这种图像并不能为工作人员呈现直接的结果，所以，要对采集到的雷达图形进行数字化技术的处理，其处理过程要经过预处理、偏移处理。所谓的预处理是处理数字滤波，高通、带通以及低通、中值滤波；偏移处理是在射线理论基础上的偏移归位方法。另外，特殊的数据处理方法有分析复信号、瞬时振幅、瞬时频率。

（六）解释雷达图像

在处理完雷达图像后，要对雷达剖面图像进行合理解读、解释，因为被测介质上电量存在差异，所以要在图中找到相对应的反射波。在追踪同一界面的发射波形时，应注意同性、振幅的变化以及相应波形的特点。水平电性分界层的反射波组，一般存在相对应的光滑平行的同向轴，这体现的就是反射波形的同向性。如果反射界面两侧介质存在差异，将会出现不同的振幅，但振幅仍然遵循一般显著性变化，例如混凝土-空气，振幅不反向；混凝土-水界面-空气，振幅反向；混凝土-钢筋-空气，振幅反向；空气-混凝土，振幅反向。波形特征分析需要根据不同的介质以及不同的结构特性来判断，同时不同的介质所表现出来的频谱特征也会存在明显的差异。

三、探地雷达技术的应用分析

我国在探地雷达方面已有多年的经验，并已取得众多研究成果，储备了较多经验丰富的经验性人才。

（一）探地雷达技术研究

从理论层面出发，目前的主要问题仍然主要聚集在信号的处理上，技术人员为了更好地区分图像以及解释地质，一般会选择比较先进的数据处理方法。例如：处理小波分析法、小波分形法。因为探地雷达接收到的信号较为繁杂，所以当脉冲电磁波直接通向地下介质时，致使低下波形波幅发生改变。脉冲余震、地表不光滑等各个方面都可能导致出现散射或者干扰剖面旁侧绕射等问题，从而使实际记录图像的分辨率较低，在信号处理过程中，要做好时间波形的处理，同时也应探讨聚焦技术。通过相应增加集中目标体，提高数值处理技术，从而增强地面反射体波形的特点。

（二）探地雷达探测技术的应用

随着现代化科技的发展，我国雷达技术的发展也取得重大进步。目前我国已经拥有了多台探地雷达，在某种程度上可以覆盖全国各个部门。如学校、铁路以及国家研究院等已经运用了探地雷达技术。随着雷达探测技术研究的不断深入，探地雷达技术的应用范围将进一步扩大。

（三）探地雷达主要涉及的区域

1.建筑工程质量检测

该区域属于探地雷达运用范围最广且最有效的区域，主要将探地雷达技术运用于工程质量检测，其主要的要求是保证数据精准有效，但是由于很多探测对象较为隐蔽，常用的方法难以获得精准的数据，而探地雷达技术能较好地解决该问题。常规的解释与工程缺陷部门的介质具有明显的不同，因此，可以采用雷达探测技术发现施工过程中的质量缺陷等问题，从而保证工程建设的质量。另外，探地雷达技术还能监测土体含水量、混凝土浇筑质量，也能指导建筑物的结构、混凝土保护层厚度等方面检测工作。

2.城市基础设施探测与检测

城市基础设施检测包括金属与非金属管线探测，城市路面坍塌检测等，因城市中存在众多干扰源，所以常用的探测防范很难检测城市基础设施状况，然后探地雷达技术在检测与探测城市基础设施上具有众多优势，它能有效屏蔽城市中存在的干扰源，高速精准的探测点在检测城市基础设施上发挥着重大作用。同时，探地地雷技术在地基与桩基等基础工程检测方面取得了重大成就，当前工程技术人员更倾向于将探地雷达技术应用到地基加固层面，旨在通过精准的探测提高地基的稳定性与安全性。

3.环境检测

近年来，随着全球对环境保护日益重视，我国也在积极倡导建设绿水青山，发展绿色环保的现代化产业，为减少工业化发展对环境的污染，提高空气质量，环境保护部门开始将探地雷达技术应用到环境检测方面，主要检测的内容包括：检测农业土壤、探测水污染的污染范围，探测地下储油罐的存放位置以及汽油、柴油的泄漏点等。探测雷达技术能有效地探测现场污染的范围与具体位置，为环保工作的开展提供了极大的便利，助力环境保护事业的发展。

四、探地雷达技术存在的问题

一般情况下，探地雷达技术在探测分辨率层面超过其他物理方法，通过运用高频宽带频带短脉冲电磁波与高速采样技术，在工程探测与基础设施检测上，其精度与检测效率要大大超过其他检测方法。尽管探地雷达技术存在较多的优势，但是探地雷达技术也存在一定的缺陷，例如在实际运用中存在一定的约束性，需要工程技术做出进一步的探究与分析，如：如何提升发射功率以及发射效率，怎样加大探测深度；怎样提升雷达图像的分辨率；怎样压制探测现场的干扰信号灯，这些都是探地雷达技术在探测工作亟待解决的问题。探地雷达技术可以应用的范围与领域十分广泛，部分检测区域对于探地雷达技术的要求较高。因此，工程技术人员应不断地提升与完善探地雷达技术，提升探地雷达探测强衰减介质以及解决多区域工程实际问题的能力。

为解决探地雷达技术在应用层面上存在的弊端，有以下几个方面需要注意：首先，探地雷达技术的技术研发人员或者技术生产厂家，必须在雷达主机以及天线等层面开展有针对性的变革与设计，逐步提高探地雷达技术中电磁波的穿透力，从而满足更高要求的探测标准，同时，要积极与中国电波传播研究展开合作，共同研制相控阵雷达，这也是探地雷达技术不断变革完善的开端；其次，创新数据采集技术，尤其是在采集低噪音数据或者收发机数据时，保证数据采集的清晰度与准确性，保证探测工作取得显著成果。

第六节　GPS及BDS监测技术

一、GPS检测技术

（一）GPS变形监测的概要

1.有关GPS变形监测的模式

当变形体的变形速率缓慢时，或者在当地的空间范围和时间范围内有细微的差距出现时，我们能够使用GPS变形监测，而监测的周期频率所需要的时间有长有短，可以是一个月也可以是很多年，它的监测对象可以是滑坡体、地震活跃区、大坝等。我们需要根据同一个测量监测点在两个或多个观测周期之间的变化大小来确定情况。或者使用GPS静态相对定位测量方法，将两个或两个以上的GPS接收器放置在观测点，同时观察一段时间。

2.GPS变形监测数据处理

GPS监测中所需要进行的数据处理主要是针对监测网的解算和平方差进行计算。其中瑞士伯恩大学和GAMITGLOBK软件开发公司开发的软件，伯恩的技术麻省理工学院计算GPS基准网基线，使用IGS精密星历。该软件的调整主要是采用动乐科研办公软件，此类软件从两个不同的方面对GPS进行数据处理，一是原始数据处理的GPS基线解算，获得同步观测；二是解决了同步的整体调整和分析，获得GPS网络的整体解决方案。对于监测点的计算，可以选择“直接提取变形GPS高精度计算软件”。

3.GPS变形监测问题

GPS变形监测并非完美无缺的，在许多方面也有不足，以下便是其中存在的几个问题：

（1）因为卫星信号受到遮挡从而导致信息无法得到有效的接收，所以GPS变形监测的精确性和安全性不一定可靠。

（2）当利用GPS点进行变形监测时，仅仅可以得到变形体的离散点数据，不能够得到其表面的全部数据。

（3）到现在为止，GPS的监测水准在水平方向和垂直方向精确度不同，二者中水平方向位移的精确度很高，然而它在垂直方向上位移的精度很差，所以不适合测量在水平位移和垂直位移上都有极高要求的变形体。由此可见，GPS变形监测在不少方面有缺陷，在使用时要以实际情况为主，再以RS、GIS等技术作为辅助，以此来提高监测精准度。

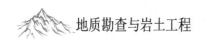

（二）GPS变形监测技术现状

1.在线实时分析系统

在GPS、无线电传输及GIS（Geographic Information System或 Geo—Information system）、RS（Remote Sensing）等技术不断进步的情况下，针对山体滑坡和区域性地壳变形、多层建筑的监测，着手创立实时的在线动态变形监测分析系统是一个非常重要且极为明智的选择。在线动态变形监测分析系统由采集数据、有线传输、数据无线和数据分析处理等方面组成。它可以通过动态监测，借助无线电的传输技术，适时地将信息传输到终端，并且可以借助GIS进行数据处理，从而得到动态实时分析变形的结果，进而得出分析变形的规律、现状及其发展方向，以真实可靠的科学依据实现了防灾减灾。此外，由于不少学者使用VisualBasic6.0可视化工具，从而实现GPS与GIS的相互融合、优势互补，进而使得远程变形监测智能预警系统成功建立。

2.结合小波分析GPS变形监测

GPS在应用于大型建筑、水利设施形变监测时，受到外界各种噪声的影响，给测量结果带来一定的误差，使得变形监测结果存在一种多波段的混合波，严重影响了监测结果的精度。为了克服经典Fourier分析不能描述信号时频特征的缺陷，可利用小波变换在低频部分具有较高的频率分辨率和较低的时间分辨率、在高频部分具有较高的时间分辨率和较低的频率分辨率的特点，将其运用到GPS动态变形分析，实现GPS动态监测数据的滤波、变形特征信息的提取以及不同变形频率的分离。通过研究发现，小波分析能有效处理监测数据中存在的噪声和粗差识别问题，对于大坝后期变形特征提取效果较好，处理后的数据规律、直观，能够直接反映变形体变形趋势。

3.建立3S集成变形监测系统

为了克服GPS变形监测中信号差和垂直位移监测精度低，噪声干扰等问题的局限性，所以，根据变形监测的特定对象，GPS技术可以用RS和GIS技术相结合，3秒一体化集成变形监测体系。技术如GPS和INSAR（Interferometric Synthetic Aperture Radar）技术的综合建筑变形监测系统，实现全动态测量精度四维变形，已应用于变形监测的高速公路采空区。GPS和GLONASS组合定位，计算双差模糊的定位，引入相对定位精度，提高定位精度的可靠性。

二、BDS监测技术

传统的地表沉降监测方法通常利用全站仪、水准仪等光学仪器对沉降区进行水平和垂直方向的位移测定。这种测量方式不仅工作量大、过程复杂，而且具有一定的局限性，很难满足沉降预警管理的要求。由于北斗卫星导航系统（BeiDou Navigation Satellite System，BDS）具有定位快，全天候，自动化，测站之间无须通视，同时测定三维坐标，测量精度高等特点，这是普通人工借助光学仪器测量地质沉降的技术无法比拟的，高精度北斗监测地质沉降技术具有很强的先进性和实用性。

北斗地表沉降安全监测系统将BDS实时获取高精度空间信息和各类传感器技术进行了集成，实现了对地表沉降的实时监测、综合分析、分级预警及预测评估等功能，有利于提前发现安全隐患，为管理者的地表沉降防治工作提供了决策依据。该系统的设计与实现，不仅可以实现传统手段无法实现的自动实时监测，为研究和控制地面沉降提供准确、可靠的资料，更可作为北斗技术的行业示范应用，推动北斗这一项国家战略新兴产业的发展。

第七节　边坡工程监测

一、概述

（一）边坡工程监测的意义

从岩土力学的角度来看，边坡处治是通过某种结构人为给边坡岩土体施加一个外力作用或者通过人为改善原有边坡的环境，最终使其达到一定的力学平衡状态。但由于边坡内部岩土力学作用的复杂性，从地质勘察到处置设计均不可能完全考虑边坡内部的真实力学效应，相关的设计都是在很大程度的简化计算上进行的。为了反映边坡岩土真实力学效应、检验设计施工的可靠性和处治后的边坡的稳定状态，开展边坡工程防治监测具有极其重要的意义。

边坡处治监测的主要任务就是检验设计施工、确保安全，通过监测数据反演分析边坡的内部力学作用，同时积累丰富的资料为其他边坡设计和施工提供参考。边坡工程监测的作用在于：

（1）为边坡设计提供必要的岩土工程和水文地质等技术资料。

（2）边坡监测可获得更充分的地质资料（应用测斜仪进行监测和无线边坡监测系统监测等）和边坡发展的动态，从而圈定可疑边坡的不稳定区段。

（3）通过边坡监测，确定不稳定边坡的滑落模式，确定不稳定边坡滑移方向和速度，掌握边坡发展变化规律，为采取必要的防护措施提供重要的依据。

（4）通过对边坡加固工程的监测，评价治理措施的质量和效果。

（5）为边坡的稳定性分析提供重要依据。

边坡工程监测是边坡研究工作的一项重要内容，随着科学技术的发展，各种先进的监测仪器设备、监测方法和监测手段的不断更新，边坡监测工作的水平正在不断地提高。

（二）边坡工程监测的内容与方法

边坡处治监测包括施工安全监测、处置效果监测和动态长期监测。一般以施工安全监测和处治效果监测为主。

施工安全监测是在施工期对边坡的位移、应力、地下水等进行监测，监测结果作为指导施工、反馈设计的重要依据，是实施信息化施工的重要内容。施工安全监测将对边坡体进行实时监控，以了解由于工程扰动等因素对边坡体的影响，及时地指导工程实施、调整工程部署、安排施工进度等。在进行施工安全监测时，测点布置在边坡体稳定性差，或工程扰动大的部位，力求形成完整的剖面，采用多种手段互相验证和补充。边坡施工安全监测包括地面变形监测、地表裂缝监测、滑动深部位移监测、地下水位监测、孔隙水压力监测、地应力监测等内容。施工安全监测的数据采集原则上采用24h自动实时观测方式进行，以使监测信息能及时地反映边坡体变形破坏特征，供有关方面作出决断。如果边坡稳定性好，工程扰动小，可采用8～24h观测一次的方式进行。

边坡处治效果监测是检验边坡处治设计和施工效果、判断边坡处治后的稳定性的重要手段。一方面可以了解边坡体变形破坏特征，另一方面可以针对实施的工程进行监测，例如，监测预应力锚索应力值的变化、抗滑桩的变形和土压力、排水系统的过流能力等，以直接了解工程实施效果。通常结合施工安全和长期监测进行，以了解工程实施后，边坡体的变化特征，为工程的竣工验收提供科学依据。边坡处治效果监测时间长度一般要求不少于一年，数据采集时间间隔一般为7～10天，在外界扰动较大时，如暴雨期间，可加密观测次数。

边坡长期监测将在防治工程竣工后，对边坡体进行动态跟踪，了解边坡体稳定性变化特征。长期监测主要对一类边坡防治工程进行。边坡长期监测一般沿边坡主剖面进行，监测点的布置少于施工安全监测和防治效果监测；监测内容主要包括滑带深部位移监测、地下水位监测和地面变形监测。数据采集时间间隔一般为l0～15天。

边坡监测的具体内容应根据边坡的等级、地质及支护结构的特点进行考虑，通常对于一类边坡防治工程，建立地表和深部相结合的综合立体监测网，并与长期监测相结合；对于二类边坡防治工程；在施工期间建立安全监测和防治效果监测点，同时建立以群测为主的长期监测点；对于三类边坡防治工程，建立以群测为主的简易长期监测点。

边坡监测方法一般包括：地表大地变形监测、地表裂缝位错监测、地面倾斜监测、裂缝多点位移监测、边坡深部位移监测、地下水监测、孔隙水压力监测、边坡地应力监测等。

（三）边坡工程监测计划与实施

1.边坡处治监测计划

边坡处治监测计划应综合施工、地质、测试等方面的要求，由设计人员完成。量测计划应根据边坡地质地形条件、支护结构类型和参数、施工方法和其他有关条件制定。监测计划一般应包括下列内容：

（1）监测项目、方法及测点或测网的选定，测点位置、量测频率，量测仪器和元件的选定及其精度和率定方法，测点埋设时间等。

（2）量测数据的记录格式，表达量测结果的格式，量测精度确认的方法。

（3）量测数据的处理方法。

（4）量测数据的大致范围，作为异常判断的依据。

（5）从初期量测值预测最终量测值的方法，综合判断边坡稳定的依据。

（6）量测管理方法及异常情况对策。

（7）利用反馈信息修正设计的方法。

（8）传感器埋设设计。

（9）固定元件的结构设计和测试元件的附件设计。

（10）测网布置图和文字说明。

（11）监测设计说明书。

2.计划实施

计划实施须解决如下三个关键问题：

（1）获得满足精度要求和可信赖的监测信息。

（2）正确进行边坡稳定性预测。

（3）建立管理体制和相应管理基准，进行日常量测管理。

（四）边坡工程监测的基本要求

边坡监测方法的确定、仪器的选择既要考虑到能反映边坡体的变形动态，同时必须考虑到仪器维护方便和节省投资。由于边坡所处的环境较为恶劣，选用仪器应遵循以下原则：

（1）仪器的可靠性和长期稳定性好；

（2）仪器有能与边坡体变形相适应的足够的量测精度；

（3）仪器对施工安全监测和防治效果监测精度和灵敏度较高；

（4）仪器在长期监测中具有防风、防雨、防潮、防震、防雷等与环境相适应的性能；

（5）边坡监测系统包括仪器埋设、数据采集、存储和传输、数据处理、预测预报等；

（6）所采用的监测仪器必须经过国家有关计量部门标定，并具有相应的质检报告；

（7）边坡监测应采用先进的方法和技术，同时应与群测群防相结合；

（8）监测数据的采集尽可能采用自动化方式，数据处理须在计算机上进行，包括建立监测数据库、数据和图形处理系统、趋势预报模型、险情预警系统等；

（9）监测设计须提供边坡体险情预警标准，并在施工过程中逐步加以完善。监测方须半月或一月一次定期向建设单位、监理方、设计方和施工方提交监测报告，必要时，可提交实时监测数据。

二、边坡的变形监测

边坡岩土体的破坏，一般不是突然发生的，破坏前总是有相当长时间的变形发展期。通过对边坡岩土体的变形量测，不但可以预测预报边坡的失稳滑动，同时还可以运用变形的动态变化规律检验边坡处置设计的准确性。边坡变形监测包括地表大地变形监测、地表裂缝位错位移监测、地面倾斜监测、裂缝多点位移监测、边坡深部位移监测等项目内容。对于实际工程，应根据边坡具体情况设计位移监测项目和测点。

（一）地表大地变形量测

地表大地变形监测是边坡监测中常用的方法。地表位移监测则是在稳定的地段测量标准（基准点），在被测量的地段上设置若干个监测点（观测标桩）或设置有传感器的监测点，用仪器定期监测测点和基准点的位移变化或用无线边坡监测系统进行监测。

地表位移监测通常应用的仪器有两类：一是大地测量（精度高的）仪器，如红外仪、经纬仪、水准仪、全站仪、GPS等，这类仪器只能定期监测地表位移，不能连续监测地表位移变化。当地表明显出现裂隙及地表位移速度加快时，使用大地测量仪器定期测量显然无法满足工程需要，这时应采用能连续监测的设备，如全自动全天候的无线边坡监测系统等。二是专门用于边坡变形监测的设备：如裂缝计、钢带和标桩、地表位移伸长计和全自动无线边坡监测系统等。测量的内容包括边坡体水平位移、垂直位移以及变化速率。点位误差要求不超过 ±2.6～5.4mm，水准测量每公里误差 ±1.0～1.5mm。对于土质边坡，精度可适当降低，但要求水准测量每公里误差不超过 ±3.0mm。边坡地表变形观测通常可以采用十字交叉网法，适用于滑体小、窄而长，滑动主轴位置明显的边坡；放射状网法适用于比较开阔、范围不大，在边坡两侧或上、下方有突出的山包能使测站通视全网的地形；任意观测网法用于地形复杂的大型边坡。

边坡表面张性裂缝的出现和发展，往往是边坡岩土体即将失稳破坏的前兆信号，因此这种裂缝一旦出现，必须对其进行监测。监测的内容包括裂缝的拉开速度和两端扩展情况，如果速度突然增大或裂缝外侧岩土体出现显著的垂直下降位移或转动，预示着边坡即将失稳破坏。

地表裂缝位错可采用伸缩仪、位错计或千分卡直接量测。测量精度0.1～1.0mm。对于规模小、性质简单的边坡，采用在裂缝两侧设桩、设固定标尺或在建筑物裂缝两侧贴片等方法，均可直接量得位移量。

对边坡位移的观测资料应及时进行整理和核对，并绘制边坡观测桩的升降高程、平面位移矢量图，作为分析的基本资料。从位移资料的分析和整理中可以判别或确定边坡体上的局部移动、滑带变形、滑动周界等，并预测边坡的稳定性。

（二）边坡深部位移量测

边坡深部位移监测是监测边坡体整体变形的重要方法，将指导防治工程的实施和效果检验。传统的地表测量具有范围大、精度高等优点；裂缝测量也因其直观性强，方便适用等特点而得到广泛应用，但它们都有一个无法克服的弱点，即它们不能测到边坡岩土体内部的蠕变，因而无法预知滑动控制面。而深部位移测量能弥补这一缺陷，它可以了解边坡深部，特别是滑带的位移情况。

边坡岩土体内部位移监测手段较多，目前国内使用较多的主要有钻孔引伸仪和钻孔倾斜仪两大类。钻孔引伸仪（或钻孔多点伸长计）是一种传统的测定岩土体沿钻孔轴向移动的装置，它适用于位移较大的滑体监测。例如武汉岩土力学所研制的WRM-3型多点伸长计，这种仪器性能较稳定，价格便宜，但钻孔太深时不好安装，且孔内安装较复杂；其最大的缺点就是不能准确地确定滑动面的位置。钻孔引伸仪根据埋设情况可分为埋设式和移动式两种；根据位移仪测试表的不同又可分为机械式和电阻式。埋设式多点位移计安装在钻孔内以后就不再取出，由于埋设投资大，测量的点数有限，因此又出现了移动式。

钻孔倾斜仪运用于边坡工程的时间不长，它是测量垂直钻孔内测点相对于孔底的位移（钻孔径向）。观测仪器一般稳定可靠，测量深度可达百米，且能连续测出钻孔不同深度的相对位移的大小和方向。因此，这类仪器是观测岩土体深部位移、确定潜在滑动面和研究边坡变形规律较理想的手段，目前在边坡深部位移量测中得到广泛应用。如大冶铁矿边坡、长江新滩滑坡、黄蜡石滑坡、链子崖岩体破坏等均运用了此类仪器进行岩土深层位移观测。钻孔倾斜仪由四大部件组成：测量探头、传输电缆、读数仪及测量导管。

其工作原理是：利用仪器探头内的伺服加速度测量埋设于岩土体内的导管沿孔深的斜率变化。由于它是自孔底向上逐点连续测量的，所以，任意两点之间斜率变化累积反映了这两点之间的相互水平变位。通过定期重复测量可确定岩土体变形的大小和方向。从位移—深度关系曲线随时间的变化中可以很容易地找出滑动面的位置，同时对滑移的位移大小及速率进行估计。

钻孔倾斜仪测量成功与否，很大程度上取决于导管的安装质量。导管的安装包括钻孔的形成、导管的吊装以及回填灌浆。

钻孔是实施倾斜仪测量的必要条件，钻孔质量将直接影响到安装的质量和后续测量。因此要求钻孔尽可能垂直并保持孔壁平整。如在岩土体内成孔困难时，可采用套管护孔。钻孔除应达到上述要求外，还必须穿过可能的滑动面，进入稳定的岩层内（因为钻孔内所有点的测量均是以孔底为参考点的，如果该点不是“不动点”将导致整个测量结果的较大误差），一般要求进入稳定岩体的深度不小于5～6m。

成孔后，应立即安装测斜导管，安装前应检验钻孔是否满足预定要求，尤其是在岩土体条件较差的地方更应如此，防止钻孔内某些部位可能发生塌落或其他问题，导致测量导管无法达到预定的深度。测量导管一般是2～3m一根的铝管或塑料管，在安装过程中由操作人员逐根用接头管铆接并密封下放至孔底。当孔深较大时，为保证安装质量，应尽可能利用卷扬机吊装以保证导管能以匀速下放至孔底。整个操作过程比较简单，但往往会因操作人员疏忽大意而导致严重后果。

（1）一般情况下，在吊装过程中可能出现的问题有：①由于导管本身的质量或运输过程中的挤压造成导管端部变形，使得两两导管在接头管内不能对接（即相邻两导管紧靠）。粗心的操作人员往往会因对接困难而放弃努力，而当一部分导管进入接头管后就实施铆接、密封。这样做对深度不大的孔后果可能不致太严重，但当孔深很大时，可能会因铆钉承受过大的导管自重而被剪断（对于完全对接的导管铆钉是不承受多大剪力的）。这样做的另一隐患就是：由于没有完全对接，在导管内壁两导管间形成的凹槽可能会在以后测量时卡住测量探头上的导轮。所以，应尽量避免这种情况发生，通常的办法是在地面逐根检查。②由于操作不细心，密封不严，致使回填灌浆时浆液渗进导管堵塞导槽甚至整个钻孔，避免出现这一情况的唯一办法是熟练、负责地进行操作。

导管全部吊装完后，钻孔与导管外壁之间的空隙必须回填灌浆，保证导管与周围岩体的变形一致。通常采用的办法是回填水泥砂浆。对于岩体完整性较好的钻孔，采用压力泵灌浆效果无疑是最佳的，但当岩体破碎、裂隙发育甚至与大裂隙或溶洞贯通时，可考虑使用无压灌浆，即利用浆液自重回填整个钻孔，但选择这种方法灌浆时应相当谨慎。首先要保证浆液流至孔底，检验浆液是否流至孔底或是否达到某个深度的办法是在这些特定位置预设一些检验装置（例如根据水位计原理设计的某些简易装置）。当实施无压灌浆浆液流失仍十分严重时，可考虑适当调整水泥稠度，甚至往孔内投放少许干砂做阻漏层直至回填灌满。

所有准备工作完成后，便可进行现场测试。由于钻孔倾斜仪资料的整理都是相对于一组初始测值来进行的，故初始值的建立相当重要。一般应在回填材料完全固结后读数，而且最好是进行多次读数以建立一组可靠的基准值。读数的方法是：对每对导槽进行正、反方向两次读数，这样的读数方法可检查每点读数的可靠性，当两次读数的绝对值相等时，应重新读数以消除可能由记录不准带来的误差。从仪器上直接读取的是一个电压信号，然后根据系统提供的转换关系得到各点的位移。逐点累加则可得到孔口表面处相对于孔底的位移。

在分析评价倾斜仪成果时，应综合地质资料，尤其是钻孔岩芯描述资料加以分析，如果位移—深度曲线上斜率突变处恰好与地质上的构造相吻合时，可认为该处即是滑坡的控制面，在分析位移随时间的变化规律时地下水位资料及降雨资料也是应加以考虑的。

（2）测量位移与实际位移之间包含有一定的误差，误差的来源有两个：一是仪器本身的误差，这是用户无法消除的；二就是资料的整理方法，在整理钻孔倾斜仪资料时，人为地做了两个假定：①孔底是不动的；②导管横断面上两对导槽的方位角沿深度是不变的，即导管沿孔深没有扭转。在大多数情况下这两个条件是难以严格满足的，虽然第一个条件可能通过加大孔深来满足，但后一个条件往往难以满足，尤其是在钻孔很深时。有资料表明：对于铝管，由于厂家的生产精度和现场安装工艺等因素，导管在钻孔内的扭转可达到1°/3m。也就是说，实际上是导槽沿深度构成的面并非平面而是一个空间扭曲面，因此，测量得到的每个点的位移实际上并非同一方向的位移。而根据假设将它们视为同一方向进行不断累加必然带来误差。消除这一误差的办法是利用测扭仪器测量各数据点处导槽的方位角，然后将用倾斜仪得到的各点位移按此方位角向预定坐标平面投影，这样处理得到的各点位移才是该平面的真实位移。这时，孔中表面点的位移大致上反映了该点的真正位移。

（三）边坡变形量测资料的处理与分析

边坡变形测量数据的处理与分析，是边坡监测数据管理系统中一个重要的研究内容，可用于对边坡未来的状况进行预报、预警。边坡变形数据的处理可以分为两个阶段，一是对边坡变形监测的原始数据的处理，该项处理主要是对边坡变形测试数据进行干扰消除，以获取真实有效的边坡变形数据，这一阶段可以称作对边坡变形量测数据的预处理；二是运用边坡变形量测数据分析边坡的稳定性现状，并预测可能出现的边坡破坏，建立预测模型。

1.边坡变形量测数据的预处理

在自然及人工边坡的监测中，各种监测手段所测出的位移历时曲线均不是标准的光滑曲线。由于受到各种随机因素的影响，例如测量误差、开挖爆破、气候变化等，绘制的曲线往往具有不同程度的波动、起伏和突变，多为振荡型曲线，使观测曲线的总体规律在一定程度上被掩盖，尤其是那些位移速率较小的变形体，所测的数据受外界影响较大，使位移历时曲线的振荡表现更为明显。因此，去掉干扰部分，增强获得的信息，使具突变效应的曲线变为等效的光滑曲线显得十分必要，它有利于判定不稳定边坡的变形阶段及进一步建立其失稳的预报模型。目前在边坡变形量测数据的预处理中较为有效的方法是采用滤波技术。

在绘制变形测点的位移历时过程曲线中，反复运用离散数据的邻点中值作平滑处理，使原来的振荡曲线变为光滑曲线，而中值平滑处理就是取两相邻离散点之中点作为新的离散数据。

平滑滤波过程是先用每次监测的原始值算出每次的绝对位移量，并作出时间-位移过程曲线，该曲线一般为振荡曲线，然后对位移数据作6次平滑处理后，可以获得有规律的光滑曲线。

2.边坡变形状态的判定

一般而言，边坡变形典型的位移历时曲线分为三个阶段：

第一阶段为初始阶段，边坡处于减速变形状态；变形速率逐渐减小，而位移逐渐增大，其位移历时曲线由陡变缓。从曲线几何上分析，曲线的切线由小变大。

第二阶段为稳定阶段，又称为边坡等速变形阶段；变形速率趋于常值，位移历时曲线近似为一直线段。直线段切线角及速率近似恒值，表征为等速变形状态。

第三阶段为非稳定阶段，又称加速变形阶段；变形速率逐渐增大，位移历时曲线由缓变陡，因此曲线反应为加速变形状态，同时亦可看出切线角随速率的增大而增大。

位移历时曲线切线角的增减可反映速度的变化。若切线角不断增大，说明变形速度也不断增大，即变形处于加速阶段；反之，则处于减速变形阶段；若切线角保持一常数不变，亦即变形速率保持不变，处于等速变形状态。根据这一特点可以判定边坡的变形状态。具体分析步骤如下：

首先分别算出滤波获得的位移历时曲线上每个点的切线角。

3.边坡变形的预测分析

经过滤波处理的变形观测数据除可以直接用于边坡变形状态的定性判定外，更主要的是可以用于边坡变形或滑动的定量预测。定量预测需要选择恰当的分析模型。通常可以采用确定性模型和统计模型，但在边坡监测中，由于边坡滑动往往是一个极其复杂的发展演化过程，采用确定性模型进行定量分析和预报是非常困难的。因此目前常用的手段还是传统的统计分析模型。

统计模型有两种，一种是多元回归模型，另一种是近年发展起来的非线性回归模型。多元回归模型的优点是能逐步筛选回归因子，但除了时间因素外，对其他因素的分析仍然非常困难和少见。非线性回归模型在许多的情况下能较好地拟合观测数据，但使用非线性回归的关键是如何选择合适的非线性模型及参数。

在对整个边坡的各监测点进行回归分析，求出各参数后就可以根据各参数值对整个边坡状态进行综合定量分析和预测。通常情况下，非线性回归比线性回归更能直观反映边坡的滑动规律和滑动过程，并且在绝大多数情况下，非线性回归模型更有利于对边坡滑动的整体分析和预测，这对变形观测资料的物理解释有着十分重要的理论与实际意义。

三、边坡应力监测

在边坡处治监测中的应力监测包括边坡内部应力监测、支护结构应力监测、锚杆（索）预应力监测。

（一）边坡内部应力监测

边坡内部应力监测可通过压力盒量测滑带承重阻滑受力和支挡结构（如抗滑桩等）受力，以了解边坡体传递给支挡工程的压力以及支护结构的可靠性。压力盒根据测试原理可以分为液压式和电测式两类，液压式的优点是结构简单、可靠，现场直接读数，使用比较方便；电测式的优点是测量精度高，可远距离和长期观测。目前在边坡工程中多用电测式压力测力计。电测式压力测力计又可分为应变式、钢弦式、差动变压式、差动电阻式等。

在现场进行实测工作时，为了增大钢弦压力盒接触面，避免由于埋设接触不良而使压力盒失效或测值很小，有时采用传压囊增大其接触面。囊内传压介质一般使用机油，因其传压系数可接近1，而且油可使负荷以静水压力方式传到压力盒，也不会引起囊内锈蚀，便于密封。

压力盒的性能好坏，直接影响压力测量值的可靠性和精确度。对于具有一定灵敏度的钢弦压力盒，应保证其工作频率，特别是初始频率的稳定，压力与频率关系的重复性好；因此在使用前应对其进行各项性能试验，包括钢弦抗滑性能试验、密封防潮试验、稳定性试验、重复性试验以及压力对象、观测设计来布置压力盒。压力盒的埋设虽较简单，但由于体积变大、较重，给埋设工作带来一定的困难。埋设压力盒总的要求是接触紧密和平稳，防止滑移，不损伤压力盒及引线。

（二）岩石边坡地应力监测

边坡地应力监测主要是针对大型岩石边坡工程，为了了解边坡地应力或在施工过程中地应力变化而进行的一项重要监测工作。地应力监测包括绝对应力测量和地应力变化监测。

绝对应力测量在边坡开挖前和边坡开挖中期以及边坡开挖完成后各进行一次，以了解三个不同阶段的地应力场情况，一般采用深孔应力解除法。地应力变化监测即在开挖前，利用原地质勘探平洞埋设应力监测仪器，以了解整个开挖过程中地应力变化的全过程。

对于绝对应力测量，目前国内外使用的方法，均是在钻孔、地下开挖或露头面上刻槽而引起岩体中应力的扰动，然后用各种探头量测由于应力扰动而产生的各种物理量变化的方法来实现。总体上可分为直接测量法和间接测量法两大类。直接测量法是指由测量仪器所记录的补偿应力、平衡应力或其他应力量直接决定岩体的应力，而不需要知道岩体的物理力学性质及应力应变关系；如扁千斤顶法、水压致裂法、刚性圆筒应力计以及声发射法均属于此类。间接测量法是指测试仪器不是直接记录应力或应变变化值，而是通过记录某些与应力有关的间接物理量的变化，然后根据已知或假设的公式，计算出现场应力值，这些间接物理量可以是变形、应变、波动参数、放射性参数等等；如应力解除法、局部应力解除法、应变解除法、应用地球物理方法等均属于间接测量法一类。

对于地应力变化监测，由于要在整个施工过程中实施连续量测，因此量测传感器长期埋设在量测点上。目前应力变化监测传感器主要有Yoke应力计、国产电容式应力计及压磁式应力计等。

（三）边坡锚固应力测试

在边坡应力监测中除了边坡内部应力、结构应力监测外，对于边坡锚固力的监测也是一项极其重要的监测内容。边坡锚杆锚索的拉力的变化是边坡荷载变化的直接反映。

锚杆轴力量测的目的在于了解锚杆实际工作状态，结合位移量测，修正锚杆的设计参数。锚杆轴力量测主要使用的是量测锚杆。量测锚杆的杆体是用中空的钢材制成，其材质同锚杆一样。量测锚杆主要有机械式和电阻应变片式两类。

机械式量测锚杆是在中空的杆体内放入四根细长杆，将其头部固定在锚杆内预定的位置上。量测锚杆一般长度在6m以内，测点最多为4个，用千分表直接读数。量出各点间的长度变化，计算出应变值，然后乘以钢材的弹性模量，便可得到各测点间的应力。通过长期监测，从而可以得到锚杆不同部位应力随时间的变化关系。

电阻应变片式量测锚杆是在中空锚杆内壁或在实际使用的锚杆上轴对称贴四块应变片，以四个应变的平均值作为量测应变值，测得的应变再乘以钢材的弹性模量，得各点的应力值。

对预应力锚索应力监测，其目的是分析锚索的受力状态、锚固效果及预应力损失情况，因预应力的变化将受到边坡的变形和内在荷载的变化的影响，通过监控锚固体系的预应力变化可以了解被加固边坡的变形与稳定状况。通常，一个边坡工程长期监测的锚索数，不少于总数的5%。监测设备一般采用圆环形测力计（液压式或钢弦式）或电阻应变式压力传感器。

锚索测力计的安装是在锚索施工前期工作中进行的，其安装全过程包括：测力计室内检定、现场安装、锚索张拉、孔口保护和建立观测站等。

监测结果为预应力随时间的变化关系，通过这个关系可以预测边坡的稳定性。

目前采用埋设传感器的方法进行预应力监测，一方面由于传感器价格昂贵，一般只能在锚固工程中个别点上埋设传感器，存在以点代面的缺陷；另一方面由于须满足在野外的长期使用，因此对传感器性能、稳定性以及施工时的埋设技术要求较高。如果在监测过程中传感器出现问题无法挽救，将直接影响到对工程整体稳定性的评价。因此研究高精度、低成本、无损伤，并可进行全面监测的测试手段已成为目前预应力锚固工程中亟待解决的关键技术问题。针对上述情况，已有人提出了锚索预应力的声测技术，但该技术目前仍处于应用研究阶段。

四、边坡地下水监测

地下水是边坡失稳的主要诱发因素，对边坡工程而言，地下水动态监测也是一项重要的监测内容，特别是对于地下水丰富的边坡，应特别引起重视。地下水动态监测以了解地下水位为主，根据工程要求，可进行地下水孔隙水压力、扬压力、动水压力、地下水水质监测等。

（一）地下水位监测

我国早期用于地下水位监测的定型产品是红旗自计水位仪，它是浮标式机械仪表，因多种原因现已很少应用。近十几年来，国内不少单位研制过压力传感式水位仪，均因各自的不足或缺陷而未能在地下水监测方面得到广泛采用。目前在地下水监测工作中，几乎都是用简易水位计或万用表进行人工观测。

（二）孔隙水压力监测

在边坡工程中的孔隙水压力是评价和预测边坡稳定性的一个重要因素，因此需要在现场埋设仪器进行观测。目前监测孔隙水压力主要采用孔隙水压力仪，根据测试原理可分为以下四类：

（1）液压式孔隙水压力仪：土体中孔隙水压力通过透水测头作用于传压管中液体，液体即将压力变化传递到地面上的测压计，由测压计直接读出压力值。

（2）电气式孔隙水压力仪：包括电阻、电感和差动电阻式三种。孔隙水压力通过透水金属板作用于金属薄膜上，薄膜产生变形引起电阻（或电磁）的变化。查电流量与压力的关系，即可求得孔隙水压力的变化值。

（3）气压式孔隙水压力仪：孔隙水压力作用于传感器的薄膜，薄膜变形使接触钮接触而接通电路，压缩空气立即从进气口进入以增大薄膜内气压，当内气压与外部孔隙水压平衡薄膜恢复原状时，接触钮脱离、电路断开、进气停止，量测系统量出的气压值即为孔隙水压力值。

（4）钢弦式孔隙水压力仪：传感器内的薄膜承受孔降水压力产生的变形引起钢弦松紧的改变，于是产生不同的振动频率，调节接收器频率使与之和谐，查电流量与压力的频率压力线求得孔隙水压力值。

孔隙水压力的观测点的布置视边坡工程具体情况确定。一般原则是将多个仪器分别埋于不同观测点的不同深度处，形成一个观测剖面以观测孔隙水压力的空间分布。

埋设仪器可采用钻孔法或压入法而以钻孔法为主，压入法只适用于软土层。用钻孔法时，先于孔底填少量砂，置入测头之后再在其周围和上部填砂，最后用膨胀黏土球将钻孔全部严密封好。由于两种方法都不可避免地会改变土体中的应力和孔隙水压力的平衡条件，需要一定时间才能使这种改变恢复到原来状态，所以应提前埋设仪器。

第七章　岩土工程测试技术

第一节　岩体物理力学性质测试

一、岩体的物理性能与地球物理探测

（一）岩体物理性能基本概念

岩体的物理力学性质是岩体最基本、最重要的性质之一，也是岩体力学学科中研究最早、最完善的内容之一。

1.岩体的质量指标

（1）岩体的密度。单位体积内岩体的质量称为岩体的密度，通常情况下岩体含固相、液相、气相，三相比例不同则岩体的密度不同。根据岩体试样的含水情况不同，岩体的密度又可分为天然密度、饱和密度和干密度。

（2）岩体的比重。岩体的比重指岩体固体质量与同体积水在4 ℃时的质量比。

（3）岩体的孔隙性。岩体的孔隙性是反映裂隙发育程度的指标。

①孔隙比：孔隙的体积与固体的体积的比值。

②孔隙率：岩体试样中孔隙体积与岩体试样总体积的百分比。

2.岩体的水理指标

（1）含水性。

①含水量：岩体孔隙中含水质量与固体质量之比的百分数。

②吸水率：岩体吸入水的质量与固体质量之比。它是一个间接反映岩石内孔隙多少的指标。

（2）渗透性。渗透性是指在一定的水压作用下，水穿透岩体的能力。它反映了岩体中裂隙间相互连通的程度。

3.岩体的抗风化指标

（1）软化系数。软化系数是表示抗风化能力的指标。

（2）耐崩解性指数。耐崩解性指数是通过对岩体试件进行烘干、浸水循环试验所得的指标。试验时，将约500 g烘干的试块分成10份，放入带有筛孔的圆筒内，使圆筒在水槽中以20 r/s的速度连续转10 min，然后将留在圆筒内的试块取出烘干称重。

（二）地球物理探测基本原理

地球物理探测又称为物探，是利用地球物理的原理，根据各种岩体之间的密度、磁性、电性、弹性、放射性等物理性质的差异，选用不同的物理方法和物探仪器，测量工程区的地球物理场的变化，以了解其水文地质和工程地质条件的勘探与测试方法。它主要运用物理学的原理和方法，对地球的各种物理场分布及其变化进行观测，探索地球本体及近地空间的介质结构，物质组成、形成和演化，研究与其相关的各种自然现象及其变化规律，在此基础上为探测地球内部结构与构造、寻找能源和资源、环境监测提供理论、方法和技术，为工程灾害预报提供重要依据。物探具有速度快、成本低、设备简便、资料全面等特点，主要分为电法勘探和地震波法勘探。

1.电法勘探

（1）电法勘探的基本概念。电法勘探是根据地壳中各类岩石或矿体的电磁学性质和电化学特性的差异，通过对人工电场或天然电场、电磁场或电化学场的空间分布规律和时间特性的观测与研究，寻找不同类型有用矿床和查明地质构造及解决地质问题的地球物理勘探方法。它主要用于寻找金属、非金属矿床，确定含水层埋藏深度、厚度，确定断层破碎带、岩溶发育带、古河床，勘察地下水资源和能源，解决某些工程地质及深部地质问题。

（2）电法勘探的基本原理。电法勘探是根据岩石和矿石电学性质（如导电性、电化学活动性、电磁感应特性和介电性，即“电性差异”）来找矿和研究地质构造的一种地球物理勘探方法，它是通过仪器观测人工的、天然的电场或交变电磁场，分析、解释这些场的特点和规律，达到找矿勘探的目的，与地层的物理性质、力学性质与电学性质等紧密相关。

（3）电法勘探的分类。电法勘探又可分为电测深法和电剖面法。

电测深法包括电阻率测深和激发极化测深。它是在地面的一个测深点上（MN极的中点），通过逐次加大供电电极AB极距的大小，测量同一点的、不同AB极距的视电阻率值，研究这个测深点下不同深度的地质断面情况。电测深法多采用对称四极排列，称为对称四极测深法：在AB极距小时，电流分布浅，视电阻率曲线主要反映浅层情况；AB极距大时，电流分布深，视电阻率曲线主要反映深部地层的影响。视电阻率曲线是绘在以

AB/2和视电阻率为坐标的双对数坐标纸上的。当地下岩层界面平缓不超过20°时，应用电测深量板进行定量解释，推断各层的厚度、深度较为可靠。电测深法在水文地质、工程地质和煤田地质工作中应用较多。除对称四极测深法外，还可以应用三极测深、偶极测深和环形测深等方法。

电剖面法是指供电和测量电极间的距离经选定后保持不变，且同时沿一定剖面方向逐点进行观测，借以研究沿剖面方向地下一定深度范围内岩、矿石电阻率和极化率变化的一种方法。当单独观测视电阻率时，称为电阻率剖面法；当以观测视极化率为主，同时观测视电阻率时，则称为激发极化剖面法。根据电极排列方式的不同，又可分为二极剖面法、对称剖面法、联合剖面法、偶极剖面法等。中间梯度法亦属于剖面法。

2.地震波法勘探

（1）地震波法勘探的基本概念。地震波法勘探是利用地下介质弹性和密度的差异，通过观测和分析大地对人工激发地震波的响应，推断地下岩层的性质和形态的地球物理勘探方法。按震动特点，地震波可分为纵波、横波；按介质，地震波可分为体波、面波。

（2）地震勘探原理。在地表以人工方法激发地震波，在向地下传播时，遇有介质性质不同的岩层分界面，地震波将发生反射与折射，在地表或井中用检波器接收这种地震波。收到的地震波信号与震源特性、检波点的位置、地震波经过的地下岩层的性质和结构有关。通过对地震波记录进行处理和解释，可以推断地下岩层的性质和形态。在分层的详细程度和勘察的精度上，地震波法都优于其他地球物理勘探方法。地震波法勘探的深度一般从数十米到数十千米。地震波法勘探的难题是分辨率的提高，高分辨率有助于对地下进行精细的构造研究，从而更详细地了解地层的构造与分布。

二、岩体的渗透性与现场抽水试验

（一）岩体的渗透性

岩体本身的透水能力叫作渗透性。按渗透性的不同，可把岩体划分为透水的岩体、半透水的岩体和不透水的岩体三种。

（1）透水的岩体主要指疏松的碎层沉积岩，如卵石、砾石、砂石，裂隙多的火成岩、变质岩，喀斯特化的石灰岩等。

（2）半透水的岩体如黏质砂土、泥炭等。

（3）不透水的岩体如没有裂隙的火成岩与变质岩，胶结良好的沉积岩、黏土等。

岩体之所以能够透水，是因为岩体中有孔隙存在，并且这些孔隙在某种程度上是互相连通的，而孔隙的大小又与透水性的大小有着密切的关系。但是，透水程度并不是由孔隙的绝对数值决定的，可能岩石的孔隙度很大，而其透水性却很小，黏土即是一个例子。

松散岩石中孔隙的大小取决于下列因素：①组成岩石的颗粒大小，颗粒越大，其孔隙越大；②颗粒的形状，形状越不规则，孔隙越大；③不等粒的情况，颗粒越均一，则颗粒间所形成的孔隙越大。所以，在其他条件相同时，粗粒的松散岩石比细粒的松散岩石透水性强。

对于坚硬的岩石，如火成岩、变质岩、胶结良好的沉积岩来说，其孔隙表现为各种形式、各种大小的裂隙。坚硬岩石常常被不同成因的裂隙贯穿，有时甚至发育为大的孔洞，从而成为地下水的良好通道。

表征岩体渗透性能大小的水文地质指标叫作渗透系数（k）。不同岩石的渗透系数，视电阻率可以相差很大，就是同类岩石，由于颗粒成分、胶结程度、孔隙和裂隙不同，其也会有很大不同。例如，北京地区靠近西山部分的砾石层，渗透系数大于300 m/d；内蒙古呼和浩特的砂砾石一般仅为20～50 m/d，以碎石及卵石为主时也不过100 m/d。基岩的渗透系数往往很小，不足1 m/d，但有些胶结较差的砂岩、砾岩以及裂隙和孔洞发育的岩石，其渗透系数也可以很大。

（二）岩体渗透性的室内测试

1.达西定律

由法国水力学家达西在1852—1855年，通过大量试验得出的反映水在岩土孔隙中渗流规律的试验定律被称为达西定律。达西定律是渗流中最基本的定律，其形式简洁（$v=kJ$），最早是由试验证实的。它清楚地表明了渗流速度v与水力坡降J成正比。这里只是笼统地用k体现不同材料的渗透性。

渗透性的原始定义是作为一定面积内液体流过孔隙介质的一种度量。渗透是固体本身所固有的性质，渗透系数k可以直接由达西定律来定义。

2.试验设备与方法

为了研究岩石渗透性与岩石力学性质的关系，在实验室内进行岩石渗透性试验。研究的主要内容有：

（1）岩石在全应力—应变过程中渗透系数的变化规律。

（2）不同侧压下岩石渗透系数的变化规律。

岩石在全应力—应变过程中渗透系数的变化规律试验采用三轴岩石力学试验系统进行。该系统为当今世界上较先进的室内岩石力学性质试验设备。它具有单轴压缩、三轴压缩、孔隙水压试验、水渗透试验等功能。

在进行渗透试验前必须预先使试件充分饱和。试件不饱和或饱和程度不够完全，会造成渗流过程不畅，渗透压差有时不是单调减少（有局部升高现象）。

岩石试件形状为圆柱形，试验时密封良好，确保油不会从防护套和试件间隙渗漏，然后置于加荷架上进行试验。

试验前，将加工好的试件塑封，平稳地放入压力仓；试验时，先按照三轴试验的操作程序，对压力仓注油、密封，再对试件施加拟定的静水压力。

试验过程中，每隔20 s测量一次应力、应变和渗透系数。岩石渗透试验从静水压力状态开始加荷到结束，试件先后经历了弹性变形、塑性变形，达到峰值强度后产生破坏，到完全进入残余强度阶段。

（三）岩体渗透性能的现场测试——抽水试验

在选定的钻孔中或竖井中，对选定含水层（组）抽取地下水，形成人工降深场，利用涌水量与水位下降的历时变化关系，测定含水层（组）富水程度和水文地质参数的试验称为抽水试验。抽水试验按孔数可分为单孔抽水试验、多孔抽水试验、群孔干扰抽水试验；按水位稳定性可分为稳定流抽水试验和非稳定流抽水试验；按抽水孔类型又可分为完整井和非完整井。

抽水试验的类型、下降次数及延续时间应按照《供水水文地质勘察规范》（GB 50027—2001）有关规定执行。

三、岩体变形观测

（一）岩体变形的特点

从岩体的定义（岩体=岩块+结构面）和岩体变形的定义（岩体变形=岩块变形+结构面闭合+充填物压缩+其他变形）可以认为，岩体的变形是在受力条件改变时岩块变形和结构变形的总和，而结构变形通常包括结构面闭合、充填物的压密及结构体转动、滑动等变形。

与岩块变形相比，岩体变形具有如下特点：

（1）在载荷作用下，出现弹性变形的同时，出现塑性变形，没有明显区别二者的标志。

（2）变形传递能力，特别是侧向传递能力弱。

（3）变形的方向性受裂隙的方向性控制。

一般情况下，岩体的结构变形起着控制作用，目前，岩体的变形性质主要通过原位岩体变形试验进行研究。

（二）岩体变形试验

岩体变形的应力—应变特性试验包括以下三个阶段：

（1）裂隙压密阶段。

（2）直线变形阶段。

（3）弹、塑性变形阶段（岩体破坏阶段）。

研究这两个问题的意义在于，岩体在变形发展与破坏过程中，除岩体内部结构与外形不断发生变化外，岩体的应力状态也随之调整，并引起弹性的积存和释放等效应。

岩体变形试验按施加荷载作用的方向，可分为法向变形试验和切向变形试验。法向变形试验有承压板法、狭缝法、单（双）轴三轴压缩试验、环形试验；切向变形试验有倾斜剪切仪、挖试洞等。

按其原理和方法不同，岩体变形试验可分为静力法和动力法两种。静力法是在选定的岩体表面、槽壁或钻孔壁面上施加法向荷载，并测定其岩体的变形值，然后绘制出压力—变形关系曲线，计算出岩体的变形参数。根据试验方法不同，静力法又可分为承压板法、钻孔变形法、狭缝法、水压硐室法及单（双）轴压缩试验法等。动力法是用人工方法对岩体发射弹性波（声波或地震波），并测定其在岩体中的传播速度，然后根据波动理论求得岩体的变形参数。根据弹性波激发方式的不同，动力法又分为声波法和地震波法两种。

岩体的变形模量比岩块的小，而且受结构面发育程度及风化程度等因素影响十分明显。不同地质条件下的同一岩体，其变形模量相差较大。试验方法不同、压力大小不同，岩体变形模量也不同。

（三）岩体变形参数估算

岩体变形参数估算有如下两种方法：一是在现场地质调查的基础上，建立适当的岩体地质力学模型，利用室内小试件试验资料来估算；二是在岩体质量评价和大量试验资料的基础上，建立岩体分类指标与变形参数之间的经验关系，并用于变形参数估算。

四、岩体的强度测试

岩体强度是指岩体抵抗外力破坏的能力。岩体的强度既不同于岩块的强度，也不同于结构面的强度，一般情况下，其强度介于岩块与结构面强度之间。

岩体和岩块一样，岩体强度也有抗压强度、抗拉强度和剪切强度之分。

（一）岩体的剪切强度

岩体的剪切强度是指岩体内任一方向剪切面，在法向应力作用下所能抵抗的最大剪应力，剪切强度分为抗剪断强度、抗剪强度和抗切强度。

（1）抗剪断强度是指在任一法向应力下，横切结构面剪切破坏时岩体能抵抗的最大剪应力。

（2）抗剪强度是指在任一法向应力下，岩体沿已有破裂面剪切破坏时的最大应力。

（3）抗切强度是指剪切面上的法向应力为零时的抗剪断强度。

1.原位岩体剪切试验及其强度参数确定

为了确定岩体的剪切强度参数，国内外开展了大量的原位岩体剪切试验，一般认为原位岩体剪切试验是确定剪切强度参数最有效的方法。目前普遍采用的方法是双千斤顶法直剪试验。该方法是在平巷中制备试件，并以2个千斤顶分别在垂直和水平方向施加外力而进行的直剪试验。试件尺寸视裂隙发育情况而定，但其截面积不宜小于50 cm × 50 cm，试件高一般为断面边长的0.5倍，如果岩体软弱破碎则需浇筑钢筋混凝土保护罩。每组试验需5个以上试件，各试件的岩性及结构面等情况应大致相同，避开大的断层和破碎带，试验时，先施加垂直载荷，待其变形稳定后，再逐级施加水平剪力直至试件破坏。

2.岩体的剪切强度特征

试验和理论研究表明：岩体的剪切强度主要受结构面、应力状态、岩块性质、风化程度及其含水状态等因素的影响。在高应力条件下，岩体的剪切强度较接近于岩块的强度；而在低应力条件下，岩体的剪切强度主要受结构面发育特征及其组合关系的控制。由于作用在岩体上的工程载荷一般在10 MPa以下，因此与工程活动有关的岩体破坏，基本上受结构面特征控制。

岩体中结构面的存在导致岩体一般都具有高度的各向异性。即沿结构面产生剪切破坏（重剪破坏）时，岩体剪切强度最小，近似等于结构面的抗剪强度；而横切结构面剪切（剪断破坏）时，岩体剪切强度最高；沿复合剪切面剪切（复合破坏）时，其强度则介于两者之间。因此，在一般情况下，岩体的剪切强度不是一个单一值，而是具有一定上限和下限的值域，其强度包络线也不是一条简单的曲线，而是有一定上限和下限的曲线族。其上限是岩体的剪断强度，一般可通过原位岩体剪切试验或经验估算方法求得，在没有资料的情况下，可用岩块剪断强度来代替；下限是结构面的抗剪强度。

在剧风化岩体和软弱岩体中，剪断岩体时的内摩擦角多在30°～40°变化，内聚力多在0.01～0.5 MPa，其强度包络线的上、下限比较接近，变化范围小，且其岩体强度总体上比较低。

在坚硬岩体中，剪断岩体时的内摩擦角多在45°以上，内聚力在0.1～4 MPa。其强度包络线的上、下限差值较大，变化范围也大。在这种情况下，准确确定工程岩体的剪切强度难度较大。一般需依据原位剪切试验和经验估算数据，并结合工程载荷及结构面的发育特征等加以确定。

（二）裂隙岩体的压缩强度

岩体的压缩强度也可分为单轴抗压强度和三轴压缩强度。目前，在实际生产中，通常是采用原位单轴压缩和三轴压缩试验来确定的。这两种试验也是在平巷中制备试件，并采用千斤顶等加压设备施加压力，直至试件破坏。采用破坏载荷来求岩体的单轴或三轴压缩强度。

由于岩体中包含各种结构面，给试件制备及加载带来很大困难；加上原位岩体压缩试验工期长、费用昂贵，在一般情况下，难以普遍采用。所以，长期以来，人们企图用一些简单的方法来求取岩体的压缩强度。

当岩体中含有两组以上结构面，且假定各组结构面具有相同的性质时，岩体强度的确定方法是分步运用单结构面理论式，分别绘出每一组结构面单独存在时的强度包络线，这些包络线的最小包络线即为含多组结构面岩体的强度包络线，并以此来确定岩体的强度。

研究发现，随岩体内结构面组数的增加，岩体的强度特性越来越趋于各向同性。而岩体的整体强度却大大地削弱了，且多沿复合结构面破坏。说明结构面组数少时，岩体趋于各向异性，随着结构面组数增加，各向异性越来越不明显。有学者认为，含四组以上结构面的岩体，其强度按各向同性处理是合理的。

（三）裂隙岩体强度的经验估算

岩体强度的确定是一个十分重要而又十分困难的问题，因为一方面，岩体的强度是评价工程岩体稳定性的主要指标之一；另一方面，求取岩体强度的原位试验十分费时、费钱，难以大量进行。因而，所有工程都要求对岩体强度进行综合定量分析是不可能的，特别是对于中小型工程及其初级研究阶段，这样做既不经济，也无必要。因此，如何利用现场调查所得的地质资料及小试件室内试验资料，对岩体强度做出合理估计是岩体力学中的重要研究课题。

裂隙岩体一般是指发育的结构面组数多，且发育相对较密集的岩体，结构面多以硬性结构面（如节理、裂隙等）为主。岩体在这些结构面切割下较破碎。因此，可将裂隙岩体简化为各向同性的准连续介质。岩体强度可用经验方程来进行估算，即建立岩体强度与地质条件某些因素之间的经验关系，并在地质勘探和地质资料收集的基础上用经验方程对岩体强度参数进行估算。

第二节　岩土工程原位测试技术

一、静力载荷试验

（一）常规法静力载荷试验

1.静力载荷试验的基本原理

静力载荷试验是一种最古老的，并被广泛应用的土工原位测试方法。在拟建建筑场地开挖至预计基础埋置深度的整平坑底放置一定面积的方形（或圆形）承压板，在其上逐级施载，测定相应荷载作用下的地基沉降量。根据试验得到的荷载—沉降量关系曲线（P–S曲线），确定地基土的承载力，计算地基土的变形模量。由试验求得的地基土承载力特征值和变形模量综合反映了承压板下1.5～2.0倍承压板宽度（或直径）范围内地基土的强度和变形特性。

根据地基土的应力状态，P–S曲线一般可划分为三个阶段。

第一阶段：从P–S曲线的原点到比例界限荷载p_0，P–S曲线呈直线关系。这一阶段受载土体中任意点处的剪应力小于土的抗剪强度，土体变形主要由土体压密引起，土粒主要是竖向变位，称为压密阶段。

第二阶段：从比例界限荷载p_0到极限荷载p_u，P–S曲线转为曲线关系，曲线斜率$\Delta s/\Delta p$随压力P的增加而增大。这一阶段除土的压密外，在承压板周围的小范围土体中，剪应力已达到或超过了土的抗剪强度，土体局部发生剪切破坏，土粒兼有竖向和侧向变位，称为局部剪切阶段。

第三阶段：极限荷载p_u以后，该阶段即使荷载不增加，承压板仍不断下沉，同时土中形成连续的剪切破坏滑动面，发生隆起及环状或放射状裂隙，此时滑动土体中各点的剪应力达到或超过土体的抗剪强度，土体变形主要是由土粒剪切引起的侧向变位，称为整体破坏阶段。

根据土力学原理，结合工程实践经验和土层性质等对试验结果的分析，正确与合理地确定比例界限荷载和极限荷载是确定地基土承载力基本值和变形模量的前提，从而达到控制基底压力和地基土变形的目的。

2.静力载荷试验设备

常用的载荷试验设备一般由加荷稳压系统、反力系统和量测系统三部分组成。

（1）加荷稳压系统由承压板、加荷千斤顶、稳压器、油泵、油管等组成。

（2）反力系统有堆载式、撑臂式、锚固式等多种形式。

（3）量测系统中荷载量测一般采用测力环或电测压力传感器，并用压力表校核，承压板沉降量测采用百分表或位移传感器。

3.试验要求

承压板面积不应小于0.25 m^2，对于软土不应小于0.5 m^2。岩石载荷试验承压板面积不宜小于0.07 m^2，基坑宽度不应小于承压板宽度或直径的3倍，以消除基坑周围土体的超载影响。

应注意保持试验土层的原状结构和天然湿度。承压板与土层接触处，一般应铺设不超过2 mm的粗、中砂找平，以保证承压板水平并与土层均匀接触。当试验土层为软塑、流塑状态的黏性土或饱和的松砂时，承压板周围应预留20 ~ 30 cm厚的原土做保护层。

沉降稳定标准：每级加荷后，按5 min、5 min、10 min、10 min、15 min、15 min的间隔读沉降，以后每隔0.5 h读一次沉降，当连续2 h每小时的沉降量小于或等于0.1 mm时，则认为本级荷载下沉降已趋稳定，可加下一级荷载。

（二）螺旋板载荷试验

螺旋板载荷试验是将螺旋形承压板旋入地面以下预定深度，在土层的天然应力状态下，通过传力杆向螺旋形承压板施加压力，间接测定荷载与土层沉降的关系。螺旋板载荷试验通常用以测求土的变形模量、不排水抗剪强度和固结系数等一系列重要参数。其测试深度为10 ~ 15 m。

1.试验设备

螺旋板载荷试验设备通常由以下四部分组成：

（1）承压板。承压板呈螺旋板形。它既是回转钻进时的钻头，又是钻进到达试验深度进行载荷试验的承压板。螺旋板通常有两种规格：一种直径160 mm、投影面积200 cm^2、钢板厚5 mm、螺距40 mm；另一种直径252 mm、投影面积500 cm^2、钢板厚5 mm、螺距80 mm。

（2）量测系统。采用压力传感器、位移传感器或百分表分别量测施加的压力和土层的沉降量。

（3）加压装置。加压装置由千斤顶、传力杆组成。

（4）反力装置。反力装置由地锚和钢架梁等组成。

2.试验要求

（1）应力法。用油压千斤顶分级加荷，每级荷载对于砂土、中低压缩性的黏性土、粉土宜采用50 kPa，对于高压缩性土宜采用25 kPa，每加一级荷载后，按10 min、10 min、10 min、15 min、15 min的间隔观测承压板沉降，以后的间隔为30 min，达到相对稳定后施加下一级荷载。相对稳定的标准为连续观测两次以上沉降量小于0.1 mm。

（2）应变法。用油压千斤顶加荷，加荷速率根据土的性质不同而取值，对于砂土、中低压缩性土，宜采用1～2 mm/min，每下沉1 mm测读压力一次；对于高压缩性土，宜采用0.25～0.5 mm/min，每下沉0.25～0.5 mm测读压力一次，直至土层破坏，试验点的垂直距离一般为1.0 m。

就螺旋板载荷试验在国内的发展情况来看，尚处于研究对比阶段，无论设备结构，还是基础理论和实际应用，都有待进一步开发、研究和推广。

二、静力触探试验

静力触探试验（Come Penetration Test，CPT）是将一锥形金属探头按一定的速率（一般为0.5～1.2 m/min）匀速地静力压入土中，量测其贯入阻力而进行的一种原位测试方法。静力触探是一种快速的现场勘探和原位测试方法，具有设备简单、轻便、机械化和自动化程度高、操作方便等一系列优点，受到了国内外工程界的普遍重视，从理论和应用等方面发表的文献很多，值得学习和参考。

（一）静力触探的贯入设备

1.加压装置

加压装置的作用是将探头压入土层中。国内的静力触探仪按其加压动力装置分为手摇式轻型静力触探、齿轮机械式静力触探、全液压传动静力触探仪三种类型。

目前，国内已研制出微机控制的静力触探车，使微机控制从资料数据的处理扩展到操作领域。

2.反力装置

静力触探的反力装置有三种形式：利用地锚作为反力、利用重物作为反力、利用车辆自重作为反力。

3.静力触探探头

（1）探头的工作原理。将探头压入土中时，由于土层的阻力，使探头受到一定的压力，土层的强度越高，探头所受到的压力越大。通过探头内的阻力传感器，将土层的阻力转换为电信号，然后由仪表测量出来，静力触探就是通过探头传感器实现一系列量的转换：土的强度—土的阻力—传感器的应变—电阻的变化—电压的输出，最后由电子仪器放大和记录下来，达到获取土的强度和其他指标的目的。

（2）探头的结构。目前，国内用的探头有两种：一种是单桥探头，另一种是双桥探头。此外，还有能同时测量孔隙水压的两用探头或三用探头，即在单桥探头或双桥探头的基础上增加了能量测孔隙水压力的功能。

（二）量测记录仪器

目前，我国常用于静力触探的量测记录仪器有两种类型：一种为电阻应变仪，另一种为自动记录仪。

1.电阻应变仪

电阻应变仪由稳压电源、振荡器、测量电桥、放大器、相敏检波器和平衡指示器等组成。应变仪是通过电桥平衡原理进行测量的。当触探头工作时，传感器发生变形，引起测量电桥电路的电压平衡发生变化，通过手动调整电位器使电桥达到新的平衡。根据电位器调整程度就可确定应变的大小，并从读数盘上直接读出。

2.自动记录仪

自动记录仪是由通用的电子电位差计改装而成的，它能随深度自动记录土层贯入阻力的变化情况，并以曲线的方式自动绘在记录纸上，从而提高了野外工作的效率和质量。它主要由稳压电源、电桥、滤波器、放大器、滑线电阻和可逆电机组成。自动记录仪的记录过程为：由探头输出的信号，经过滤波器以后，产生一个不平衡电压，经放大器放大后，推动可逆电机转动；与可逆电机相连的指示机构会沿着有分度的标尺滑行，标尺是按信号大小比例刻制的，因而指示机构所显示的位置即为被测信号的数值。近年来，已将静力触探试验过程引入微机控制的行列。

（三）静力触探试验的技术要求

（1）探头圆锥锥底截面积应采用10 cm^2或15 cm^2，单桥探头侧壁高度应分别采用57 mm或70 mm，双桥探头侧壁面积应采用150～300 cm^2，锥尖锥角应为60°。

（2）探头测力传感器应连同仪器、电缆进行定期标定。室内探头标定的测力传感器的非线性误差、重复性误差、滞后误差、温度漂移、归零误差均应满足要求，现场试验归零误差应小于3%，绝缘电阻不小于500 MΩ。

（3）深度记录的误差不应超过触探深度的±1%。

（4）当贯入深度超过30 m或穿过厚层软土后再贯入硬土层时，应采取措施防止孔斜或断杆，也可配置测斜探头，量测触探孔的偏斜角，校正土层界线的深度。

（5）孔压探头在贯入前，应在室内保证探头应变腔为已排除气泡的液体所饱和，并在现场采取措施保持探头的饱和状态，直至探头进入地下水位以下的土层。在孔压静探试验过程中，不得上提探头。

（6）当在预定深度进行孔压消散试验时，应量测停止贯入后不同时间的孔压值，其计时间隔由密而疏合理控制。试验过程中不得松动探杆。

三、动力触探试验

（一）试验目的及适用范围

动力触探是利用一定的锤击能量，将一定规格的探头和探杆打（贯）入土中，根据贯入的难易程度，即土的阻抗大小判别土层变化、进行力学分析、评价土的工程性质。通常以贯入土中的一定距离所需锤击数来表征土的阻抗，以此与土的物理力学性质建立经验关系，用于工程实践。

动力触探可分为轻型、重型和特重型。轻型动力触探可确定一般黏性土地基承载力；重型和特重型动力触探可确定中砂以上的砂类土和碎石类土地基承载力，测定圆砾土、卵石土的变形模量。动力触探还可以用于查明地层在垂直和水平方向的均匀程度和确定桩基持力层。

（二）主要设备

1.轻型动力触探探头

其外形尺寸应符合相关规定；材料应采用45号碳素钢或采用优于45号碳素钢的钢材；表面淬火后硬度HRC=45～50。

2.重型、特重型动力触探设备

应符合以下要求：

（1）探头。外形尺寸应符合相关规定，材料应采用45号碳素钢或采用优于45号碳素钢的钢材。表面淬火后硬度HRC=45～50。

（2）探杆。每米质量不宜大于7.5 kg。探杆接头外径应与探杆外径相同，探杆和接头材料应采用耐疲劳、高强度的钢材。

（3）锤座。直径应小于锤径的1/2，并大于100 mm；导杆长度应满足重锤落距的要求，锤座和导杆总质量为20～25 kg。

（4）重锤。应采用圆柱形，高径比为（1～2）：1。重锤中心的通孔直径应比导杆外径大3～4 mm。

（三）试验要点

（1）动力触探作业前必须对机具设备进行检查，确认正常后，方可启动。部件磨损及变形超过下列规定者，应予以更换或修理。

①探头允许磨损量：直径磨损不得大于2 mm，锥尖高度磨损不得大于5 mm。

②每节探杆非直线偏差不得大于0.6%。

③所有部件连接处丝扣应完好，连接紧固。

（2）动力触探机具安装必须稳固，在作业过程中支架不得偏移；动力触探时，应始终保持重锤沿导杆垂直下落，锤击频率应控制在（15～30）击/min；动力触探的锤座距孔口高度不宜超过1.5 m，探杆应保持竖直。

（3）轻型动力触探作业时，应先用轻便钻具钻至所需测试土层的顶面，然后对该土层进行连续贯入。当贯入30 cm的击数超过90击或贯入15 cm超过45击时，可停止作业。如需对下卧层进行测试，可用钻探方法穿透该层后继续触探。

四、十字板剪切试验

十字板剪切试验是快速测定饱和软黏土层快剪强度的一种简易而可靠的原位测试方法。这种方法测得的抗剪强度值，相当于试验深度处天然土层的不排水抗剪强度，在理论上它相当于三轴不排水剪的总强度，或无侧限抗压强度的一半。由于十字板剪切试验不需采取土样，特别对于难以取样的、灵敏性高的黏性土，它可以在现场基本保持在天然应力状态下进行扭剪。长期以来，十字板剪切试验被认为是一种较为有效的、可靠的现场测试方法，与钻探取样室内试验相比，土体的扰动较小，而且试验简便。

但在有些情况下已发现十字板剪切试验所测得的抗剪强度在地基不排水稳定分析中偏于不安全，对于不均匀土层，特别是夹有薄层粉细砂或粉土的软黏性土，十字板剪切试验会有较大误差。因此，将十字板抗剪强度直接用于工程实践中，要考虑一些影响因素。

（一）十字板剪切试验的基本技术要求

（1）常用的十字板尺寸为矩形，高径比（H/D）为2。国外使用的十字板尺寸与国内常用的十字板尺寸不同。

（2）对于钻孔十字板剪切试验，十字板插入孔底以下的深度应大于5倍钻孔孔径，以保证十字板能在不扰动土中进行剪切试验。

（3）十字板插入土中与开始扭剪的间歇时间应小于5min。因为插入时产生的超孔隙水压力的消散，会使侧向有效应力增长。拖斯坦桑（1977）发现间歇时间为1h和7d的试验所得不排水抗剪强度比间歇时间为5min的，约分别增长9%和19%。

（4）扭剪速率也应控制好。剪切速率过慢，由于排水导致强度增长；剪切速率过快，对饱和软黏性土由于黏滞效应也使强度增长。一般应控制扭剪速率为1°/10s～2°/10s，并以此作为统一的标准速率，以便能在不排水条件下进行剪切试验。测记每扭转1°的扭矩，当扭矩出现峰值或稳定值后，要继续测读1min，以便确认峰值或稳定扭矩。

（5）重塑土的不排水抗剪强度，应在峰值强度或稳定值强度出现后，顺剪切扭转方向连续转动6圈后测定。

（6）十字板剪切试验抗剪强度的测定精度应为1~2kPa。

（7）为测定软黏性土不排水抗剪强度随深度的变化，试验点竖向间距应取1m，或根据静力触探等资料布置试验点。

（二）十字板剪切试验的基本原理

十字板剪切试验所用的仪器为十字板剪切仪。十字板剪切试验包括钻孔十字板剪切试验和贯入电测十字板剪切试验，其基本原理都是：施加一定的扭转力矩，将土体剪坏，测定土体对抗扭剪的最大力矩，通过换算得到土体抗剪强度值。

（三）十字板剪切试验的适用范围和目的

1.适用范围

十字板剪切试验适用于灵敏度小于10，固结系数小于100m²/年的均质饱和软黏性土。

2.目的

（1）测定原位应力条件下软黏土的不排水抗剪强度。

（2）估算软黏性土的灵敏度。

第三节 岩土体动力测试技术

一、动三轴试验

动三轴试验利用与静三轴试验相似的轴向应力条件，通过对试样施加模拟的动主应力，确定试样在动荷载作用下的动力特性。动三轴试验是室内测定剪切模量和液化强度最常用的试验。按试验方法的不同，动三轴试验可分为常用压动三轴试验和变侧压动三轴试验。

（一）试验设备

振动三轴仪按激振方式来分，有机械惯性力式、电磁式、电气式及电液伺服式几种。在设计岩土试验时，应首先选择各仪器所输出的动荷载（包括频率范围、振动波形、动应变幅位等）以及可采集的试验数据范围等，使其最大限度地满足工程要求和近似实际情况。

（二）试验操作要点

1.准备工作

试验进行之前，须拟订好试验方案和调试好仪器设备，使它们均处于正常工作状态。在满足试验要求的前提下，还应有一定的安全储备。

2.应力状态

通常施加的等效压力是根据土层的天然实际应力状态而给定的，尽可能地使试样在近似模拟天然应力条件及饱和度的前提下进行试验。

3.测定动弹性模量

弹性模量是用以表征任何材料在弹性变形阶段应力—应变关系的一项重要力学指标。试验表明，岩土样具有一定的黏滞性和塑性，其动弹性模量受很多因素的影响，最主要的影响因素是主应力量级、主应力比和预固结应力条件及固结度等。

为使所测求的动弹性模量具有与其定义相对应的物理条件，在动弹性模量和阻尼比试验中，应将试样在模拟现场实际应力或设计荷载条件下进行等压或不等压固结，在不排水条件下施加动荷载，即在动应力作用下试样所产生的动应变应该尽量不掺杂塑性的固结变形成分。

测试过程中，同时测记试样在每一循环荷载作用下的动应力和轴向应变。如用$x-y$函数记录仪记录，则可绘出每级动荷载作用下的应力、应变滞回圈；如用光线示波器记录，记录n次循环动荷载的应力—应变曲线，手工绘制应力、应变滞回圈。

4.测定动强度

岩土的动强度是指试样在动荷载一定的循环次数作用下，未液化时发生破坏所对应的动应力值。动强度试验一般采取固结不排水试验或不固结不排水试验。固结压力可用等压亦可用不等压，应根据需要而定。固结完成后，施加预定的动荷载，在振动过程中，注意观察试验记录变化。在等压条件下试验孔隙水压力等于周围压力，不等压固结当轴向总应变达到10%时，再振动10～20次即停机。测记振动后试样排水量和轴向变形值。

5.判定饱和砂土的液化势

动三轴试验因为应力条件限制，不能很好地模拟天然条件下饱和砂土在地震作用下的液化机制。因此，动三轴试验判定砂土的液化势，在力学模拟条件不充分的条件下只能被认为是一种临界条件的判定，在大致接近土的静力状态下，施加循环主应力，然后在一定的振动次数内，观察试样有无液化现象。

振动次数是指动应力的循环数。试验时振动次数，可根据H.B.Seed于20世纪70年代初提出的不同地震烈度与等效的振动次数确定，即按不同地震烈度分别给定n值。

所谓液化现象，是按液化的定义来判断的。当试样孔隙水压力等于土样原来所受的周围压力时，即发生液化。

判定砂土液化，有以下三个指标：

（1）孔隙水压力等于起始固结压力（周围压力）。

（2）轴向动应变的全峰值接近或超过经验限度，通常为5%。

（3）振动次数n在相应的预计地震震级限度之内。

如果同时具备上述三项条件，就可判定该砂土样有明显的液化势。

6.破坏标准的选择

关于动强度有两种破坏标准，即规定应变值法和极限平衡理论法。由于破坏标准不同，得到的动强度亦不同。

采用应变破坏标准时，由给定的应变值在变形过程线上找出相应点（各向等压固结变形取全幅，不等压固结变形取残余变形和弹性变形之和），计算与该点对应的动应变、孔隙水压力和振动次数。

二、动单剪试验

动单剪试验是利用特制的剪切容器，使土样各点所受剪应力基本上是均布的，从而使其应变是均等的，试样在交变的剪力作用下做往复运动。在试验过程中，没有垂直方向和水平方向的线应变，仅产生剪应变，从而测定试样的动弹性模量、阻尼比及动强度。试验结果均是在剪应力和剪应变状况下测得的，应用其指标时，必须注意到这一点。

动单剪仪的试样容器与静单剪仪基本相同。其激振设备及量测和数据采集仪器均与动三轴仪相同。振动荷载的波形一般为正弦波，荷载频率为1～2Hz。

（1）用单剪仪进行砂土振动液化试验的方法。试样在要求的应力条件下完成固结，对完成固结的试样施加等幅值动荷载，一般选用低频（如1～2Hz）和正弦波激振，随着振动次数（持续时间）的增大，试样的剪应变及动孔隙水压力值将不断增加，当试样的孔隙水压力值等于作用于试样上的法向应力时，试样即达到液化。达到液化的振动次数称液化周数。

对同一密度和同一固结应力状态下的不同试样，施加不同的动荷载剪应力，达到的液化周数是不同的。由此求出抗液化强度曲线，即动剪应力比（剪应力与法向应力之比）与液化周数的关系曲线，一般绘在半对数坐标纸上。振动液化试验的固结应力应根据工程实际确定，如模拟地震作用，要求在K_0（静止侧压力系数）条件下固结。

（2）用单剪仪测定土的动模量和阻尼比试验。试样在根据工程实际情况确定的法向应力及初始剪应力条件下进行固结，然后对试样分级施加振动荷载，测记各级动荷载作用下的剪应力和剪应变幅值曲线，根据动剪应力和动剪应变曲线绘制应力与应变滞回圈，直接求得动剪变模量和阻尼比。

三、动扭剪试验

动扭剪试验是在压力室内，对试样按预定的应力进行固结，在水平方向施加扭转振动的动荷载，从而直接测得剪变模量。这一点与动单剪试验类似，但振动扭剪试验在水平方向施加的扭转振动荷载能更好地模拟现场的实际状况。

动扭剪试验不仅可以测定很小的应变，还可测定模拟地震等的大应变幅值（$1\times10^{-3}\sim1$）。所以，动扭剪试验可用于测定小应变幅值下的剪切模量和进行大应变幅值下的液化试验。

动扭剪试样可采用空心圆柱形和实心圆柱形两种。实心圆柱试样内的剪应力和剪应变是不均匀的；空心试样内外构成两个压力室，可独立施加内外压力，所以试样内的剪应力和剪应变是较均匀的。

试验时将试样置于压力室内，试样下端固定，上端施加动荷载。试验时可对试样施加静态应力，试样内侧压力与外侧压力可相等，亦可不等。对试样施加往复的扭转振动力，使试样产生水平向扭转振动。

通过传感器测定轴向压力、试样内外侧压力、孔隙水压力、轴向变形和动态角应变。

四、共振柱试验

共振柱试验是根据弹性波在土中传播的特性，利用共振原理，在共振柱仪器上对圆柱形试样进行激振，使它产生水平向扭振或轴向垂直振动，测求试样的动弹性模量及阻尼比等参数。

共振柱试验既可进行强迫振动，也可进行自由振动（前述动三轴等三种方法均属强迫振动）。其优越性是适用于剪应变（小于10^{-3}）的动弹性模量及阻尼比测试，而且是具有可重复性和可逆性的无损试验，试验结果十分稳定且准确。

（一）试验原理

共振柱试验是在共振柱仪器上对一个圆柱形试样进行激振，使它产生水平向扭振或轴向垂直振动，并达到第一振型的共振，测求其共振频率及其振幅值。然后，根据共振频率、土样和激振设备的几何特性计算动模量；根据衰减曲线计算出阻尼比等参数。共振柱试验实际上是将试样和仪器作为另一个整体的共振系统，试样是作为共振系统内的一个一端固定、一端自由的杆件来考虑的。

（二）试验设备

1.仪器的组成

仪器主要由激振、量测系统和工作主机组成。

早已有采用电子计算机控制的共振柱仪，可以按选定的程序进行试验，并自动采集试验数据和处理数据。

2.仪器的标定

在试验前必须对有关部件进行标定。

（三）试验操作要点

1.试样制备

共振柱法可做各种土的试验，既可做原状土样试验，也可做重塑土的试验。试样分为实心圆柱形和空心圆柱形两种。实心试样直径一般分为36mm和72mm两种；空心试样直径为53mm，外径为36mm，径高比一般为2。

2.试验方法

试样制成后，施加固结压力使试样固结，然后进行试验。首先，选定一最小的输出电流给电磁激振器，使试样能在低应变（10^{-6}）范围内产生振动，同时调节信号发生器的输出频率，观察双踪示波器图形，如图像呈现为一垂直和水平的椭圆，则激振系统与试样产生共振，记录共振频率及电荷放大器的峰值电压，用于计算振动幅值；其次，切断激振器的电流，同时记录试样自由衰减运动的振动幅值和时间的关系曲线；最后，再加大一级输出电流，重复上述过程又可测得另一共振时的各数值，直至试样不再响应共振。

3.试验时的注意事项

（1）试样在复杂的仪器中安装时，应严格避免扰动。因此，试样在整个试验中产生的微量应变对任何微小的扰动将是非常敏感的。

（2）在试验中采用干的或者部分饱和的土样时，可用液体或气体作为周围压力介质；但当采用完全饱和土样时，则只能用液体介质传递周围压力。

（3）试验过程中应注意防止压力室内水渗进试样，避免饱和度发生变化。

五、自振柱试验

自振柱试验是在20世纪80年代初期，在共振柱试验的基础上发展起来的。自振柱试验改变了共振柱试验所采用的强迫激振的方法，而是完全自由振动，即对试样施加水平向的扭力，使试样按一定角度扭转，然后立即释放扭力，让试样按其固有特性做自由振动，用微计算机系统把试样的自由振动自动记录下来，并进行运算。用于测求其动弹性模量和阻尼比，适用于小剪应变（10^{-3}）的测试。

试验过程对试样无损伤作用，也是一种无损试验。因此，自振柱试验有重复性和可逆性，而且其重复性与可逆性比共振柱试验好。试验过程、试验数据的采集和处理都由计算机控制，排除了人为操作产生的人为因素影响，同时可进行各种不同的模拟试验，如模拟地震等动力特性试验，其应用范围比较广泛。

（一）试验仪器

自振柱试验的仪器设备由两部分组成：一是测定装置，二是包括试验记录在内的微计算机控制系统（仪器仪表）。试验主机为共振柱仪，以Stokoe型共振仪为例，在类似于三轴剪切仪的压力室内，安装有作用扭力的驱动机构。

在试验过程中，主要通过信号转换进行试验操作程序控制和自动采集试验数据及处理试验数据。试验结果的整理、打印及绘图等也由计算机自动完成。

（二）试验原理

自振柱试验可做砂性土也可做黏性土的原状土或重塑土。试样直径一般为36mm，高度76mm，试样置于压力室内。

试样安装完毕之后，处于静止状态（t_0），然后将选定的剪应变值输入计算机，计算机通过P/A转换控制执行机构（由电磁线圈和磁钢组成）对试样施加水平方向扭力，其值由0增加到M，这时试样仍处于静止状态（t_1），经过短暂时间（$t_1 \sim t_2$）后，计算机自动切断执行机构电流，作用在试样上的扭力突然消失（t_2），这时试样就由静止状态产生振动。试样的这种自由振动曲线的周期和衰减，完全取决于试样的固有动力特性。试样的自由振动过程变化，由加速度传感器检测，通过A/D转换输入计算机，得出自由振动的周期和衰减曲线，从而也就求出了试样的动剪切模量和阻尼比。试验结果由计算机自动处理。

这个工作包括对土样有控制的作用扭力、数据采集、成果计算，并最终把试验结果打印在记录纸上。如果有必要，则可以接上x-y函数记录仪，把试验结果直接绘成所需要的曲线。

六、振动台试验

大型振动台试验是在近几十年来发展起来的，专用于砂性土和可液化土的液化势研究的室内大型动力试验，亦可利用大型试样，在特定条件下模拟天然土层的应力条件，实现

K_0固结，模拟上覆有效压力，甚至可以模拟先期固结压力条件的动力持性，而且可以弥补小型试验中不能解决的问题，如加荷机构形式不同造成的影响，减少了“边界条件”的影响，保证试样在自由场中受振，同时可以直接观察振动过程变化及振后状态。

（一）试验原理

试样平铺在振动台台面上，由激振控制系统按选定的激振频率和振幅使振动台产生振动，振动台台面上的试样受到一种自下而上传递的随机波或给定特征参数的谐波作用，随之也发生振动。这时试样在输入的水平加速度作用下受剪应力作用发生变化。在试验限定的动荷载作用历时过程中或振动周数内，通过压力、位移和孔隙水压力传感器，测试试样的动应力和动应变以及动孔隙水压力的变化。

（二）仪器设备

振动台的构造和形式不尽相同。激振系统有机械惯性力式、电液伺服式等。

通常采用的大型振动台的尺寸及其主要性能应符合相关规定。振动台试验所用的压力、位移传感器，根据试验要求的不同选用。

（三）试验方法要点

1.试样制备

试样制备的关键性环节是控制试样的代表性（包括密度、湿度、结构及颗粒级配等）和试样各部位的均匀性。制备土样时需比较和选用适当的方法，制备方法应根据工程要求和现场土质情况，有针对性地选用砂雨法、振密法、填捣法或沉积法等。为了消除试样4个侧边的边界影响，使其能自由地产生剪切变形，试样侧壁宜做内倾。为了确保试验中试样能在没有约束条件下的自由场中振动，试样的长高比应大于10。

2.振动液化强度试验

振动必须是接近地震时剪切波自基岩向上垂直输入的情况，故试样制备完毕后，须在试样上覆以密封角膜，其上施以气压或惯性压力装置以模拟液化层的上覆有效压力。试样内侧压可以真空方法施加。在试样的不同部位安装动孔隙水压力传感器和位移传感器，位移传感器应有高灵敏度测小应变的和大量程测大应变的两种。

将选定的频率、振幅、历时等参数激振。这时试样随着振动台的振动产生往复的动剪应力，记录振动台台面振动、孔隙水压力及位移传感器的读数随时间的变化。

当孔隙水压力明显上升，所测各点的孔隙水压力与试样上覆压力相等时，试样即开始出现液化。这时应注意观测位移传感器的变化。试样在液化前振动周期应变很小，出现液化时试样的周期应变会突然增大。

3.剪切模量试验

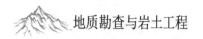

其方法是使振动台按选定的稳态振动对试样施加动荷载，试样产生稳态振动以后，切断振源，测试试样的振动反应，由测得的振动频率计算剪切模量。

第四节 桩基测试技术

一、单桩载荷试验

（一）单桩竖向抗压静载荷试验

1.检测目的

单桩竖向抗压静载荷试验的检测目的是：确定单桩竖向抗压极限承载力，判断竖向抗压承载力是否满足设计要求，通过桩身内力及变形测试，测定桩侧阻力、桩端阻力，验证高应变法的单桩竖向抗压承载力检测结果。

2.常见的Q—S曲线形态

单桩Q—S曲线与只受地基土性桩制约的平板载荷试验不同，它是总侧阻、总端阻随沉降发挥过程的综合反映。因此，许多情况下不出现初始线性变形段，端阻力的破坏模式与特征也难以由Q—S曲线明确反映出来。

3.反力装置

静载荷试验加荷反力装置可根据现场条件选择锚桩横梁反力装置、压重平台反力装置、锚桩压重联合反力装置、地锚反力装置、岩锚反力装置、静力压桩机等。选择加荷反力装置应注意：加荷反力装置能提供的反力不得小于最大加荷量的1.2倍，在最大试验荷载作用下，加荷反力装置的全部构件不应产生过大的变形，应有足够的安全储备。应对加荷反力装置的全部构件进行强度和变形验算，当采用锚桩横梁反力装置时，还应对锚桩抗拔力（地基土、抗拔钢筋、桩的接头混凝土抗拉能力）进行验算，并应监测锚桩上拔量。

4.荷载测量

静载荷试验均采用千斤顶与油泵相连的形式，由千斤顶施载。荷载测量可采用以下两种方式：一是通过放置在千斤顶上的荷重传感器直接测定；二是通过并联于千斤顶油路的压力表或压力传感器测定油压，根据千斤顶率定曲线换算荷载。用荷重传感器测力，不需要考虑千斤顶活塞摩擦对出力的影响；用油压表（或压力传感器）间接测量荷载需对千斤顶进行率定，受千斤顶活塞摩擦的影响，不能简单地根据油压乘以活塞面积计算荷载，同型号千斤顶在保养正常状态下，相同油压时的出力相对误差为1%～2%，非正常时可高达5%。

近几年来，许多单位采用自动化静载荷试验设备进行试验，采用荷重传感器测量荷重或采用压力传感器测定油压，实现加卸荷与稳压自动化控制，不仅可减轻检测人员的工作强度，而且测试数据准确可靠。关于自动化静载荷试验设备的量值溯源，不仅应对压力传感器进行校准，而且应对千斤顶进行校准，或者对压力传感器和千斤顶整个测力系统进行校准。

压力表一般由接头、弹簧管、传动机构等测量系统，指针和度盘等指示部分，表壳、罩圈、表玻璃等外壳部分组成。在被测介质的压力作用下，弹簧管的末端产生弹性位移，借助抽杆经齿轮传动机构的传动予以放大，由固定于齿轮轴上的指针将被测压力值在度盘上指示出来。

采用荷重传感器和压力传感器同样存在量程和精度问题，一般要求传感器的测量误差不应大于1%。

千斤顶校准一般从其量程的20%或30%开始，根据5～8个点的检定结果给出率定曲线（或校准方程）。选择千斤顶时，最大试验荷载对应的千斤顶出力宜为千斤顶量程的30%～80%。当采用2台及2台以上千斤顶加荷时，为了避免受检桩偏心受荷，千斤顶型号、规格应相同且应并联同步工作。

试验用油泵、油管在最大加荷时的压力不应超过规定工作压力的80%，当试验油压较高时，油泵应能满足试验要求。

（二）单桩竖向抗拔静载荷试验

1.检测目的

确定单桩竖向抗拔极限承载力，判断竖向抗拔承载力是否满足设计要求，通过桩身内力及变形测试，测定桩的抗拔摩擦力。

2.破坏机制及极限状态

在上拔荷载作用下，桩身首先将荷载以摩阻力的形式传递到周围土中，其规律与承受竖向下压荷载时一样，只不过方向相反。初始阶段，上拔阻力主要由浅部土层提供，桩身的拉应力主要分布在桩的上部，随着桩身上拔位移量的增加，桩身应力逐渐向下扩展，桩的中、下部的上拔土阻力逐渐发挥。当桩端位移超过某一数值（通常为6～10mm）时，就可以认为整个桩身的土层抗拔阻力达到极限，其后抗拔阻力就会下降。此时，如果继续增加上拔荷载，就会产生破坏。

3.反力装置

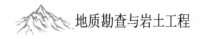

抗拔试验反力装置宜采用反力桩（或工程桩）提供支座反力，也可根据现场情况采用天然地基提供支座反力，反力架系统应具有1.2倍的安全系数。

采用反力桩（或工程桩）提供支座反力时，反力桩顶面应平整并具有一定的强度。为保证反力梁的稳定性，应注意反力桩顶面直径（或边长）不宜小于反力梁的梁宽，否则，应加垫钢板以确保试验设备安装稳定。

采用天然地基提供反力时，两边支座处的地基强度应接近，且两边支座与地面的接触面积宜相同，施加于地基的压应力不宜超过地基承载力特征值的1.5倍；避免加荷过程中两边沉降不均造成试桩偏心受拉，反力梁的支点重心应与支座中心重合。

加荷装置采用油压千斤顶，千斤顶的安装有两种方式：一种是千斤顶放在试桩的上方、主梁的上面，因拔桩试验时千斤顶安放在反力架上面，比较适用于1台千斤顶的情况，特别是穿心张拉千斤顶，当采用两台以上千斤顶加荷时，应采取一定的安全措施，防止千斤顶倾倒或其他意外事故发生。如对预应力管桩进行抗拔试验时，可采用穿心张拉千斤顶，将管桩的主筋直接穿过穿心张拉千斤顶的各个孔，然后锁定，进行试验。另一种是将两个千斤顶分别放在反力桩或支承墩的上面、主梁的下面，千斤顶主梁通过“抬”的形式对试桩施加上拔荷载。对于大直径、高承载力的桩，宜采用后一种形式。

4.荷载测量

静载荷试验均采用千斤顶与油泵相连的形式，由千斤顶施加荷载。荷载测量可采用以下两种形式：一是通过放置在千斤顶上的荷重传感器直接测定；二是通过并联于千斤顶油路的压力表或压力传感器测定油压，根据千斤顶率定曲线换算荷载。一般来说，桩的抗拔承载力远低于抗压承载力，在选择千斤顶和压力表时，应注意量程问题，特别是试验荷载较小的试验桩，采用“抬”的形式时，应选择相适应的小吨位千斤顶，避免“大秤称轻物”。对于大直径、高承载力的试桩，可采用2台或4台千斤顶对其加荷。当采用2台及2台以上千斤顶加荷时，为了避免受检桩偏心受荷，千斤顶型号、规格应相同且应并联同步工作。

（三）单桩水平静载荷试验

1.检测目的

单桩水平静载荷试验采用接近水平受荷桩实际工作条件的试验方法，确定单桩水平临界荷载和极限荷载，推定土抗力参数，或对工程桩的水平承载力进行检验和评价。当桩身埋设有应变测量传感器时，可测量相应水平荷载作用下的桩身应力，并由此计算得出桩身弯矩分布情况，可为检验桩身强度，推求不同深度弹性地基系数提供依据。

2.桩的水平承载性状

在水平荷载作用下，桩产生变形并挤压桩周土，促使桩周土发生相应的变形而产生水平抗力。水平荷载较小时，桩周土的变形是弹性的，水平抗力主要由靠近地面的表层土提供；随着水平荷载的增大，桩的变形加大，表层土逐渐产生塑性屈服，水平荷载将向更深的土层传递；当桩周土失去稳定或桩体发生破坏或桩的变形超过结构的允许值时，水平荷载也就达到极限。

水平承载桩的工作性能主要体现在桩与土的相互作用上，即利用桩周土的抗力来承担水平荷载。

3.弹性地基反力系数法

单桩在水平荷载作用下的变形和内力计算，通常采用按文克勒假定的弹性地基上梁的计算方法，即把承受水平荷载的单桩视为文克勒地基上的竖直梁，通过梁的挠曲微分方程解答，计算桩身的弯矩和剪力，并考虑由桩顶竖向荷载产生的轴力，进行桩的强度计算。

4.加荷装置与反力装置

（1）水平推力加荷装置宜采用油压千斤顶，加荷能力不得小于最大试验荷载的1.2倍。

（2）水平推力的反力可由相邻桩提供；当专门设置反力结构时，其承载能力和刚度应大于试验桩的1.2倍。

（3）水平推力作用点宜与实际桩基承台底面标高一致；千斤顶和试验桩接触处应安置球形支座，千斤顶作用力应水平通过桩身轴线；千斤顶与试桩的接触处桩身应适当补强。

反力装置应根据现场具体条件选用，最常见的方法是利用相邻桩提供反力，即2根试桩对顶；也可利用周围现有的结构物作为反力装置或专门设置反力结构，但其承载力和作用方向上刚度应大于试桩的1.2倍。

5.测量装置

桩的水平位移测量宜采用大量程位移计。在水平力作用平面的受检桩两侧应对称安装2个位移计，以测量地面处的桩水平位移；当需测量桩顶转角时，尚应在水平力作用平面以上50cm的受检桩两侧对称安装两个位移计，利用上下位移计差与位移计算距离的比值可求得地面以上桩的转角。

二、桩基低应变动测试

（一）概述

桩基动力检测技术包括高应变法和低应变法。当作用在桩顶上的能量较大，直接测得的打击力与设计极限值相当时，这便是高应变法；作用在桩上的能量较小，仅能使桩土间产生微小扰动，这类方法称为低应变法。目前，高应变法主要有动力打桩公式法、波动方程法、Case法、曲线拟合法、锤击贯入法和动静法等。低应变法主要有机械阻抗法、应力波反射法、球击法、动力参数法和水电效应法等。桩基动力检测具有费用低、快速、轻便、适于普及等优点，这大大地促进了桩基动测技术的研究和应用。

（二）桩的低应变检测

1.桩的低应变检测目的

检测单桩的完整性，检查是否存在缺陷以及缺陷位置，定性判别缺陷的严重程度（但对缺陷位置不能做定量判别）。

2.基本原理与方法

桩顶激发压缩波，并向下传播，当遇到波阻抗界面（接桩部位、扩径缺陷、桩尖）时，压缩波即反射回来。将桩顶接收到的各种反射波与激发波进行比较，根据时间差及频谱特性即可判断波阻抗界面的性质。

桩顶激发可以是瞬态激发（如冲击），也可以是稳态激发，输入某一频率振动测得振幅，然后改变激振频率，记录各频率的振幅，并绘制频谱图即可分析。

如能测到弹性波的传输时间，当波速已知时，即可确定反射波的位置；反之，如桩长已知，即可测到混凝土波速。

3.低应变法检测技术

（1）测量响应系统。低应变动力检测采用的测量响应传感器为压电式加速度传感器。根据压电式加速度计的结构特点和动态性能，当传感器的可用上限频率在其安装谐振频率的1/5以下时，可保证较高的冲击测量精度，且在此范围内，相位误差完全可以忽略，所以，应尽量选用自振频率较高的加速度传感器。

（2）激振设备。瞬态激振操作应通过现场试验选择不同材质的锤头或锤垫，以获得低频宽脉冲或高频窄脉冲。除大直径桩外，冲击脉冲中的有效高频分量可选择不超过2000Hz（钟形力脉冲宽度为1ms，对应的高频截止分量约为2000Hz）。桩直径小时，脉冲可稍窄一些。选择激振设备没有过多的限制，如力锤、力棒等。锤头的软硬或锤垫的厚薄和锤的质量都能起到控制脉冲宽窄的作用，通常前者起主要作用，而后者（包括手锤轻敲或加力锤击）主要是控制脉冲幅值。因为不同的测量系统灵敏度和增益设置不同，灵敏度和增益都较低时，加速度或速度响应弱，相对而言降低了测量系统的信噪比或动态范围；两者均较高时又容易产生过载和削波。通常，手锤即使在一定锤重和加力条件下，由于桩顶敲击点处凹凸不平、软硬不一，冲击加速度幅值变化范围很大（脉冲宽窄也发生较明显变化），有些仪器没有加速度超载报警功能，而削波的加速度波形积分成速度波形后可能不容易被察觉。所以，锤头及锤体质量选择并不需要拘泥于某一种固定形式，可选用工程塑料、尼龙、铝、铜、铁、硬橡胶等材料制成的锤头，或用橡皮垫作为缓冲垫层，锤的质量也可在几百克至几十千克不等。

（3）桩头处理。桩顶条件和桩头处理好坏直接影响测试信号的质量高低。对低应变动测试而言，判断桩身阻抗相对变化的基准是桩头部位的阻抗。因此，要求受检桩桩顶的混凝土质量、截面尺寸应与桩身设计条件基本相同。灌注桩应凿去桩顶浮浆或松散、破损部分，并露出坚硬的混凝土表面；桩顶表面应平整干净且无积水；应将敲击点和响应测量传感器安装点部位磨平，多次锤击信号重复性较差时，多与敲击或安装部位不平整有关；妨碍正常测试的桩顶外露主筋应割掉。对于预应力管桩，当法兰盘与桩身混凝土之间结合紧密时，可不进行处理，否则，应采用电锯将桩头锯平。

当桩头与承台或垫层相连时，相当于桩头处存在很大的截面阻抗变化，会对测试信号产生影响。因此，测试时桩头应与混凝土承台断开；当桩头侧面与垫层相连时，除非对测试信号没有影响，否则应断开。

三、桩基高应变动测试

高应变检测是当今国内外广泛使用的一种快速测桩技术，世界上许多国家和地区都已将此项技术列入有关规范或规程。我国目前的《建筑基桩检测技术规范》（JGJ106—2014）、交通部《港口工程桩基动力检测规程》（JTJ249—2001）以及上海、广东、深圳、天津等许多地方规范、规程中均对桩的高应变检测技术做了规定，并将检测人员和单位的资质列入专项管理范围。

（一）检测仪器和设备

目前，我国桩基工程中应用较多的高应变检测仪有武汉岩海工程技术有限公司生产的RS系列基桩动测仪，中国建筑科学研究院地基基础研究所的FEl桩基动测仪，美国PDI公司的PDA型和PAK型打桩分析仪，中国科学院武汉岩土力学研究所的RSM基桩动测仪以及荷兰建筑材料和结构研究所的TNO基桩诊断系统等。上述仪器各有特点，但是其基本原理和主要功能大致相同，仪器的主要技术指标都能达到我国现行行业标准《基桩动测仪》（JG/T3055—1999）中的有关规定，且具有一定的信号存储、处理和分析功能，可以满足工程检测的需要。

1.传感器选择

传感器的优劣是高应变检测中的重要一环，应慎重选择。目前，采用的传感器大多为环式应变传感器和压电晶体式（或压阻式）加速度传感器。环式应变传感器主要用于量测桩身因锤击产生的应变量，直接关系检测结果的精度，若安装不当或保管不善，易发生扭曲变形，使实测的应变信号失真。压电晶体式加速度传感器的稳定性相对应变计要好一些，但需注意其灵敏度的变化，并要选择与被测桩型相匹配的传感器，如钢桩一般宜选用30000～50000m/s²量程范围，混凝土桩宜选用10000～20000m/s²量程范围。传感器量程太小容易损坏，量程太大又会影响测试的精度。

2.冲击锤选择

冲击锤选择直接影响测试结果。目前，采用冲击试验的锤大致有两种：一种是借用打桩工程中的柴油锤（或液压锤、蒸汽锤），另一种是检测专用的自落锤。前面一种锤有良好的导向装置和垫层，锤击时不易产生大偏心，测出的波形较好。实践中常遇到的问题是桩打入土中间隙一段时间后，原施工用的锤击力偏小，不易使桩达到高应变检测所需的贯入度，得不出桩的极限承载力，解决办法是增大落锤高度或锤重。

（二）高应变检测

1.测试前的准备

测试前应首先进行现场调查，包括测试场地的条件、成桩（或沉桩）后的间隙时间、安全问题及桩顶是否需要加固等。

混凝土预制桩和钢桩，一般不进行加固，若桩顶破损严重，则需修复或加固。混凝土灌注桩一般应进行桩顶加固：凿除顶部原有强度较低的混凝土，将桩接长至试验所需高度，接长部分的混凝土强度应高于原桩身混凝土强度1～2级；为防止锤击时桩顶出现纵向裂缝，宜在加固段四周设置钢套箍或在顶部设置2～3层钢筋网片。有条件时也可用环氧砂浆加固桩顶。桩顶接长部分的形状和面积应与原桩身相同，这样可以避免界面反射波的干扰。

应详细了解桩型尺寸、桩长和有关地质资料，以便选择合适的冲击设备。

2.传感器安装

传感器安装是高应变动测工作中很重要的一环，它直接影响测试的精度，甚至关系测试的成败。按目前的常规方法，可得出高应变检测锤击时桩顶附近同一截面处的锤击力和质点运动速度，锤击力是由桩身实测应变换算得出的，质点运动速度是通过实测加速度积分得出的（目前在中国和美国也有通过实测锤体加速度转换成桩顶冲击力的，但必须使用整体铸造且具有一定高径比的铁锤，才能视锤为一刚体）。

（三）桩身质量判别

用高应变法去普查工程桩的质量是不经济的，一是设备重、成本高，二是速度慢。但当低应变难以判定或对低应变判别为Ⅲ类桩的，宜用高应变进一步验证。高应变判别桩身质量有以下优点。

（1）高应变检测时作用在桩顶的锤击能量大，可测出长桩下部缺陷或桩身多个缺陷，并可得到桩端土密实度信息，这些是低应变法难以得到的。

（2）可对桩身缺损程度做定量分析。

（3）当低应变判断预制桩接缝处有明显反射时，可先将此类桩按低应变检测结果进行分类，再选一些有代表性的桩，用高应变法进一步判别是接头断开还是施工时缝隙偏大，以便决定是否要进行处理。

四、桩基完整性声波测试

（一）声波透射法检测

1.基本原理及方法

混凝土是由多种材料组成的多相非均质体。对于正常的混凝土，声波在其中传播的速度有一定范围，传播路径遇到混凝土有缺陷时，如断裂、裂缝、夹泥和密实度差等，声波要绕过缺陷或在传播速度较慢的介质中通过，声波将发生衰减，造成传播时间延长，使声时增大、计算声速降低、波幅减小、波形畸变。因此，可利用超声波在混凝土中传播的这些声学参数的变化，来分析判断桩身混凝土质量。声波透射法检测桩身混凝土质量是在桩身中预埋2～4根声测管，将超声波发射、接收探头分别置于2根导管中，进行声波发射和接收，使超声波在桩身混凝土中传播，用超声仪测出超声波的传播时间、波幅、频率及深度等物理量，就可判断桩身结构完整性。

2.使用范围

声波透射法适用于检测桩径大于0.6m的混凝土灌注桩的完整性。因为桩径较小时，超声波换能器与检测管的声耦合会引起较大的相对测试误差。其桩长不受限制。

（二）检测技术

1.声测管的埋设及要求

声测管是声波透射法测桩时，径向换能器的通道，其埋设数量决定了检测剖面的个数，同时也决定了检测精度。声测管埋设数量越多，则两两组合形成的检测剖面越多，声波对桩身混凝土的有效检测范围更大、更细致，但需消耗更多的人力、物力，增加了成本；减少声测管数量虽然可以缩减成本，但同时也减小了声波对桩身混凝土的有效检测范围，降低了检测精度和可靠性。

2.声测管管材、规格

对声测管的材料有以下两个方面的要求：

（1）有足够的强度和刚度，保证混凝土灌注过程中不会变形、破损，声测管外壁与混凝土黏结良好，不产生剥离缝，不会影响测试结果。

（2）有较大的透声率：一方面，保证发射换能器的声波能量尽可能多地进入被测混凝土中；另一方面，可使经混凝土传播后的声波能量尽可能多地被换能器接收，提高测试精度。

目前，常用的声测管有钢管、钢制波纹管和塑料管3种。

声测管内径大，换能器移动顺畅，但管材消耗大，且换能器居中情况差；声测管内径小，则换能器移动时可能遇到障碍，但管材消耗小，换能器居中情况好。因此，声测管内径通常比径向换能器的直径大10～20mm即可。

3.声测管的连接与埋设

用作声测管的管材一般不长（钢管为6m长一根），当受检桩较长时，需把管材一段一段地连接，接口必须满足下列要求：

（1）有足够的强度和刚度，保证声测管不致因受力而弯折、脱开。

（2）有足够的水密性，在较高的静水压力下不漏浆。

（3）接口内壁保持平整通畅，不应有焊渣、毛刺等凸出物，以免妨碍接头的上、下移动。

声测管通常有两种连接方式：螺纹连接和套筒连接。

声测管一般用焊接或绑扎的方式固定在钢筋笼内侧，在成孔后，灌注混凝土之前随钢筋笼一起放置于桩孔中，声测管应一直埋到桩底，声测管底部应密封，如果受检桩不是通长配筋，则在无钢筋笼间应设加强箍，以保证声测管的平行度。

安装完毕后，声测管的上端应用螺纹盖或木塞封口，以免落入异物，阻塞管道。声测管的连接和埋设质量是保证现场检测工作顺利进行的关键，也是决定检测数据的可靠性以及试验成败的关键环节，应引起高度重视。

4.声测管的其他用途

（1）替代一部分主钢筋截面。

（2）当桩身存在明显缺陷或桩底持力层软弱达不到设计要求时，声测管可以作为桩身压浆补强或桩底持力层压浆加固的工程事故处理通道。

第五节　岩土工程监测技术

一、基坑工程监测

在深基坑开挖过程中，基坑内外土体应力状态的改变将引起支护结构承受的荷载发生变化，并导致支护结构和土体的变形。支护结构内力和变形以及土体变形中的任一量值超过允许的范围，就会造成基坑的失稳破坏或对周围环境造成不利影响。而由于岩、土体介质的复杂性，目前基坑工程设计在相当程度上仍依赖经验。在进行基坑设计时，常常对地层条件和支护结构进行一定的简化与假定，如此，对结构内力计算以及结构和土体变形的预估往往与工程实际情况之间存在较大差异。因此，基坑施工过程中，在理论分析的指导下，对基坑支护结构、基坑周围的土体和相邻的建（构）筑物进行全面、系统的监测就显得十分必要。通过监测才能对基坑工程自身的安全性和基坑工程对周围环境的影响程度有全面的了解，及早发现工程事故隐患，并能在出现异常情况时，及时调整设计和施工方案，为采取必要的工程应急措施提供依据，从而减少工程事故的发生，确保基坑工程施工的顺利进行。

（一）基坑监测的目的和内容

（1）确保支护结构的稳定和安全以及基坑周围建筑物、构筑物、道路及地下管线等的安全与正常使用。根据监测结果，判断基坑工程的安全性和周围环境的影响，防止工程事故和周围环境事故的发生。

（2）指导基坑工程的施工通过现场监测结果的信息反馈，采用反分析方法求得更合理的设计参数，并对基坑后续施工工况的工作性状进行预测，指导后续施工的开展，达到优化设计方案和施工方案的目的，并为工程应急措施的实施提供依据。

（3）验证基坑设计方法，完善基坑设计理论。基坑工程现场实测资料的积累为完善现行的设计方法和设计理论提供依据。监测结果与理论预测值的对比分析，有助于验证设计和施工方案的正确性，总结支护结构和土体的受力与变形规律，推动基坑工程的深入研究。

（二）基坑监测方案设计

基坑监测方案设计是否合理直接影响监测结果的可靠性。因此，基坑监测方案设计是基坑监测能否顺利实施的重要环节。要编制一份技术可行、操作简便、经济合理的基坑监测方案，首先，需要收集并掌握基坑工程所处场地的地质条件、结构构造物以及周围环境的基本资料。这类资料通常有岩土工程勘察报告，围护结构、主体结构桩基，综合管线以及基础施工组织的图纸和报告等，通过资料分析，确定监测的基本思路。其次，需要对设计部门或委托方提出的基坑工程监测技术要求进行分析，如对监测内容、测点布置、仪器设备、监测频率等设计方或委托部门有无具体要求，以便编制方案时尽量满足对方要求。最后，进行现场踏勘，进一步掌握基坑工程施工场地环境及其与周围环境的关系，确认方案设计的可行性。

基坑监测方案通常包括工程概况、设计依据、监测目的、监测内容、测点布置、监测方法、监测精度、所需监测仪器设备、监测频率、监测报警值；异常情况下的监测措施、监测数据的记录制度和处理方法、工序管理及信息反馈制度、监测人员配备等内容。

监测方案设计完毕，应提交相关各方审定、认可。必要时还须与有关单位如市政、人防、自来水以及燃气等部门进行沟通，以便于实施。

（三）基坑监测的基本要求

（1）为了使监测数据具有可靠性和真实性，应确保监测仪器的精度。监测前，必须按有关规定对所用的仪器设备进行校检；确保测点可靠，应定期进行稳定性检测；监测人员应相对固定，并使用同一仪器和设备；所有监测数据必须以原始记录为依据。

（2）监测数据应在现场及时处理，发现监测数据变化速率突然增大或监测数据超过警戒值时应及时复测和分析原因，以保证及时发现隐患，采取相应的应急措施。

（3）应根据工程的具体情况，对变形值、内力值及其变化速率等预设警戒值。当监测值超过警戒值时，应根据连续监测资料和各项监测内容综合分析其产生原因及发展趋势，确定是否采取应急补救措施。

（4）基坑监测应该有完整的监测记录，并提交相应的图表、曲线和监测报告等。

二、地下工程监测与监控

（一）地下工程监控范围

地下工程监测的精度和监控范围，或者说对地下工程是进行较为系统的监测监控，还是只进行局部监测，取决于工程的规模和围岩的类别。根据相应的规范和地下工程监测的实践，地下工程的跨度小于5m，且围岩类别较高（如Ⅰ～Ⅳ类围岩）时，只需进行局部适当监测；而当地下工程跨度大于20m（如水电站地下厂房等）时，即便是Ⅰ类围岩也应进行较为系统的现场监测监控。

但从施工安全角度考虑，任何规模的隧道或地下工程均应进行监测。

（二）地下工程监测的内容与项目

系统而完整的地下工程监测监控过程，应包括以下基本监测内容和监测手段：

1.现场观测

现场观测包括掌子面附近的围岩稳定性、围岩构造情况、支护变形与稳定情况及校核围岩分类观测。

2.岩体力学参数测试

岩体力学参数测试包括抗压强度、变形模量、黏聚力、内摩擦角及泊松比等测试。

3.应力应变测试

应力应变测试包括岩体原岩应力，围岩应力、应变，支护结构的应力、应变及围岩与支护和各种支护间的接触应力测试。

4.压力测试

压力测试包括支撑上的围岩压力和渗水压力等测试。

5.位移测试

位移测试包括围岩位移（含地表沉降）、支护结构位移及围岩与支护倾斜度测试。

6.温度测试

温度测试包括岩体温度、洞内温度及气温测试。

7.物理探测

物理探测包括弹性波（声波）测试和视电阻率测试。

（三）监测方案设计

1.监测项目的确定原则

监测项目的确定应坚持以下原则：

（1）以安全观测项目为主。作为判断地下隧洞围岩稳定的最直观、最可靠的位移观测和应力观测，应成为最主要的观测项目。其中对中小地下隧洞，应以围岩收敛观测为主；对具有高边墙、大跨度的地下厂房，其位移观测项目（仪器），应以钻孔多点位移计为主，并以钻孔测斜仪配合，前者可测量围岩内部不同深度处位移，后者则具有隐蔽性好、位移变化连续的特点。无论是哪一个观测项目，其在空间分布和数量上，都应遵循以安全观测为主的原则。

（2）观测项目设计宜体现全面性。观测项目不仅要重点突出，还要考虑全面性的原则，因为观测目的是多方面的，不仅要考虑围岩安全，还要考虑荷载条件及变化、设计和计算等要求，但对于次要观测项目，如围岩温度观测，宜少量布置。

（3）观测项目宜同步设置。对系统观测断面的观测点及重要部位的随机观测点，应同时埋设两类或两类以上观测项目（仪器），如围岩内部位移观测、锚杆应力观测、锚索应力观测等。这样可以通过成果的互相印证，提高成果的可靠性。

（4）少而精。对长期观测项目（包括施工期和运行期），应在反映地下厂房围岩实际工作状况的前提下，力求做到少而精。

（5）经济性原则。在保证观测仪器质量的前提下，应适当考虑观测仪器的经济性。

2.观测布置

观测布置包括观测断面的确定（断面间距）和观测测点的布置。观测断面又可分为系统观测断面和一般观测断面。观测手段互相校验、印证，综合分析观测断面的变化，这种观测断面称为系统观测断面；仅将单项观测内容布置在一个观测断面内（通常指收敛观测断面或称必测项目断面），了解围岩和支护在这个断面上各部位的变化情况，这种观测断面称为一般观测断面。

通常认为，从围岩稳定性监控出发，应重点观测围岩质量差及局部不稳定块体；从反馈设计、评价支护参数合理性出发，则应在具有代表性的地段设置观测断面，在特殊的工程部位（如洞口和分叉处），也应设置观测断面。

3.监测手段和仪表的选择

监测手段和仪表的确定主要取决于围岩工程地质条件和力学性质，以及测试的环境条件。通常，对于软弱围岩中的隧洞工程，由于围岩变形量值较大，因而，可以采用精度稍低的仪器和装置；而在硬岩中则必须采用高精度监测元件和仪器。在一些干燥无水的隧洞工程中，电测仪表往往能很好地工作；在地下水发育的地层中进行电测就较为困难。埋设各种类型的监测元件时，对深埋地下工程，必须在隧洞内钻孔安装；对浅埋地下工程则可以从地表钻孔安装，从而可以监测隧洞工程开挖过程中围岩变形的全过程。

4.观测频度的确定

各观测项目原则上应根据其变化的大小和距工作面距离来确定观测频度，如洞周收敛位移和拱顶下沉的观测频度可根据位移速度及离开挖面的距离而定。当测线、测点位移量值和速度不同时，应以产生最大的位移者来确定量测频度，整个断面内各测线和测点应采用相同的观测频度。《岩土锚杆与喷射混凝土支护工程技术规范》（GB50086—2015）规定的观测频度为：在隧洞开挖或支护后的半个月内，每天应观测1～2次；半个月后到一个月内，或掌子面推进到距观测断面大于2倍洞径的距离后，每2d观测一次；1～3个月期间，每周测读1～2次；三个月以后，每月测读1～3次。若设计有特殊要求，则可按设计要求执行。若遇突发事件或原因参量发生异常变化，则应按特殊观测要求执行，即应加强观测，增加观测频度。

三、边坡工程监测

如何有效地预防边坡事故一直是岩土工程研究的主要内容，但迄今仍难以找到准确评价的理论和方法。比较有效的处理方法是理论分析、专家群体经验知识和监测控制系统相结合综合集成的理论和方法。因此，边坡监测是研究边坡工程的重要手段之一。

（一）岩土工程监测的目的

边坡监测受到地形地貌、地质条件、工程施工情况、边坡的稳定性程度、监测经费等众多因素的制约，是一个复杂的系统。概括起来，岩土工程监测的目的是：

（1）检验岩土工程施工质量是否满足岩土工程设计和有关规程、规范的要求。

（2）指导岩土工程的施工方法、流程和施工进度。通过岩土工程监测反馈分析岩土工程设计与施工是否合理，并为后续设计与施工方案提供优化意见。

（3）检测岩土工程施工对环境的影响，验证岩土工程施工防护措施的效果。

（4）及时发现和预报岩土工程施工过程中出现的异常情况，防止岩土工程施工事故，保障岩土工程施工安全。

（5）提供定量的岩土工程质量事故鉴定依据。

（6）为建（构）筑物的竣工验收提供所需的监测资料。

（二）边坡工程监测内容、方法与设备

1.边坡工程监测的内容

边坡工程监测的具体内容应根据边坡的等级、地质条件、加固结构特点等综合考虑。

2.边坡工程监测方法及监测设备

常用的边坡工程监测方法有简易观测法、设站观测法、仪表观测法和远程观测法等，本书主要介绍前两种方法。

（1）简易观测法。该方法主要观测边坡工程中可能出现的地表裂缝、地面鼓胀、沉降、坍塌、建筑物变形特征（如发生、发展的位置，规模，形态，时间等）及地下水位变化、地温变化等现象。

这种方法对滑坡等地质灾害进行观测较为适合。可以从宏观上掌握崩塌、滑坡的变形动态及发展趋势，也可以结合仪器监测资料综合分析，初步判定崩滑体所处的变形阶段及中短期滑动趋势，是一种直接的、行之有效的观测方法。

（2）设站观测法。该方法通过在边坡体上设置变形观测点（呈线状、格网状等），在变形区影响范围之外稳定地点设置固定观测站。用测量仪器（经纬仪、水准仪、测距仪、摄影仪及全站型电子速测仪、GPS接收机等）定期监测变形区内网点的三维位移变化。设站观测法可细分为大地测量、GPS测量、近景摄影测量与全站式电子测速仪等。

第八章 矿产勘察取样

第一节 取样理论基础

一、取样理论的几个基本概念

（一）总体

总体是根据研究目的确定的所要研究同类事物的全体。例如，如果我们研究的对象是某个矿体，那么该矿体就是总体；如果研究的是某个花岗岩体，那么该岩体就是总体。在实际工作中，我们关注的是表征总体属性特征的分布。例如矿体的品位、厚度，花岗岩的岩石化学成分等。在统计学中，总体是指研究对象的某项数量指标值的全体（某个变量的全体数值）。只有一个变量的总体称为一元总体；具有多个变量的总体称为多元总体。总体中每一个可能的观测值称为个体，它是某一随机变量的值。总体是矿产勘查中最重要的研究对象。

（二）样品

样品是总体的一个明确的部分，是观测的对象。在大多数整体中，样品常常是一个单项（一个单体或一件物品）、一个基本单位（不能划分成更小的单位）或者是可以选作样本的最小单位。在矿产勘查中，取样单位是由地质人员规定的，而且，为了获得有用的数据，这种规定必须包括取样单位的大小（体积或重量）和物理形状（如刻槽尺寸、钻孔岩芯的大小、把岩芯劈开还是提取整个岩芯，以及取样间距等）。

（三）样本

样本由一组代表性样品组成。其中，样品的个数（n）称为样本的大小或样本容量。在统计学参数估计中，n≥30称为大样本，大样本的取样分布近似于服从正态分布；

n<30为小样本。研究样本的目的在于对总体进行描述或从中得出关于总体的结论。

（四）参数

总体的数字描述性度量（数字特征）称为参数。在一元总体内，参数是一个定值，但这个值通常是未知的，必须进行估计；参数用于代表某个一元总体的特征，经典统计学中最重要的参数是总体的平均值、方差和标准差。平均值描述观测值的分布中心、方差或标准差描述观测值围绕分布中心的行为。

每个数字特征描述频率分布的一个方面，虽然它们不能描述频率分布的确切形状，但能说明总体的形状概念。例如，“某个金矿体的矿石量为1000万t，金的平均品位为5g/t”，这两个数字特征虽然没有详细地描述出该矿体的细节，但给出了规模和质量的概念。

（五）统计量

样本的数字描述性度量称为统计量，即是根据样本数据计算出的量，如样本平均值、方差和标准差等。利用统计量可以对描述总体的参数进行合理的估计。

（六）平均值

平均值是一个最常用、最重要的总体特征数字，矿产勘查中常用的平均品位、平均厚度等都是一种平均值，用得最多的是算术平均值和加权平均值。

（七）方差和标准差

方差是度量一组数据对其平均值的离散程度大小的一个特征数。样本方差的平方根称为标准差。方差和标准差是统计学最重要的统计量，不仅用于度量数据的变化，而且在统计推理方法中起着重要的作用。

（八）变量的分布

变量的变异形式称为分布，分布记录了该变量的数值以及每个值出现的次数。为了了解变量的分布，将样本数据按照一定的方法分成若干组，每组内含有数据的个数称为频数，某个组的频数与数据集的总数据个数的比值叫作这个组的频率。频率分布直方图是表现变量分布的一种常见经验方式，概率分布是频率分布的理论基础。

二、取样的目的

取样的目的是获取参加某项研究的个体（样品）的精确信息以获得有关总体的信

息，多数情况下是估计总体的平均值。从主观上讲，我们希望所获样本能够尽可能精确地提供有关总体的信息，但每增加一个数据（样品）都是有代价的。因此，我们的问题是如何才能够以最少的经费、时间和人力通过取样获得有关总体的精确信息。由于信息和成本之间存在着约束，在给定成本的条件下可以通过合理的取样设计，使获取的总体信息量达到最大。

矿产勘查早期阶段取样的目的可能是了解某个矿化带的范围以及质和量的粗略估计；容量很小的样本不应看作取样区域的代表，因而不能得出经济矿床存在或缺失的结论。随着勘查工作的深入进行，需要研究确定矿石的质和量以及开采条件和加工技术性能，通过精心设计和控制的方式进行系统采样，样本容量将会迅速扩大，而早期的小样本已经构成了后期大样本的一部分。因此，实际工作中所有的取样设计都应考虑最终目的是要精确地估计矿床的品位和吨位，并且应当为实现这一目的而进行详细的规划。每个取样阶段所获得估值的可靠性可以用统计分析来表示。

三、取样的理论

取样理论主要研究样本和总体之间的关系，我们采集所有与样本相关的信息，目的在于推断总体的特征。其中，首要的问题是选择能够代表总体的样本。

取样理论是围绕这样一个概念建立起来的，即如果无偏差地从总体中选择足够多的代表性样品组成样本，那么，该样本的平均值就近似等于该总体的平均值。现代取样理论试图回答在给定的范围和约束条件下需要采集的样品个数，并且寻求如何以最低的成本为目前所待解决的问题提供足够精确估值的取样方法和估值方法。为了实现这些目的，需要借助于统计学理论。

矿床或块段的平均品位是基于对矿床或块段的取样分析结果估计的，矿产取样（包括采样、样品加工、分析等步骤）常常是评价矿产资源储量最关键的步骤。

（一）取样分布

对于每个随机样本，我们都可以计算出诸如平均值、方差、标准差之类的统计量。这些数字特征与样本有关，并且随样本的变化而变化，于是可以得出统计量的概率分布或概率密度函数，这类分布称为取样分布。例如，我们度量每个样本的平均值，那么，所获得的分布就是平均值的取样分布。同理，我们还可以得出方差、标准差等统计量的分布。对于取样分布而言，如果全部样本某个统计量的平均值等于其相应的总体参数，那么，该统计量就称为其参数的无偏估计量（例如，样本平均值是总体平均值的无偏估计量），否则，就是有偏估计量（例如，样本标准差是总体标准差的有偏估计量）。

根据中心极限定理，如果总体是正态分布，那么，无论样本的大小如何，其平均值的取样分布都服从正态分布；如果总体是非正态分布，那么只是对于较大值来说，平均值的取样分布才近似于正态分布。

（二）点估计

把统计学的知识应用于矿产勘查中，在大多数情况下，矿体的参数真值或其概率分布是不可能知道的，即使在其被开采完毕后，由于开采过程中的贫化、损失等，仍然不可能获得其参数的真值。我们实际所获得的数据是样本的观测值。显然，我们所面临的问题是应当利用样本的功能来估计所研究的矿体的重要未知参数——平均品位、平均吨位及其方差等。由于不可能知道其真值，就必须借助于样本值来对这些参数进行估计。换句话说，以样本统计量作为其参数的估值，例如，把根据样本求出的平均品位作为矿床（矿体、矿段或矿块）平均品位的估值。

利用单值（或单点）估计总体未知参数的统计推断方法称为参数的点估计。在矿产勘查中，点估计的应用极为广泛，如根据不同勘查阶段获得的矿体平均品位、平均厚度、平均体重等（样本平均值）估计矿体相应的参数，根据从某个地质体中获得的某种元素的样本平均值估计该元素在该地质体中的含量值等。

（三）区间估计

如果样本频率分布趋近于正态分布，那么，样本数据的平均值、方差、标准差等统计量能够提供样本所代表的矿床（体）相应参数的合理估计。

如果样本分布服从对数正态分布，那么，应当计算样本的几何平均值和标准差。许多矿床类型，尤其是浅成热液金矿床以及热液锡矿床等，几何平均值能够更合理地提供矿床（体）平均品位的估值。

（四）估值精度

各种估值都能够以百分数的形式计算出其精度，所获得的值可以与我们认为能够接受的水平进行比较，如果该值太高，那么，有必要进行补充取样增加数据的密度。

四、取样的方法

经典统计学中一般采用概率取样方法。概率取样是基于设计好的随机性，即在某种事先确定方法基础上选择用于研究的样品，从而消除在样品选择过程中可能引入的偏差（包括已知和未知的偏差），在概率取样过程中，总体的每个成员都有被选中的可能。非概率取样是以某种非随机的方式从总体中获取样品。

概率取样方法包括随机取样、层状取样、丛状取样，以及系统取样四种基本的取样技术。

（一）随机取样

从大小为N的总体中通过随机取样获取大小为n的样本。假设每个大小为n的样本都有同等被选中的机会，那么，该样本就是随机样本。

随机取样操作简便、成本较低，主要缺点是不能用于面积性的等间距取样。在我们的实际工作中，样品加工和化学分析一般采用随机取样形式进行抽样。有时也可同时采用随机形式和面积性的系统形式。例如，先在研究区内粗略地布置取样网格，然后取样者到网格点所在的实地随机地选取采样位置；或者是在精确布置好的取样位置周围，随机地采集若干岩（矿）石碎屑组成一个样品。

（二）层状取样

层状取样适合于分布不均匀的总体，其操作首先需要把总体分成若干个非重合的组，每个组称为一个层，每个层内的个体从某种意义上说是均匀分布的或是相似的；然后采用随机取样的方式把从每个层中获取的样品组成小样本，最后把各层的小样本合并成一个样本，这种样本称为层状样本。相对于随机取样而言，层状取样的优点是可以采取较少数量的样品获得相同或更多的信息，这是因为每个层中的个体都有相似的特征。

在矿产勘查中，因岩石或矿石类型不同而要求分层取样，但实际操作中，分层取样几乎总是与面积性的系统取样形式结合使用。具体地说，就是垂直于主要矿化带按一定间距布置剖面线，然后在剖面线上按一定间距进行分层取样。

第二节 矿产勘查

一、矿产勘查取样的定义

在矿产勘查学中应用统计学理论时，我们应当意识到样本的统计学定义与其在矿产勘查中的相应定义之间的差异：在统计学中，样本是一组观测值；而在矿产勘查学中，样本是矿化体的一个代表性部分，分析其性质是为了获得某个统计量，如矿化体品位或厚度的平均值。矿产勘查取样需要统计学理论的指导，但其研究对象和研究内容具有特殊性，而且必须借助于一定的技术手段才能获得相关的样品。

矿产勘查取样是指按照一定要求，从矿石、矿体或其他地质体中采取一定容量的代表性样本，并通过对所获得样本中的每个样品进行加工、化学分析测试、试验或者鉴定研究，以确定矿石或岩石的组成、矿石质量（矿石中有用和有害组分的含量）、物理力学性质、矿床开采技术条件以及矿石加工技术性能等方面的指标而进行的一项专门性工作。根据该定义，矿产勘查取样工作由三部分组成。

（一）采样

从矿体、近矿围岩或矿产品中采取一部分矿石或岩石作为样品，这一工作称为采样。

（二）样品加工

由于原始样品的矿石颗粒粗大、数量较多或体积较大，所以需要进行加工，经过多次破碎、拌匀、缩分使样品达到分析、测试要求。

（三）样品的分析、测试或鉴定研究

本节只对采样方法进行简要介绍，有关样品加工和分析测试方面的内容将在下一节涉及。

二、矿产勘查中常用的采样方法

采样是矿产勘查取样的一个基础环节，矿产勘查各阶段都必须进行采样工作。由于采样目的和所采集的样品种类、数量以及规格不同，采用的采样方法也有所不同。常用的采样方法主要有以下几种。

（一）打（拣）块法

打（拣）块法是在矿体露头或近矿围岩中随机（实际工作中却常常是主观）地凿（拣）取一块或数块矿（岩）石作为一个样品的采样方法。这种方法的优点是操作简便、采样成本低。在矿产勘查的初级阶段，利用这种方法查明矿化的存在与否，所采集的往往是最有可能矿化的高品位样品，因而在有关打（拣）块取样结果的报告中一般采用“高达”的术语来描述，例如，“拣块样中发现含金量高达30g/t”。这种情况下获得的品位不是矿化体的平均品位，只能表明矿化的存在而不能说明其经济意义，并且这种方法也不能给出矿化的厚度。在矿山生产阶段，常常利用网格拣块法（在矿石堆上按一定网格在节点上拣取重量或大小相近的矿石碎屑组成一个或几个样品）或多点拣块法（在矿车上多个不同部位拣块组合成一个样品）采样进行质量控制。

（二）刻槽法

在矿体或矿化带露头，或人工揭露面上按一定规格和要求布置样槽，然后采用手凿或取样机开凿样槽，再将槽中凿取下来的矿石或岩石作为样品的采样方法称为刻槽法。刻槽取样的目的是要确定矿化带或矿体的宽度和平均品位，样槽可以布置在露头上、探槽中以及地下坑道内。样槽的布置原则是样槽的延伸方向要与矿体的厚度方向或矿产质量变化的最大方向相一致，同时，要穿过矿体的全部厚度。当矿体出现不同矿化特点的分带构造时，为了查明各带矿石的质量和变化性质，需要对各带矿石分别采样，这种采样称为分段采样。

样品长度又称为采样长度，是指每个样品沿矿体厚度或矿化变化最大方向采集的实际长度。例如，对于刻槽法采样，即为每个样品所占有的样槽长度；而对于钻探采样来说，则是每个样品所占有的实际进尺。在矿体上样槽贯通矿体厚度，当矿体厚度大时，样槽延续可以相当长。样品长度取决于矿体厚度大小，矿石类型变化情况和矿化均匀程度，最小可采厚度和夹石剔除厚度等因素。当矿体厚度不大，或矿石类型变化复杂，或矿化分布不均匀时，当需要根据化验结果圈定矿体与围岩的界线时样品长度不宜过大，一般以不大于最小可采厚度或夹石剔除厚度为宜。当工业利用上对有害杂质的允许含量要求极严时，虽然夹石较薄，也必须分别取样，这时长度就以夹石厚度为准。当矿体界线清楚、矿体厚度较大、矿石类型简单、矿化均匀时，则样品长度可以相应延长。

样槽断面的形状主要为长方形，样槽断面的规格是指样槽横断面的宽度和深度，一般表示方法为宽度×深度，如10cm×3cm。

影响样槽断面大小的因素有：

（1）矿化均匀程度。矿化越均匀，样槽断面越大；反之，则越小。

（2）矿体厚度。矿体厚度大时，断面可小些，因为小断面也可保证样品具有足够质量。

（3）当有用矿物颗粒过大、矿物脆性较大、矿石过于疏松时，需适当加大样槽断面。

这几个因素要全面考虑、综合分析，不能根据一个因素决定断面大小。一般认为起主要作用的因素是矿化均匀程度和矿体厚度。样品长度和样槽断面规格可利用类比法或试验法确定。

刻槽法主要用于化学取样，适用于各种类型的固体矿产，在矿产勘查各个阶段获得广泛应用。

（三）岩（矿）芯采样

岩（矿）芯采样是将钻探提取的岩（矿）芯沿长轴方向用岩芯劈开器或金刚石切割机

切分为两半或四份，然后取其中一半或1/4作为样品，所余部分归档存放在岩芯库。

岩（矿）芯采样的质量主要取决于岩（矿）芯采取率的高低。如果岩（矿）芯采取率不能满足采样要求时，必须在进行岩（矿）芯采样的同时，收集同一孔段的岩（矿）粉作为样品，以便用两者的分析结果来确定该部位的矿石品位。

（四）岩（矿）屑采样

岩（矿）屑采样是使用反循环钻进或冲击钻进方式收集岩（矿）屑作为样品的采样方法，主要用于确定矿石的品位以及大致进行岩性分层。

（五）剥层法采样

剥层法采样是在矿体出露部位沿矿体走向按一定深度和长度剥落薄层矿石作为样品的采样方法，适用于采用其他采样方法不能获得足够样品质量的厚度较薄（小于20cm）的矿体或分布极不均匀的矿床，剥层深度为5～15cm。该方法还可验证除全巷法外的采样方法的样品质量。

（六）全巷法

地下坑道内取大样的方法称为全巷法，是在坑道掘进的一定进尺范围内采取全部或部分矿石作为样品的一种取样方法。全巷法样品的规格与坑道的高和宽一致，样长通常为2m，样品重量可达数吨到数十吨。

全巷法样品的布置：在沿脉中按一定间距布置采样；在穿脉坑道中，当矿体厚度不大时，掘进所得矿石作为一个样品；当厚度很大时，则连续分段采样。

全巷法样品采取方法：把掘进过程中爆破下来的全部矿石作为一个样品；或在掌子面旁结合装岩进行缩减，采取部分矿石。如每隔一筐取用一筐，或每隔五筐取用一筐，然后把取得的矿石样合并为一个样品；或在坑口每隔一车或五车取一车，再合并为一个样品。取全部或取部分以及如何取这部分样品，这些问题应根据取样任务及其所需样品的质量来决定。取样要求坑道必须在矿体中掘进，以免围岩落入样品而使矿石品位贫化。

全巷法取样主要用于技术取样和技术加工取样，如用来测定矿石的块度和松散系数；用于矿物颗粒粗大、矿化极不均匀的矿床的采样（对这种矿床剥层法往往不能提供可靠的评价资料）。如确定伟晶岩中的钾长石，云母矿床中的白云母或金云母，含绿柱石伟晶岩中的绿柱石，金刚石矿床中的金刚石，石英脉中的金、宝石、光学原料、压电石英等的含量。另外，还用于检查其他取样方法。

全巷法采样在坑道掘进同时进行，不影响掘进工作，样品重量大、精确度高等是其优点。缺点是采样方法复杂、样品重量巨大、加工和搬运工作量大、成本高。所以只有当需要采集技术加工和选冶试验样品以及其他方法不能保证取样质量时才采用此方法。

采集大样除利用地下坑道外，还可利用大直径岩芯、浅井等勘查工程进行采集。

三、采样方法的选择

在矿产勘查中往往需要多种采样方法配合使用，而这些方法的选择首先需要根据勘查项目的目的以及所采用的勘查技术手段来确定，例如，钻探工程项目只能采用岩芯采样和岩屑采样；槽探采用刻槽取样；坑探工程可采用刻槽法、打（拣）块法、全巷法等。其次，还要考虑矿床地质特征和技术经济因素。例如，矿化均匀的矿体可采用打（拣）块法或刻槽法，而矿化不均匀的矿体则可能需要采用剥层法或全巷法进行验证；打（拣）块法和刻槽法的设备简单、操作简便且成本低，而剥层法和全巷法的成本高、效率低。因此，选择采样方法的原则是在满足勘查目的的前提下尽量选择操作简便、成本低、效率高，而且样品代表性好的方法。

四、采样间距的确定

沿矿体或矿化带走向两条相邻采样线之间的距离，称为采样间距。一方面，采样间距越密，样品数量越多，代表性越强，但采样、样品加工以及样品分析的工作量显著增大，成本相应增高。另一方面，采样间距过稀，样品数量不足，难以控制矿化分布的均匀程度和矿体厚度的变化程度，达不到勘查目的。

矿化分布较均匀、厚度变化较小的矿体，可采用较稀的采样间距。反之，则需要采用较密的采样间距。一般情况下，采样间距与勘查工程网度直接相关，确定合理勘查网度的方法也可用于确定合理采样间距，基本方法仍然是类比法、试验法、统计学方法等。

第三节　矿产勘查取样的种类

按取样研究内容和试样检测要求的不同，矿产勘查取样可分为化学取样、岩矿鉴定取样、加工技术取样以及技术取样。

一、化学取样

为测定物质的化学成分及其含量而进行的取样工作称为化学取样。在矿产勘查中，化学取样的对象主要是与矿产有关的各种岩石、矿体及其围岩，矿山生产出的原矿、精矿、尾矿以及矿渣等。通过对样品的化学分析，为寻找矿床、确定矿石中的有用和有害组分及其含量、圈定矿体和估算资源量（储量），以及为解决有关地质、矿山开采、矿石加工、矿产综合利用和环境评价治理等方面的问题提供依据。

（一）化学采样方法

化学的采样主要利用探矿工程进行。在坑探工程中通常采用刻槽法，有时可结合打（拣）块法，并利用剥层法或全巷法对刻槽法的适用性进行验证；在钻探工程中则采用岩芯采样方法，辅以岩屑采样。

（二）样品加工

为了满足化学分析或其他试验对样品最终重量、颗粒大小以及均一性的要求，必须对各种方法所取得的原始样品进行破碎、过筛、混匀以及缩减等程序，这一过程称为样品加工。

例如，送交化学分析的样品，最终重量一般只需要几百克，其中颗粒的最大直径不得超过零点几毫米。但原始样品不仅重量大，而且颗粒粗细不一，各种矿物分布又不均匀。所以，为了满足化学分析的要求，必须事先对样品进行加工处理。

样品最小可靠重量是指在一定条件下，为了保证样品的代表性，即能正确反映采样对象实际情况，所要求的样品最小重量。在样品加工过程中，它是制定样品加工流程的依据，使加工、缩分之后的样品与加工之前的原始样品在化学成分上保持一致，以保证取样工作的质量和研究成果的准确可靠。此外，为了使原始样品具有足够的代表性，也必须根据样品最小可靠重量的要求，选择能获得必要重量样品的采样方法。矿化越不均匀、样品颗粒越粗，需要的样品可靠重量就越大。样品加工的最简单原理是，样品全部颗粒必须碎至的粒度大小要求达到失去其中任何一个颗粒都不会影响化学分析结果的程度。实际工作中，可根据样品加工的经验公式确定样品最小可靠重量。

（三）化学样品的分析与检查

样品经过加工以后，地质考察人员填写送样单，提出化验分析的种类和分析项目等要求，送化验室作分析。化学样品分析的种类很多，根据研究目的要求不同主要有以下5种。

1.基本分析

基本分析又称作普通分析、简项分析或主元素分析，是为了查明矿石中主要有用组分的含量及其变化情况而进行的样品化学分析。它是矿产勘查工作中用量最多的一种样品化学分析工作，其结果是了解矿石质量、划分矿石类型、圈定矿体，以及估算资源量/储量的重要资料依据。分析项目则因矿种及矿石类型而定，例如，铜矿石就分析铜，金矿石分析金，铁矿石分析全铁和可熔铁，若已知全铁与可熔铁的变化规律，就可只分析全铁。当经过一定数量的基本分析，证实某种有用组分含量普遍低于工作指标规定时，可不再列入基本分析项目。

2.多元素分析

一个样品分析多种元素项目叫作多元素分析。它是根据对矿石的肉眼观察或光谱半定量全分析或矿床类型与地球化学的理论知识，在矿体的不同部位选用有代表性的样品，有目的地分析若干个元素项目，以检查矿石中可能存在的伴生有益组分和有害元素的种类和含量，为组合分析提供依据。查定结果某些组分达到副产品的含量要求、某些元素超出了有害组分（或元素）允许的含量要求时，则进一步作组合分析。多元素分析一般在矿产普查评价阶段就要进行。分析项目根据矿床矿石类型、元素共生组合规律、岩矿鉴定和光谱分析结果确定。例如，黑钨石英脉型钨矿床中，共生矿物常有绿柱石、辉铋矿、辉钼矿、锡石、毒砂、闪锌矿、黄铜矿、钨酸钙矿与钨锰铁矿。多元素分析还分析铍、铋、钼、锡、砷、锌、铜、钙等元素。多元素分析样品数目视矿石类型、矿物成分复杂程度而定，一般一个矿区10 ~ 20个即可。

3.组合分析

组合分析是为了了解矿体内具有综合回收利用价值的有用组分，或影响矿产选冶性能的有害组分（包括造渣组分）含量和分布规律而进行的样品化学分析。其分析项目可根据矿石的光谱全分析结果确定。

组合分析样品不需单独采取，由基本样品的副样组合而成。所谓副样，是指经加工后的样品，一半送实验室作分析或试验后，剩余的另一半样品。副样与主样具有同样的代表性，需妥善保存，用作日后检查分析结果和其他研究的备用样品。

基本样品可被组合的条件是其主要元素应达工业品位，应属同一矿体、同一块段、同一矿石的类型和品级。组合的数量一般是8 ~ 12个合成一个，也可20 ~ 30个或更多合成一个，视矿体的物质成分变化稳定情况及是否已掌握组分变化规律而定。具体的组合方法是根据被组合的基本样品的取样长度、样品原始重量或样品体积按比例组合。

组合样品的化验项目一般根据多元素分析结果确定。在基本分析中已做了的项目，不再列入组合分析。只有需要了解伴生组分与主要组分之间的关系时，或需要用组合分析结果来划分矿石类型时，组合分析才包括基本分析中的某些项目。

4.合理分析

合理分析又称为物相分析，其任务是确定有用元素赋存的矿物相，以区分矿石的自然类型和技术品级，了解有用矿物的加工技术性能和矿石中可回收的元素成分。

合理分析样品的采取，通常先利用显微镜或肉眼鉴定初步划分矿石自然类型和技术品级的分界线，然后在此界线两侧采取样品。例如硫化物矿床，在矿物鉴定的基础上，从不同矿石的分带线附近采集一定数量的样品，通过物相分析确定硫化矿物与氧化矿物的比例，据此划分氧化矿石带、混合矿石带以及硫化矿石带，从而为分别估算不同矿石类型的资源量/储量以及分别开采、选矿及冶炼提供依据。

合理样品数目一般为5～20个，可以不专门采样，利用基本分析样品的副样或组合分析的副样组成。需要指出的是，当利用基本分析副样作为试样时，必须及时进行分析，防止试样氧化而影响分析结果。

5.全分析

全分析是分析样品中全部元素及组分的含量，可分为光谱全分析和化学全分析。

（1）光谱全分析

目的是了解矿石和围岩内部有些什么元素，特别是有哪些有益、有害元素和它们的大致含量，以便确定采用化学全分析、多元素分析和微量元素分析的方式。故在预查阶段即需采样进行。光谱全分析样品可采自同一矿体的不同空间部位和不同矿石类型，也可利用代表性地段的基本分析副样按矿石类型组成。样品个数为每种矿石类型几个。

（2）化学全分析

目的是全面了解各种矿石类型中各种元素及组分的含量，以便进行矿床物质成分的研究。化学全分析样品可以单独采样，也可以利用组合分析的副样，大致上每种矿石类型应有1～2个样品。某些以物理性能确定工业价值的矿种（如石棉等），只需用个别化学全分析样以了解其化学成分，判定矿物的种类即可。

（四）化学分析的检查与处理

样品进行化学分析的结果，有时和实际相差很大，这是因为在采样、加工和化验等各个工作过程中都可能产生误差。这种误差可以分为两类：偶然误差和系统误差。偶然误差符号有正有负，在样品数量较大的情况下，可以接近于相互抵消，系统误差则始终是同一个符号，对取样最终结果的正确性影响颇大，因此必须检查其有无，并采取相应的措施进行纠正，保证取样工作的质量。不同实验室产生的误差是不一样的，检查分为下列三种。

1.内部检查

内部检查是指由本单位内部所作的化学分析检查。内部检查只能查出偶然误差。检查方法是选择某些基本样品的副样，另行编号，也作为正式分析样品随同基本样品的正样一起送往化验室分析。取回化验结果后，比较同一样品的结果以检查偶然误差的有无与大小。选择样品作检查时，应考虑矿石的各种自然类型和各种技术品级都选到，还有含量接近边界品位的样品也须检查。检查样品的数量应不少于基本样品总数的10%。内部检查每季度至少进行一次。

2.外部检查

外部检查是由外单位进行的化学分析检查。外部检查可以查明有无系统误差和误差的大小。系统误差可以由分析方法、化学药品质量和设备等原因引起，在本单位是检查不出来的，必须送水平较高的、设备较好的化验单位检查。外部检查的样品数量一般为基本分析样品总数的3%～5%，对于小型矿床，其外部检查样品不少于30个。由队上或公司分期分批指定外部检查号码。当外部检查结果证实基本分析结果有系统误差时，双方协商各自认真检查原因，寻求解决办法。

3.仲裁分析

当外部检查结果证实基本分析结果有系统误差存在，检查与被检查双方无法协商解决时，就要报主管部门批准，另找更高水平的单位进行再次检查分析，这种分析就叫作仲裁分析。如果仲裁分析证实基本分析结果是错误的，则应详细研究错误的原因，设法补救，如无法补救，则基本分析应全部返工。

4.误差性质的判别

将检查分析结果与基本分析结果进行比较，若有70%以上试样的绝对误差偏高或偏低，即认为存在系统误差，否则为偶然误差。通过此法判别有系统误差后，还应进一步采用统计学方法确定有无系统误差以及其值的大小，同时决定能否采用修正系数进行改正处理。

二、技术取样

技术取样又称为物理取样，是指为了研究矿产和岩石的物理性质而进行的取样工作。

矿石技术样品包括矿石体重、矿石相对密度、矿石孔隙度、矿石块度、岩（矿）石物理力学性质等方面的测试样品，其采样和测试方法分述如下。

（一）矿石体重的测定

矿石体重又称为矿石容重，是指自然状态下单位体积矿石的重量，以矿石重量与其体积之比表示。矿石体重是估算资源量/储量的重要参数之一，其测定方法一般分为小体重和大体重两种。

1.小体重法

利用打（拣）块法采集小块矿石（5～10cm见方），采回后立即称其重量，然后根据阿基米德原理，采取封蜡排水的方法确定样品的体积，即可求出样品体重。由于所采集的样品（标本）不能包括矿石中较大的裂隙，因而可视为矿石的密度。这种方法一般需要测定20～50个样品。

2.大体重法

在具有代表性的部位以凿岩爆破的方法（或全巷法）采集样品，在现场测定爆破后的空间体积（所需体积应大于0.125m³）和矿石的重量确定矿石体重的方法，这种方法确定的体重基本上代表矿石自然状态下的体重。一般需测定1～2个大样品，如果裂隙发育，应多测定几个样品。

需要强调的是应按矿石类型或品级采集矿石样品。一般来说，致密块状矿石可以采集小体重样，每种矿石类型不得小于30个样品，求其加权平均值；裂隙发育的块状矿石除了按同样要求采集小体重样品外，还需要采集2～3个大体重样品对小体重值进行检查，如果两者差异较大，则以大体重的值修正小体重值。松散矿石则应采集大体重样，且不得少于3个样品。对于湿度较大的矿石，应采样测定湿度；如果矿石湿度大于3%，其体重值应进行湿度校正。

（二）矿石相对密度的测定

物质的重量和4℃时同体积纯水的重量的比值，叫作该物质的比重，又称为相对密度。矿石相对密度是指碾磨后的矿石粉末重量与同体积水重量的比值，通常采用相对密度瓶法测定。用于测定相对密度的样品可以从测定体重的样品中选出。相对密度值用于估算矿石的孔隙度。

（三）矿石孔隙度的测定

矿石孔隙度是指矿石中孔隙的体积与矿石本身体积的比值，用百分数表示。具体确定方法是分别测定矿石的干体重和相对密度。

（四）矿石块度的测定

矿石块度是指岩石、矿石经爆破后碎块形成的大小程度。块度一般以碎块的三向长度的平均值或碎块的最大长度表示。矿堆块度指矿石的平均块度，一般用矿堆中不同块度的加权平均值表示。块度样品采用全巷法获取，一般在测定矿石松散系数的同时，分别测定不同块度等级矿石的比例，可与加工技术样品同时采集。

在矿山设计阶段，矿石块度是选择破碎机、粉碎机等选矿设备和确定工艺流程的一个重要参数。

（五）岩（矿）石物理力学性质试验

岩（矿）石物理力学性质试验是为测定岩（矿）石物理力学性质而进行的试验。例如，为设计生产部门计算坑道支护材料提供岩（矿）石抗压强度的数据、为矿山制定凿岩掘进劳动定额以及编制采掘计划提供有关岩（矿）石的硬度及可钻性的数据等。样品采集多用打块法。

三、矿产加工技术取样

矿产加工技术取样又称为工艺取样，是指为了研究矿产的可选性能和可冶性能而进行的取样工作，其任务是为矿山设计部门提出合理的工艺流程及技术经济指标，一般在可行性研究阶段进行。加工技术样品试验按其目的和要求不同可分为如下几种类型。

（一）实验室试验

实验室试验是指在实验室条件下采用一定的试验设备对矿石的可选性能进行试验，了解有用组分的回收率、精矿品位、尾矿品位等指标，为确定选矿方案和工艺流程提供资料。实验室试验一般在概略研究或预可行性研究阶段进行。

（二）半工业性试验

半工业性试验也称为中间试验，是为确定合理的选矿流程和技术经济指标以便为建设加工技术复杂的大中型选矿厂提供依据。该项试验近似于生产过程，一般是在可行性研究阶段进行。

（三）工业性试验

工业性试验是在生产条件具备下进行的试验，目的是为大、中型选矿厂提供建设依据或为新工艺、新设备提供设计依据。

加工技术样品的采集方法取决于矿石物质成分的复杂程度、矿化均匀程度以及试样的重量。实验室试验所需试样重量一般为100～200kg，最重为1000～1500kg，可采用刻槽法或岩芯钻探采样法获取；半工业试验一般需5～10吨，工业性试验需几十吨至几百吨，通常采用剥层法或全巷法。

四、岩矿鉴定取样

采集岩石或矿石（包括自然重砂和人工重砂）的标本，通过矿物学、岩石学、矿相学的方法，研究其矿物成分、含量、粒度、结构构造及次生变化等，为确定岩石或矿石的矿物种类、分析地质构造、推断矿床生成地质条件、了解矿石加工技术性能以及划分矿石类型等方面提供资料依据。部分矿产还需借助于岩矿鉴定取样方法测定与矿石质量和加工利用有关的矿物或矿石的加工技术性能，如矿物的晶形、硬度、磁性以及导电性等。

研究目的不同，岩矿鉴定采样的方法也有所不同：

（1）以确定岩石或矿石矿物成分、结构构造等为目的的岩矿鉴定，一般利用打（拣）块法采集样品，采样时应注意样品的代表性，而且尽可能采集新鲜样品。

（2）以确定重砂矿物种类、含量为目的的重砂样品，分为人工重砂或自然重砂样。人工重砂样一般采用刻槽法、网格打（拣）块法、全巷法或利用冲击钻探方法获取；自然重砂样是在河流的重砂富集地段采集。

（3）以测定矿物同位素组成、微量元素成分为目的的单矿物样品，常用打（拣）块法获取。

除上述各种取样外，为了解矿床有用元素赋存状态，有时需要进行专门取样分析鉴定研究，特别是在发现新的矿床类型或矿化类型时，这种取样分析具有重要意义。

第四节　样品分析、鉴定、测试结果的资料整理

一、样品的采集和送样

样品采集后，要仔细检查和整理采样原始资料。具体工作包括：在送样前要确认采样目的已达到设计和有关规定的要求；所采样品应具有代表性、能反映客观实际；采样原则、方法和规格符合要求；各项编录资料齐全准确；确定合理的分析、测试项目；样品的包装和运送方式符合要求。

采集标本应在原始资料上注明采集人、采集位置和编号。标本采集后，应立即填写标签和进行登记，并在标本上编号以防混乱。对于特殊岩矿标本或易磨损标本应妥善保存，对于易脱水、易潮解、易氧化的标本应密封包装。需外送试验、鉴定的标本，应按有关规定及时送出。一般的岩矿、化石鉴定最好能在现场进行。阶段地质工作结束后，选留有代表性和有意义的标本保存，其余的可精简处理。标本是实物资料，队部（公司）和矿区都应有符合规格要求的标本盒、标本架（柜）和标本陈列室。

样品要使用油漆统一编号。样品、标签、送样单三者编号应当一致，字迹要清楚。送样单上要认真填写采样地点、年代、层位、产状、野外定名和岩性描述等内容，并注明分析鉴定要求。

对需要重点研究或系统鉴定的岩矿鉴定样品，必须附有相应的采样图。委托鉴定的疑难样品，应附原始鉴定报告和其他相应资料。

二、样品分析、鉴定、测试结果的资料整理

收到各种分析、鉴定或其他测试结果后，先作综合核对，注意成果是否齐全，编号有无错乱，分析、鉴定、测试结果是否符合实际情况。如果发现有缺项，则应要求测试单位尽快补齐；若出现错乱或与实际情况不符，应及时补救或纠正，有时需要重采或补采样品，再作分析或鉴定。在确认资料无误后，才登入相关图表，交付使用。

对分析、鉴定的成果资料要按类别、项目进行整理。一般先进行单项的分析研究，找出其具体的特征，再进行项目的综合分析、相互关系的研究、编制相应的图件和表格。同时校正岩石和矿物的野外定名，进一步研究地层、岩石、矿化带的划分和矿体的圈定及分带，以及确定找矿标志等；必要时，对已编制图件的地质和矿化界线进行修正。

内、外检分析结果应按国家地质矿产行业标准，及时进行计算（可能的话应每季度计算一次），编制误差计算对照表，以便及时了解样品加工和分析的质量，若发现偶然误差超限或存在系统误差时，应立即向相关分析或测试部门反映，同时采取必要的补救措施。

由于样品的化验、鉴定成果对于综合整理研究工作十分重要，在项目多、工种复杂、样品数量较大的分队（或工区），可设专人负责管理这项工作。

第九章　矿山环境地质勘察

第一节　矿山环境地质的研究内容

矿山所在地区的生产环境和生活环境的污染与破坏问题，包括矿山废气、废水、废石及尾矿污染、地热污染、放射性污染以及崩塌、泥石流等，危害极大。不仅会使人体器官组织发生病变，而且可能改变地壳面貌、破坏生态平衡。

矿产开发的过程实际上是利用、改造和破坏自然环境的过程。露采矿山剥离盖层与挖掘土石、采矿堆积的尾矿与废石堆、挖掘的采矿场陡壁斜坡、矿坑、陷落漏斗等，占用土地并改变原有地形地貌。选矿、冶炼过程中不同化学药剂的使用以及矿石状态的变化引起矿山及周围地球化学场变化。采矿中的疏干排水、矿产勘查及选矿中大量用水改变了地下水原有的平衡状态。所有这些，不可避免地要引起环境问题。

一、矿产资源开发中的环境问题

矿产资源的开发、加工和使用过程不可避免地要破坏和改变自然环境，引起一系列环境问题。矿产资源开发利用过程，同时产生的地应力变化和废气、废水、废渣均是生态环境的污染源与破坏生态的原动力。能源、金属、非金属、地下水矿产的开采、加工、消费过程中，所排出的“三废”污染了矿山和选（冶）厂周围的土壤、地下水和江河湖泊，而且各种土法采选、冶炼给环境造成的后果更为严重。因采空或超采地下水引起的地面沉降、塌陷、滑坡、地裂缝及泥石流等灾害的频率和范围进一步扩大。

矿产资源无论是在开发过程，还是在利用中，均对生态环境产生危害，其危害程度可因矿种差异和环保差异而不同。但各种环境污染事件和地质灾害都与矿山建设在时间上和空间上有重叠性、穿插性及一致性。它们有时互为因果，或在两种作用叠加下加重灾情。

事实证明：一些国家或地区的环境污染状况，在某种程度上总是和这些国家或地区的矿产资源消耗水平相一致。同时，由于矿产资源是一种不可再生的自然资源，开发矿业所产生的环境问题，日益引起各国的重视：一方面是保护矿山环境，防治污染；另一方面是合理开发利用、保护矿产资源。

综合来看，矿山地质环境问题主要包括地质灾害、环境污染、环境资源破坏三大类。

（一）矿山地质灾害

1.地面沉降与塌陷

地面沉降与塌陷的直接原因是矿区地下水疏干和采空。由于地下水疏干和采空，使其上覆岩土层有向下位移的空间，再加上地质结构、岩体结构的展布和组合、矿柱破坏、采空区未充填接顶及充填料的压缩性、围岩崩落、爆破震动等其他因素，导致地面沉降与塌陷。地面沉降是渐变性地质灾害，地面塌陷属突发性地质灾害。

2.矿井涌水和突水

矿井涌水和突水受控于岩体结构和三级以上的结构面及其组合。丰富的水源和通畅的水力通道是矿井涌水和突水的根本原因。采矿过程中的采动效应、地应力以及水压力变化都是不可忽视的重要因素。当采矿工程接近积水巷道及老采空区，或遇到溶洞和地下暗河以及富水岩层时，隔水岩层突然失稳，造成突水与涌水灾害。

3.岩爆、冲击地压与矿震

岩爆和冲击地压在形成机理上是相同的，只是发生于不同介质以及不同行业人群的不同称呼。二者都是在一定高应力条件下，储存在煤岩体或岩体中的弹性能急剧并突然地释放，产生地下动力灾害的现象。造成煤岩体、岩体或岩块向地下采掘生产空间的突然抛掷、剥落、弹射，并伴有巨大的响声、气浪或冲击波的现象。

岩爆和冲击地压的形成机理都是由于地下采掘或开挖空间存在，导致地下空间周围围岩（或煤岩）出现应力集中，并使其发生破坏或强度下降，导致被储存于围岩中的弹性能突然释放。这如同岩石抗压实验中，岩石应力达到峰值后，当加载系统的应力降低速度小于岩石试件的强度降低速度时，就发生岩爆。

矿震是采矿活动引起的一种诱发地震。矿震是矿区内在区域应力场和采矿活动作用影响下，使采区及周围应力处于失调不稳的异常状态，在局部地区积累了一定的能量后，突然以冲击或重力等方式释放出来而产生的岩层震动。

4.滑坡、泥石流与尾矿库溃坝

滑坡、泥石流与尾矿库溃坝是露天矿山和地下矿山均有的现象。露天采矿形成的沉凹高陡边坡，边坡顺层地质结构面、岩性软弱相间的层状岩体边坡，碎裂结构和散体结构岩体边坡等，均可发生规模大小不等、形式不同的滑坡、倾倒、崩塌破坏和潜在滑坡危险。如果露天矿和地下矿排土场与尾矿库设计与管理不当，都可能导致泥石流与尾矿库溃坝灾害的发生。

5.煤与瓦斯突出及其他有害气体

煤与瓦斯突出、爆炸是我国煤炭矿山的重要地质灾害类型。统计资料表明，易突出的煤岩多属于具有较高变质程度的瘦煤、贫煤和无烟煤，从地质构造背景来看，主要是构造相对不太强烈的地区，即传统的地台区，褶皱形态十分关键，往往短轴褶皱或倾伏褶皱最有利，即无论从褶皱或断裂出发，不仅要有利于其封闭性，而且要有利于瓦斯突出。

瓦斯突出和爆炸事发频繁、危害较大，仅我国煤矿的煤层和瓦斯突出，每年就要发生1000次以上，突出强度最大的达8500t，强度与频率均居世界第一。据统计，2007年1—8月，全国煤矿共发生瓦斯事故201起、死亡745人，同比增加5起、少死亡35人，分别上升2.4%和下降4.5%，瓦斯事故起数和死亡人数分别占煤矿事故总量的12.9%和29.4%。2020年共发生煤矿瓦斯事故7起，死亡30人，与2019年相比分别下降74.1%和74.6%。“十三五”期间淘汰退出了瓦斯灾害严重、瓦斯防治能力薄弱的小煤矿1236处。此外，还有其他有害有毒气体的产生，例如二氧化硫、氮氧化物和一氧化碳等。

6.采空区大面积崩塌和井巷塌方

采空区大面积崩塌和井巷塌方是金属地下矿山经常遇到的工程地质灾害。采用空场法、留矿法、崩落法等开采地下矿体，往往在井下形成巨大的采空区和崩落空区，当采空区达到一定规模时，就会产生采空区大面积崩塌，若处理不当则会造成巨大灾害。

如盘古山钨矿采空区大面积崩塌，使该矿的七大工艺系统和四个采矿中段被破坏，损失工业矿量30×10^4t，企业生产能力连续4年平均下降45%；寿王坟铜矿采空区大面积崩塌，产生强大的冲击波，导致供风、供水、供电系统遭到破坏，危及人员安全距离达300m。

7.地热热害

地热热害是许多深井开采的一种地质灾害。地热热害完全取决于地质构造背景，一般规律是地温随深度不断增加。根据每个工程区所处地质背景的独特性，地热热害往往超乎正常而变化。因此，必须在研究一个地区深部地质构造特征的基础上，从总体探求大地热流值，做好地热热害的预测预报。

（二）矿山环境污染

1.采选工作引起环境污染的矿山企业污染最严重的当数采选工作环境

采矿生产中产生的粉尘、噪声、热害、放射性辐射、有毒有害气体和采场周围的地质灾害，直接威胁工人的身心健康和生产安全。污染严重的地区会出现职业病和生态环境病。生态环境病是矿业活动加速了有毒元素，特别是重金属的暴露、转移、生物传递、富集，它具有延缓、积存和爆炸响应等特点，人一旦发病，则难以治愈。主要的职业病和生态环境病，如矽肺病、日本的疼痛病及泰国的黑脚病等。

2.大气污染与酸雨

矿石开采、运输破碎、选矿冶炼过程中会产生大量的废气、废渣、废水和粉尘，这些有毒有害物质不经处理、处理不当或不完全处理直接排放于大气、地表、河流，使之向大气中挥发散播，造成大气污染，形成酸雨。

煤矿开采需排放大量的尾矿和煤矸石，经常由于自燃而排放出有毒有害气体，污染大气。据不完全统计，仅煤炭行业的采选工业废气排放量，就占全国工业废气排放量的5.7%，其中有害物排放量每年达73.13×10^4t，主要为烟尘、二氧化硫、氮氧化物和一氧化碳等。

3.水体污染

全国采矿产生的废水、废液总量占全国工业废水排放量的10%以上，而处理率仅为4.23%。大量矿山工业废水直接排入河流湖泊，引起周围及下游河流严重污染。例如湖北大冶湖，矿山企业每天向其排入废水8×10^4t，湖中鱼体内的镉含量是污染前的7～8倍。矿山开采不仅污染河流、湖泊等地表水，而且污染地下水。许多矿山尾矿库、排污沟等，无防渗设施，造成污水下渗并引发地下水污染。

4.土壤污染

矿山工业生产形成的废渣、废水、酸雨等有害物质经雨水冲刷、溶解、渗透以及农田灌溉等方式污染土壤，造成土壤板结和农作物减产。

（三）资源破坏

（1）矿产资源破坏和矿产资源的有限性、不可再生性，使得合理开发、节约利用矿产资源具有十分重要的意义。无序开发导致的乱采滥挖、采富弃贫、采厚弃薄、采易弃难以及综合回收利用率低等，造成令人触目惊心的矿产资源破坏与浪费。铁、煤、有色金属和非金属矿的采、选回收率均大大低于世界平均水平。

据统计，云南省有色金属工业在采、选、冶过程中，铜、铅、锌、锡、锑的总实回收率分别为60%、40%、20%、47%、30%，有50%～60%的矿物资源随废渣、废水和废气进入矿山周围环境，既浪费了宝贵的资源，又污染了环境。

（2）对土地资源的破坏包括三个方面的含义：一是土地破坏，二是土地占用，三是水土流失。岩土剥离开挖、废渣废土堆放和地表塌陷等，一方面导致土地被破坏并占用大量农田，另一方面改变了地形地貌及岩土结构和分布，形成水土流失，进一步演化为土地沙化和荒漠化。

（3）水资源破坏许多矿山的地质条件。由于矿山水文地质条件极其复杂，矿床开采时必须进行疏干排水，甚至要深强排水。由于疏干排水形成大面积降水漏斗，导致水均衡遭受破坏，造成地下水位下降、泉水断流，引起地表水量锐减。

浅层地下水长期得不到补充恢复，影响地表植被生长。土地沙化、荒漠化与水土流失严重，最终导致水资源枯竭，生态环境遭到严重破坏。

（四）地质灾害、环境污染和资源破坏之间的关系

地质灾害、环境污染和资源破坏与矿山开发在时间上和空间上具有重叠性、穿插性和一致性，有时互为因果，有时以一类环境问题为主，有时表现为两种或三种类型并存。

如采矿和选矿产生的废石及尾矿排放，既能诱发滑坡和泥石流等地质灾害，又能造成地表水、土壤与大气等环境污染，还可能导致土地占用、水土流失、植被毁坏及地形地貌等资源被破坏。

采矿和选矿排放的有毒有害气体造成了大气污染或形成酸雨，酸雨渗透进入土壤，又造成土壤污染、板结，导致农作物严重减产。有时，酸雨不仅会污染土壤，而且对建筑物也会产生腐蚀作用，对人的身体健康造成极大危害。矿床开采中的疏干排水和污水排放，既会造成地表水污染，又可能导致地下水资源枯竭或被破坏，进一步演化为土地沙漠化，影响地表植被生长，造成生态环境恶化。土地沙漠化反过来导致水土流失，进一步加剧土地沙漠化和生态环境恶化，最终导致恶性循环。

二、矿山环境地质调查研究的主要内容

矿山环境地质调查主要研究在矿山开采过程中，自然地质作用、人为地质作用与地质环境之间的相互影响，以及由此产生的环境污染与破坏问题，从而达到合理开发利用矿产资源和保护地质环境的目的。

开展矿山环境地质调查研究，做好地质环境的保护，不仅有利于矿山环境地质灾害的防治，为经济建设和社会发展创造有利条件，而且对人类生产和生存发展提供良好的环境空间具有重要的现实意义和战略意义。

矿山环境地质工作涉及的问题比较广泛，总的来说，它既涉及自然地质灾害方面的问题，又涉及人类对自然的影响而产生的环境破坏方面的问题。由于矿山环境地质研究目前尚处于初始发展形成阶段，其中许多内容的研究尚处于探索、开拓阶段，很不成熟，矿山地质环境研究的主要内容如下。

（一）坑采矿山地压活动与露采矿山边坡稳定性调查

主要任务是紧密结合矿山生产，解决与矿床开采有关的岩（矿）体稳定性和预报地质灾害而进行的调查研究。其主要工作内容是：进行坑采矿山地压灾害及形成原因调查；开展露天矿边坡工程地质调查，进行边坡稳定性评价。进行岩（矿）石物理力学参数测定，地应力测量，岩体变形和位移的监测；对采区岩（矿）体的稳定性，回采工艺等技术问题

进行研究或论证。开展矿山地质灾害（矿区岩体的崩塌、滑坡和泥石流灾害，露天矿边坡的滑移，井下矿山的地压活动等）的预报，以及灾害调查和处理中的工程地质调查。

（二）矿山水文地质调查与研究

主要任务是根据设计确定的开采范围深度、采矿方法和技术要求，进一步查明影响矿床充水的各种因素，研究地下水处理前后的补给、径流和排泄条件的变化，核校矿坑涌水量与各项计算参数，制定防治和综合利用地下水的方案，保障矿山安全生产的进行。主要工作内容是：在充分利用已有矿床水文地质资料的基础上，开展补充性或专门性的水文地质勘探与试验工作，必要时进行防排水实验研究。进一步查清下列问题：矿区含水层的水文地质特征，地下水的补给、径流、排泄条件；主要构造破碎带、风化破碎带、岩溶发育带的分布和富水性，各含水层与地表水体的水力联系的密切程度；主要含水层的富水性，地下水径流场的特征、水头高度、水文地质边界线；地表水体的水文特征及其对矿床开采的影响程度；确定矿床主要充水因素、充水方式及途径；对矿床疏干排水方案进行综合研究与综合评价；研究地下水对岩土体稳定性的影响。

（三）矿山水土污染的地质调查与研究

主要工作任务是查明影响矿山水土污染的地质因素，调查矿床开发后有害物质的含量、迁移、转化和分布规律，配合矿山环保部门，开展对矿山开发产生的废弃物污染的环境监测和质量评价。主要研究内容有造成矿山水土污染的元素、矿山水土污染对人体健康的影响及矿山开发污染源的地质调查等。

（四）矿山空气污染的地质调查

研究内容包括有害粉尘地地质调查及其有害气体地地质调查两个方面。

（五）矿石（围岩）自燃的地质调查

研究内容包括矿石（围岩）自燃的原因调查、预防自燃的地质调查及识别初期自燃火灾的地质调查等方面。

（六）矿山热害的地质调查

对有热害或赋存有地热水的矿区，研究其地温场的情况、地热增温率及热异常的范围，地热水的赋存条件与补给来源，评价地热及地热水对矿床开发的影响及其利用的可能性。

（七）矿井瓦斯的地质调查与灾害防治

研究矿井瓦斯的赋存状态及涌出、突出方式，分析预测矿井瓦斯含量，做好矿井瓦斯突出防治的地质调查研究工作。

（八）矿山环境质量评价

矿山环境影响评价是在项目设计任务书阶段或可行性研究阶段，即对建设项目可能对环境造成的近期或远期影响、拟采取的防治措施进行评价。论证和选择技术上可行，经济、布局上合理，对环境的有害影响较小的最佳方案，可以为领导部门决策提供科学依据。矿山环境质量评价是环境质量评价的一个重要组成部分。在进行新建、改建和扩建工程时，必须提交对环境影响的报告书，并作为建设项目立项的依据之一。

第二节　地压活动与边坡稳定性的地质调查

一、井巷围岩膨胀变形

（一）井巷围岩膨胀变形特征

膨胀变形系指井巷围岩向掘进空间不断扩张而使掘进净空缩小或受支护承受很大的围岩压力的现象。在矿山井巷工程中，围岩的膨胀性失稳是比较常见的地压活动现象，它们常给工程带来很大的危害。

井巷围岩膨胀变形包括塑性挤出、膨胀内鼓、塑流涌出，底围鼓胀与隆破、围岩缩径、重力坍塌等不同类型。

塑性挤出：井巷掘进后，当围岩压力超过塑性围岩的屈服强度时，软弱的塑性物质就会沿最大应力梯度方向向消除了阻力的自由空间挤出。

膨胀内鼓：井巷掘进后，围岩表部减压区的形成往往会促使水分由内部高应力向围岩表部转移，结果常使某些易于吸水膨胀的岩层发生强烈的膨胀内鼓现象。这类膨胀变形显然是由围岩内部的水分重新分布引起的。另外，也由于围岩表面暴露吸收水分而导致自身膨胀。

塑流涌出：当井巷掘进揭穿了饱水的断裂带内的松散破碎物时，导致这些物质和水一起，在水压下夹杂有大量碎屑物的泥浆状物质突然涌入井巷，有时甚至可以堵塞坑道，给采矿造成很大的困难。

底围鼓胀与隆破：井巷掘进时，常见有底板围岩向上鼓胀现象。这在塑性、弹塑性、裂隙发育并具有适当不连续面和掘进深度较大的围岩中，表现得最充分、最明显，但仍不失其完整性。京郊史家滩煤矿前屯矿井井巷的底围鼓胀较为典型，几乎掘进所有距地面100～200m的页岩中的井巷，开拓后10～15天即出现底板鼓胀、岩石挤出、支撑折断，上鼓一般为0.2～0.3m。另外，抚顺矿在泥质页岩和凝灰岩、阜新矿在沙质页岩中的巷道都发生过类似的现象。井巷开挖时底板总是程度不同地发生鼓胀，有的十分严重。进一步发展，在适当条件下（例如承压水的顶托），底板便可能被破坏，形成隆破。

围岩缩径：井巷掘进之后，在塑性土层或弹塑性岩体中，常可见到拱顶、侧墙、底板三者以相似的规模和速度，向井巷空间方向变形，有时甚至难以区分它的变形和破坏的界限，即为围岩缩径（亦称为全面鼓胀）。

重力坍塌：在松散破碎岩体中开拓井巷，在重力作用下极易发生塌方。

（二）井巷围岩膨胀变形机制

实践证明，矿山井巷围岩膨胀变形的产生与围岩岩体性质、构造活动、应力的分布特点和大小以及地下水活动等有关。

1.围岩岩体性质

常发生塑性变形的岩层有页岩、泥岩、黏土岩、凝灰岩和膏岩等。这些岩石的特点是结构远较其他岩类松散、易风化，且都具有不同程度的亲水性，特别是它们的强度低，从而易导致围岩的变形和破坏。

2.构造活动

上述岩体一般都经受过不同程度的构造变动，其中，常发育一定数量的挤压、剪切破碎带；在小型褶曲发育的地区，更加速了岩体性质的恶化。构造变形给风化应力的参与和地下水的渗入提供了良好条件，从而大大降低了这些岩石的抗剪强度。

3.应力的大小和井巷挖掘带来的应力重分布现象有关

应力的大小不仅与井巷埋深有关，还与初始应力大小、岩体性质、井巷轴线方向等有关。造成井巷围岩膨胀变形的应力主要体现在临近井巷的释放应力大小，即松动层的厚度是增大围岩应力的直接因素。

井巷未掘进前，岩体处于紧密限制之中，没有空间可供变形侵占，井巷的掘进改变了原来的状态、给变形提供了条件。塑性岩体的松动层厚度大大超过坚硬岩体的松动层厚度，在应力作用下，结合不连续面的影响和地下水的浸润膨胀作用，能使变形很快发展起来。

4.地下水的作用

主要是使围岩岩体亲水膨胀。据试验研究，泥质岩、黏土岩、膨胀性黏土中均含有相当数量的蒙脱石，蒙脱石具有弱连接的晶层格架构造，比表面积可增大到810m^2/g，具有强烈的阳离子交换性，从而使岩层表面带电。因此，表现出较强烈的吸水性，吸水之后体积即行增大，导致围岩膨胀变形。

若井巷围岩中存在体积增大2.9%的岩石，就会给采矿造成很大困难。而有些遭受热液变质的富含蒙脱石矿物的岩石，浸润后体积可增加14%～15%。国外调查资料证明，70%地下矿室的衬砌开裂及破坏事故与地下水的作用有关。

二、矿区地表塌陷及防治

（一）地表塌陷现象

在华北、华东、中南、西南地区的一些生产矿井中，有时可见到矿层和围岩的塌陷现象。这是由于埋藏在矿体下部的可溶性岩（矿）体，在地下水的物理、化学作用下，形成大量的出溶空间，其上覆岩层、矿层因受重力作用而塌陷。还由于一些老的、未经妥善处理的采空区，因大规模的围岩破坏而导致出现塌陷现象。有些矿山因为塌陷体的剖面形状貌似柱体，故称为“岩溶陷落柱”，煤矿区则根据所揭露的陷落柱特征，称之为“矸子窝”“无炭柱”“环状陷落”等。

地表塌陷是影响矿山正常开采生产最主要的工程地质因素之一，在地表塌陷比较发育的矿区，矿层经常受到严重破坏，使可采矿层在一定范围内失去开采价值，从而减小矿山的可采储量，造成缩短矿山服务年限或报废井巷工程的不良后果。地表塌陷的存在破坏了矿层的连续性，给井巷工程的布置与施工、采矿方法和采掘机械的选择增加了新的困难。开采被塌陷破坏的矿层，比开采未经塌陷破坏的矿层要增加很多工程量，并且在塌陷穿过含水层时，可将地下水导入采掘工作面，尤其在开采地下水源丰富的矿产时，塌陷的存在对矿井安全的威胁更大。

在山西省的古生代煤系地层中，塌陷极为普遍，其中以太原西山和霍西两煤田最为严重。此外，河北的峰峰、井陉，山东省的新汶、枣庄、陶庄，江苏的徐州，河南的鹤壁，陕西的铜川等矿区，以及华南的部分煤田，都有程度不同的塌陷现象产生。在长江以南的某些矽卡岩型金属矿山，也普遍发育有塌陷现象。例如湖南水口山矿，一个月内仅通过一个塌坑就倒灌地表水$150\times10^4m^3$；又如马口矿，沿赤石岭河床及两侧地段曾产生塌坑50余个，致使河水大量灌入，迫使矿坑排水量增大6倍，导致河流改道，方可维持开采进行；再如，广西泗顶矿，一次暴雨过后，长达127m的河床地段严重塌陷，1/3河水补给含水层，使矿井涌水量剧增至14.14m^3/s，淹没矿井长达四个月。另外，凡口、曲塘、石碌、业庄等矿区都有塌陷现象发生。

因此，研究矿区塌陷的形成机理及分布规律，对保证开采正常进行和评价岩溶矿床的充水条件都有十分重要的意义。

（二）塌陷的类型及特征

塌陷区地面变形主要有塌陷、沉降、开裂三种形式，它们一般是相继产生、伴随出现。

1.矿区地表塌陷

塌陷的形态指一个塌坑的外表形状，其平面形状以椭圆形、似圆形为主，间或表现为长条状。有时发生若干个塌陷体组合，呈现为不规则形状。陷落体的平面面积大小不一，小者十余平方米，大者可达数万乃至十余万平方米。

例如，在汾西矿务局三教井田内，揭露过一个塌陷体，长轴580m，短轴200m，平面面积超过90000m^2；再如广东的部分矿区，统计的1351个塌陷体，其直径多为1～5m，占总数的76.9%。多数情况下，大、小陷落体混杂分布，在个别矿区内，大、小陷落体呈分区分布的特点。陷落体的平面形态、大小、数量及分布特点均受该矿区的基础地质、水文地质和工程地质条件限制，表现出一定的规律性。从剖面看，陷落体呈上大下小的柱状，有些为坑状、井状、漏斗状等形式。有的陷落体达数百米，有的仅塌陷数米至数十米。塌陷高度与岩溶的体积、地下水的排泄条件、岩体的物理力学性质及裂隙发育程度有关。岩溶体积越大、地下水排泄条件越好、裂隙越发育，出现的地表塌陷高度越大，反之越小。

2.矿区地面沉降矿

矿区地面沉降常伴随塌陷发生，影响范围广，分布面积大。据广东两个矿区统计，沉降面积超过25×10^{4}m^2。沉降形态多呈似锅状、蝶状等，下降幅度为数厘米至70cm，个别达1m，沉降范围内开裂、塌陷现象普遍而且数量较多。

由矿床疏干引起的沉降区，基本位于地下水降落漏斗范围内。当地下水水位降低或排水量增大时，沉降范围和深度随之增大。同时沉降中心亦随着地下降落漏斗中心的转移而转移。地面沉降除产生垂直位移外，常伴有水平位移现象。

3.地面开裂是塌陷、沉降的伴生产物，涉及范围广、数量多

地面开裂的形状多呈弧形、直线形、封闭形或同心圆形，一般分布在沉降范围内或塌陷周围。开裂长5～150m、裂缝宽1～30cm，个别达60cm。裂口面倾角陡（一般在70°～80°），倾向指向沉降或塌陷中心。同时开裂两侧常有位移现象，靠近沉降或塌陷中心一侧的位移较大。

还应指出，上述三种现象之间具有密切的内在联系。一般情况是塌陷、裂缝发生在沉降区内，裂缝围绕沉降中心或塌陷呈弧形分布，塌陷区常为沉降区中心。

（三）塌陷的防治措施

1.塌陷区预测

了解塌陷的形成条件和分布规律是预测塌陷的前提。因此，必须做好详细的地质调查研究。在煤矿生产矿山，调查研究的内容可概括为“五查”“五看”和“五定”。“五查”是指：查明矿区陷落的规律、查明裂隙发育情况及充填物层、查明煤的氧化情况、查明煤与岩层中水和瓦斯的变化、查明小断裂的发育情况。“五看”是指：看塌陷的不规则柱面，看充填物的性质和特征，看煤与岩层的产状变化，看塌陷体岩块的大小、排列和时代，看塌陷体与煤层的交面线。“五定”是指：确定塌陷体的形状、确定巷道产生塌陷体的部位、确定塌陷体的大小、确定穿透塌陷体的距离、确定遭遇塌陷体后的措施。

在其他岩溶矿山应查清：浅部岩溶发育强烈、可溶岩顶面起伏较大并有洞口或裂口，岩溶洞穴空间无充填物或充填物少，且充填物为砂、碎石和亚黏土的地段；疏干井附近和塌陷漏斗范围内以及地下水的主要补给方向地段；构造断裂带、背向斜轴部、可溶岩与非可溶岩的接触地段，岩溶洼地、积水低地和池塘分布地段；砂、轻亚砂土、亚黏土的分布规律及厚度小于10m的地段；河床及两侧地带。

实践中，还可根据采掘、疏干过程中出现的先兆，判断塌陷的形成和位置。在井巷采掘过程中，当接近塌陷体时，矿层及其顶、底板常发生各种异常现象，如产状变化、裂隙和小断层增多以及地下水涌出量增大等异常现象，借以预测塌落体在井下可能出现的位置。

2.塌陷的防治

为避免或减少塌陷的产生，最根本的办法是减少岩溶充填物和上覆松散覆盖层被侵蚀和搬运。要达到这一目的，必须在疏干过程中设置合理的过滤器装置，控制降深由小到大，缓慢下降。对预测出的可能塌陷地段，要对岩溶通道进行局部注浆或帷幕灌浆，加强动态观察，指导疏干工程的合理施工。

由采空区引起的塌陷防治工作可分为两种情况：在老的、尚未崩塌的采空区地表进行新建或改建时，要对上覆岩土体的工程地质条件进行详细研究，验算采空区内各矿柱在地表附加荷载作用下的稳定性。对已形成塌陷的矿区，如井巷。需在其下通过时，需要对压缩区和拉伸区的分布及其可能出现的地压和较大的塌方、涌水等问题进行验算和论证，避免导致新的崩落及其对地表变形产生影响。

三、露天矿边坡稳定性的地质调查

（一）边坡稳定性的影响因素

1.边坡稳定性的破坏

影响边坡稳定性的因素十分复杂，其中最主要的是斜坡岩土类型和地质构造，其次是水文地质条件、岩石风化、地表水的作用，地质及人类工程活动等。斜坡在重力作用下，具有不断受到改造而降低其高度的倾向，在这一趋势中，各种因素从两个方面影响斜坡稳定：

（1）改变斜坡的形状，使斜坡应力状态发生变化。例如，地表水体（河流或小溪）冲刷坡角或人工挖掘边坡，增加了斜坡的滑动力。

（2）岩土遭受风化雨水渗入，改变了原有的水循环条件，从而降低岩土的抗剪强度，削弱抗滑阻力，使斜坡下滑力增强，或使岩土抗滑力削弱，使斜坡变为不稳定状态，从而逐渐发生变形，最后遭受破坏。

显然，对斜坡稳定性产生影响的最根本因素是内在因素（组成斜坡的岩土类型和性质、岩土体结构构造），它们决定斜坡变形及破坏的形式和规模。外在因素（如地下水及地表水的作用、岩石风化、地震以及人为因素等）只有通过内在因素才能对斜坡稳定起破坏作用，促进边坡变形的发生与发展。当然，如果外在因素变化很快，甚至十分强烈，也可成为斜坡破坏的直接原因。

斜坡稳定性虽受众多因素影响，但影响最大的是组成斜坡的岩土类型和性质、岩土体结构构造、不连续面的性质、地下水的作用等。斜坡出现失稳，关键是其抗剪强度突然减小，而影响抗剪强度的最主要原因就是上述因素。

2.地下水的作用

地下水对边坡稳定性的影响是异常活跃的。大量事实证明，边坡岩体的破坏和滑动都与地下水活动有关。在各地区的冰雪解冻和降雨季节，通常滞后一段时间滑坡事故较多，这足以说明地下水是影响边坡稳定性的重要因素。岩体中的地下水因与大气降水有直接关系，因而在低纬度的湿热地带，因大气降水频繁，地下水补给丰富，水对边坡岩体稳定性的影响要比干旱地区更为严重。

在露天矿山开采中，地下水的作用概括起来包括如下六个方面：

（1）水压减小潜在破坏面的抗剪强度，从而降低边坡的稳定性。扩张裂缝或近于垂直的裂缝中，水压增大了岩土的下滑力，导致边坡稳定性降低。

（2）高含水量必然增加岩石的容重，从而增加运输费用。同时，水的有关化学作用与气温的物理作用相配合，促使风化作用向深部发展与扩散，加速岩体风化，使岩体的破坏更为严重，导致边坡稳定性降低。

（3）冬季地下水冻结成冰，其体积可增大10%左右，渗入岩体裂隙中的水冻结后，产生楔胀作用，促使岩体沿着原有裂隙迅速开裂和分解。边坡表面水的冻结还能堵塞排水通道，导致边坡水压增高，从而降低其稳定性。

（4）地下水流动引起覆盖层和裂隐充填物被溶解和侵蚀。裂隙中某些次生充填、松散夹层或黏土质软岩，由于水的蒸发产生收缩性的干裂，导致不同程度的破坏。这种溶解和侵蚀不仅可降低边坡的稳定性，而且可能淤塞排水系统。

（5）地下水流入露天矿坑，增加疏干排水的费用，同时增加在潮湿环境中操作重型设备的难度。由于凿岩孔湿度增加，还会加大爆破难度和爆破成本。

（6）当土体内部因水压而产生的上浮托力超过土体的重量时，引起覆盖层土石或废石堆的液化。如果排水通道被堵塞或土体结构发生突然的体积变化，可能产生盖层液化。位于震区的矿区尤其要注意这种现象。

岩体因地下水的影响而降低边坡的稳定性，实质上是由岩石不连续面内部存在水压所致，为此，研究水压的作用非常重要。

2.不连续面的抗剪强度

岩质边坡稳定性分析的一项重要内容，是研究坡面后方的几何形状，亦即岩体的不连续面与采掘边坡的坡度及方向之间的几何关系，确定岩体各个部分是否滑动、坍落及潜在破坏面的抗剪强度。有关的破坏面可以是单一的不连续面，也可以是几个不连续面的组合，而且还包含一些完整岩石的断裂面（剪切面）。

确定可靠的抗剪强度值是边坡稳定分析极为重要的内容，因为抗剪强度略有变化，就会使一个边坡的安全高度或角度发生显著变化。选择适合的抗剪强度值，不仅与有无实验数据有关，更重要的是如何按照整个边坡岩体的边界条件合理解释这些数据。虽然有可能将某岩体抗剪强度用于设计沿着与它类似的单一节理面发生破坏的边坡，但这些实验结果都不能直接用以设计破坏过程复杂、涉及多组裂隙和某些完整岩石的采矿边坡。对后一种情况，应该将抗剪强度数据进行某些修正，充分考虑试验中的剪切过程与岩体中预期将发生的情况之间的差别。

此外，不连续面抗剪强度会出现差别，这是由风化、表面粗糙度、地下水压力、软弱夹层的厚度、成分、湿度等方面的影响造成的，也是由岩体表面与实际边坡发生破坏的不连续面之间尺度的不同造成的。

（二）边坡破坏的形式

滑坡是边坡岩体常见而又严重的破坏类型。不同原因和因素所引起的滑坡具有各自的特殊性，是进行滑坡分类的重要依据。滑坡现象具有某些共性，即滑坡发生前经常出现程度不同的前兆现象，滑坡堆积体运距不远，因而滑动岩体各部分在滑动前后变化相对不大。从运动状态来看，较完整的滑坡体基本上是沿着一定形状的滑动面由缓慢到快速向下滑动。在这个过程中，有时可能存在某些间歇、跳跃等不连续的运动状态，但一般无倾倒、翻转、滚动、流动等现象。不同岩体介质滑动的时间进程，可能有较大的差异，但与崩塌相比，整个过程还是比较缓慢而漫长的。

（三）露天矿边坡稳定性地质调查的内容

边坡稳定性地质调查的任务是查明矿区或边坡岩体的工程地质条件，以及与边坡岩体稳定性相关的矿山开采技术条件，为露天矿边坡设计的修改、边坡稳定性评价、边坡工程的变形破坏预报、灾害的预防和处理提供依据。具体工作内容如下。

1.岩体稳定性评价的工程地质调查

包括区域稳定性调查（通过区调、地震资料的研究、分析区域地质构造特征、地震规律和新构造运动特征，查明区域构造线和构造应力的方向与特征）、矿区工程地质特征调查（查明影响边坡稳定性的地质构造、岩性、岩体结构和水文地质因素等）、矿区岩体的工程地质分带（在工程地质测绘基础上，进一步对各类岩体工程地质特征综合对比、研究，以岩石性质、地质构造、水文地质特征为主要依据，将矿区划分为若干带和亚类，作为矿区边坡工程地质评价的依据）和边坡岩体的工程地质分区，进行采场结构要素调整、边坡工程维护、防治和边坡稳定性的地质评价。

2.边坡整治工作中的工程地质调查

由于自然、地质、设计和生产等因素的综合作用，引起了露天边坡工程的变形或破坏，影响了矿山的安全和持续生产。所以，维护边坡工程的完整和稳定，整治遭受破坏或严重变形的边坡，改善矿山安全条件，恢复正常生产，几乎是每个露天矿山预防或面临的难题。

边坡工程的整治必须以查明引起边坡变形、破坏的主要因素和边坡变形破坏机制为依据，从而拟定整治方案，治理边坡。具体工作包括两个方面：一是变形、破坏区边坡工程地质测绘，即在以往工作基础上进一步调查边坡变形或破坏的范围、工程地质特征，编制实测平面图，作为进一步调查、研究的依据。二是边坡变形、破坏控制因素的调查，即观察和测绘边坡表面的宏观变形特征和变形破坏区内裂隙的分布、性状、规模，周边围岩体位移或破裂状态、破坏特征。特别需要观察和测量边坡的宏观破坏特征（如边坡破裂边界及其内部特征，判断破坏类型及对生产的危害）及地质因素，观察变形、破坏形迹与工程地质条件的关系。分析大气降雨、近矿河流、地震、风化、解冻等自然条件与边坡变形、破坏的关系。调查变形、破坏矿区边坡施工的技术措施与边坡变形、破坏的关系等。

第三节 矿山水文地质调查

一、矿山水文地质调查的意义

矿山水文地质是指矿山投入基建及生产后所进行的矿床水文地质调查研究工作。在生产矿山，水文地质调查具有很重要的作用，这不仅是由于地下水直接或间接威胁矿山采掘作业的安全，影响经济效益，而且在矿山疏干排水期间，还会改变矿山环境地质条件，影响附近城乡的工农业生产与建设。合理治理地下水、开展地下水的综合利用是矿山地质工作者的重要职责之一。

众所周知，矿山大水的疏干排水工程投资和经营费用是巨大的。在地下开采矿山中，突水常常伴随有大量涌砂、流泥以至冒顶、崩塌等现象。如果备用排水能力不足，轻则影响局部生产，重者造成矿井被淹。湖北大冶叶花香铜矿曾多次发生突水事故，最大突水量达62400m³/h，终因排水费用过大、疏水困难而关闭停产。

那些以硫化矿为主的有色金属矿山，地下水常呈酸性，其pH为2～4。坑道中的酸性水既对各种金属设备具有强烈的腐蚀性，排放后又会污染环境。

由此可见，开展矿山水文地质研究和矿坑水的防治与综合利用，对保证矿山生产和人民生命财产安全，以及保护环境均有重要意义。

二、矿山水文地质调查的内容

矿山开发阶段的水文地质调查，因开采方式和矿山水文地质条件的不同，其工作内容往往有很大差异。总体上看，在水文地质条件一般的矿山，其工作内容是利用矿山大量探采工程，全面、详细、精确地查明矿床水文地质条件，尤其是矿床充水条件和可能涌水量及实际涌水量。对矿山开采影响极大的水文地质条件和防排水工作的效果做出评价，旨在为矿山进一步防排水工作、防备地下水对矿山设备和岩体稳定性的危害以及解决矿山供水和地下水综合利用等问题提供更可靠的依据。对水文地质条件复杂的矿山，受原勘探工程量和工作程度限制，已有的水文地质资料难以满足矿山开发的需要，故应结合矿山的实际，在建设前期到生产初期进行补充（或专门性）水文地质勘探与试验。必要时，还应建立专业的防治水队伍，进行防排水工作的研究、设计、施工工作。

（一）露天开采矿山的水文地质调查

露采矿山的主要特点是采掘范围大、揭露岩层多、工作面宽阔、进出运输方便，但开采深度一般均较地下矿山小。由于露天矿坑直接暴露面积大，大量降水常常直接降入或汇入采矿凹坑内。此外，如若地下水涌入矿坑，对矿山采掘的主要影响则表现为突然溃水、淹没矿坑、影响爆破和矿岩装运效率，以及露天矿边坡的稳定性。故应分别根据其特征和开采要求，有针对性地开展水文地质调查工作。

对地下涌水（或暴雨）可能淹没矿坑的露天矿，必须建立完善的防排水系统。如在深凹的露天采场，一定频率的暴雨径流量往往大大超过地下涌水量，成为淹没矿坑的主要因素。故对这类矿山，首先应计算矿坑涌水量和暴雨径流量，以便确定防排水系统的排水能力。暴雨径流量取决于暴雨频率的选择和矿坑允许淹没深度与时间（天数）。对进入矿坑的降水和地下水，要尽可能分段拦截、分段排出，以减少排水扬程和能耗。这类矿山水文地质调查的主要任务是进一步查明主要充水岩层与矿体的疏干排水条件，建立可靠的排水疏干系统和观测检验系统，进行疏干塌陷及其他环境工程地质问题的预测与防治的研究。条件允许时可采取措施，封堵主要充水岩层，切断矿体与地表水体的水力联系。

在露天采矿深凹处，地下涌水会使松散或软弱岩层构成的工作面与道路变得泥泞，严重影响矿石装运的效率，工作面和爆破深孔中的地下水也会影响爆破效率。有些矿山，由于地下水渗流，可能导致冬季道路和工作面结冰，给采掘作业和运输的安全带来较大影响。

故对这些矿山，应采取预先疏干方式，把地下水位降低至最低采掘工作面以下。地下水对露天矿山边坡稳定性的影响，主要表现为大大降低边坡的稳定性，严重时会造成大面积的滑坡、崩落及泥石流等一系列事故，威胁人员、设备的安全。由松散、疏软地层或遇水沙化的岩层构成的边坡尤其严重。为此，必须查明边坡各含水层，特别是弱含水层的分布范围、产状、厚度、分层的岩性及其透水性、地下水的补给排泄条件，进而研究其疏干条件，建立疏干系统，并采取边坡加固措施。

（二）地下开采矿山的水文地质调查

坑采矿山的采掘范围较小，揭露岩层主要为矿体及其围岩，受提升能力的影响，工作面狭窄，出入通道既小又少。因此地下水对采掘生产的危害要比露天矿山严重，地下水突然涌入，常造成矿井的淹没事故。伴随坑下涌水与突水，常有大量泥沙涌入和冒顶、片帮、底鼓、围岩缩径等地质灾害发生。同时，由于采掘造成采场顶板岩层的沉陷，波及地面还会产生地面陷落和塌陷，甚至沟通上部含水层、地表水体，引起地表水、地下水和大气降水的下渗与溃入。此外，酸性水还会对井巷中的金属部件和设备产生强烈的腐蚀作用。矿坑突水常发生于开采深度大、地下水压高、含水层透水性强以及裂隙或岩溶发育的矿井。矿坑突水时，地下水以极大的压力和速度涌入巷道，常造成灾害事故。

产生突水淹井的原因主要是对矿山水文地质条件研究不够、涌水量预测不准和防范措施不力等。为防止矿坑突水，首先要尽量准确地预测矿坑涌水量，确定合理的水仓容量、水泵数量与规格，进行超前探水，必要时进行坑道超前疏干和地表预先疏干。同时，为检验矿山涌水量和设计疏干措施的有效性，可在基建时利用已建成的部分疏干工程，进行坑道疏干排水试验。

地下水对管道及排水设备的腐蚀与有色金属矿床硫化物的含酸性地下水密切相关，对此类涌水量不大、酸性水危害严重的矿山，要定期取样分析，掌握水质变化规律与发展趋势，与环保部门配合，搞好污水处理。对废水中的有益元素，要进行回收利用。

三、水文地质条件复杂矿山的专门水文地质勘探

专门水文地质勘探是在初步确定防、治水方案之后，根据方案的要求进行的专题勘探与试验工作。它包括：

（1）为鉴定防、治水方案的技术可靠性和为施工图设计提供资料，进行的半工业试验工程。如地表疏干（抽水）试验、坑道放水试验、帷幕注浆堵水试验、疏干塌陷试验研究等。

（2）为进行防、治水工程设计而进行的勘探。如寻找疏干孔位及确定帷幕注浆边界而进行的水文地质勘探。

（3）为检查矿坑涌水量、核定矿床充水条件、查清边界条件，以建立矿山水文地质模型而进行的大流量、大降深抽水试验，疏干试验和坑道放水试验。

（4）为延长矿山服务年限而延深矿坑，或扩大开采范围而进行的深部或矿区外围的水文地质勘探等。

由此可见，专门水文地质勘探是目的性明确、针对性强，且需投入大量人力、物力、财力，花费大量时间的大型试验研究工作，它既是矿床水文地质勘探的延续与发展，又是它的深化与提高。专门水文地质勘探工程的布置，应尽可能与矿山防治水工程相结合，尽可能利用已有的开拓工程，力争做到一孔多用。

专门水文地质勘探的手段与方法包括：物探是探查浅部隐伏含水构造（岩溶带）的重要方法，除常用的地面电法（电测深、联合剖面、激发极化）外，还有感应瞬变脉冲法、甚低频电磁法、浅层地震、高精度磁测等。钻探是揭露含水层、查明其分布与埋藏条件的直接手段。钻孔提供了测井及各种试验的场所，又是疏干的设施。从工作性质来看，包括疏干孔、直通式泄水孔、放水孔、抽水孔、观测孔、侦察孔等。按钻孔直径又分为小口径孔和大口径孔。

另外，还有抽水试验和专门水文地质试验、深孔疏干（抽水）试验、坑道放水试验、地下水连通试验、帷幕注浆堵水试验等工作。

四、水文地质条件复杂矿山的地下水防治

对于水文地质条件复杂的矿山，为了减小地下水的危害、改善劳动条件、保障矿山生产建设的安全、提高劳动生产效率，必须对矿坑涌水现象采取经济有效的防范和治理措施。

（一）地下水的预先（超前）疏干

地下水的预先疏干是利用专门的排水系统，将地下水位提前降低到工作中段（平台）以下，使采矿场处于干燥状态。常用的方法有地表群孔疏干与地下巷道疏干法、明沟疏干法和联合疏干法。

选择疏干方法时应考虑：矿山水文地质条件和采掘生产的要求；有效地降低采矿场地下水水位，形成稳定的疏干降水漏斗并显著改善矿山作业条件；施工条件好，建设投资少，周期短；经营管理方便，费用低。

（1）地表群孔疏干是在地表施工穿透主要含水层，揭露强透水裂隙或岩溶带的大口径孔群，用深井泵或活水泵抽水，以形成超前的超大超深降水漏斗或直接拦截地下水流、使被保护区处于疏干状态。此法适用于含水层渗透性好、含水丰富的矿山，但受水泵扬程的限制，疏干深度一般不能超过300m。

（2）地下巷道疏干是直接利用专门的巷道辅以坑下放水孔，拦截涌向矿坑的地下水流，或预先降低矿坑地下水的疏干方法。它以截流和疏干为主要特征，而与一般巷道排水相区别。此法应用范围较广，不受含水层深度、性质、渗透性和富水性大小的限制，既可疏干强含水层，也能疏干弱含水层；既适用于地下矿山，也可用于露天矿山。

（3）明沟疏干，在厚度小、埋藏浅（15～20m）的含水层中，开挖超前疏干明沟，拦截涌向露天采场的地下水。在地下矿山，可防止浅层孔隙水涌入矿坑。此方法多作为辅助疏干手段。

（4）联合疏干，一个矿山采用两种或两种以上疏干方法的，称为联合疏干。联合疏干适用于水文地质条件复杂的矿山。

（二）注浆堵水

注浆堵水是将具有充填、胶结性能和较高强度的材料配制成浆液，压入岩层的裂隙或空洞中，以局部或全部堵塞矿坑充水的通道、加固岩层、减少矿坑涌水量、预防塌陷的一种方法，此法是矿山防治水害的重要方法之一。注浆堵水法可分为预注浆堵水和后注浆堵

水两种，前者是指开凿井巷前，预先注浆封堵构造破碎带、岩溶裂隐和松散透水岩层，后者则是在掘砌井巷后注浆，处理井壁漏水、加固井壁岩层和恢复被淹矿井。

（三）矿山排水工程

有许多矿山在矿坑中直接排水和设置必要的防护工程，包括地面防水工程和矿坑防排水工程两类。地面防水工程有防水堤坝、截水沟、防渗工程；矿坑防排水工程有超前探水放水孔，防水门和挡水墙，水仓、水泵房及排水管线及监测系统。露天矿防排水工程包括各台阶临时或永久性集水沟渠、水泵房、水仓及排水管线。

（四）矿床疏干引起的塌陷及其防治

隐伏的浅部岩溶发育区，由于疏干排水或井下突水，地下水位大幅下降，使地下水对上覆土层的托浮力减小，甚至完全消失。由于地下水运动过程中的潜蚀作用，溶洞充填物被携带流失形成新的空洞，以致在真空吸蚀力及重力的作用下，由沉降、开裂进而发展成塌陷。塌陷的产生，恶化了矿区的地质环境，使地面建筑物开裂甚至倒塌、耕地毁坏、河流中断、井泉干涸、铁路、公路、桥梁、管道发生变形、破坏。由于塌陷，大量地表水携带泥沙涌入矿坑，淹没铁轨、淤积水仓。更严重的是发生于地表水体（河流、湖泊）中的塌陷，将导致地表水下灌，矿坑涌水量猛增，一旦涌水量超过水泵总排水量，就会造成淹井事故。为此，应该加强对塌陷分布规律的研究，以便开展塌陷的预测工作和采取疏干塌陷的防治措施。

第四节　矿山水土污染的地质调查

随着采矿工业的不断发展，开采、选矿、矿石运输、防尘及防火等诸多生产及辅助工艺均需要使用大量的水，若对这些工艺所排出的大量废水不进行处理直接排入水体，就会给自然水体造成严重污染，水资源将遭到严重破坏。

水中有毒物质（如氰、铅、汞、镉、酚等）会被人体和生物吸收而使机体产生中毒。大量有机物和无机物（如硫化物、亚硫酸盐等还原物质）排入水体后，使水中溶解氧显著下降，甚至达到完全缺氧，从而影响人类生活。含有某些无机物的废水排入水体，会使水的硬度或盐分增高，使用此类废水灌溉农田，将使土壤盐碱化。

一、矿山废水中的主要污染物及其危害

矿山废水水体中的污染物可分为四大类，即无机无毒物、无机有毒物、有机无毒物和有机有毒物。无机无毒物主要是指酸、碱及一般无机盐和氮、磷等植物营养物质。无机有毒物主要是指各类重金属（汞、铬、铅、镉）和氰、氟化物等。有机无毒物主要是指在水体中比较容易分解的有机化合物，如碳水化合物、脂肪、蛋白质等。有机有毒物主要是苯酚、多环芳烃和各种人体合成的具有积累性的稳定的化合物，如多氯联苯农药等。有机无毒物的污染特征是消耗水中的溶解氧，有机有毒物的污染特征是具有生物毒性。除上述四类污染物质外，还有常见的恶臭、细菌、热污染等污染物质和污染因素。

矿山废弃物排入水体后是否会造成水体污染，取决于该物质的性质及其在废水中的浓度、含这种物质的废水排放总量、受污染水体的特性及其吸收污染物质的容量。

（一）有机污染物

有机污染物是指矿山生活污水和废水中所含的碳水化合物、蛋白质、脂肪、木质素等有机化合物。矿山废水池和尾矿池中植物的腐烂可使废水中有机成分含量增高。矿山选厂、炼焦炉以及分析化验室排放的废水中含有苯、甲酚、萘酚等有机物，可对水生生物产生危害。

（二）油类污染物

油类污染物是矿山废水中较为普遍的污染物。水面油膜的存在，不仅给人以讨厌的感觉，而且当油膜厚度在10^{-4}cm以上时，就会阻碍水面的复氧过程，阻碍水分蒸发和大气与水体间的物质交换，改变水面的反射率和进入水面表层的日光辐射，这种情况可能会对局部区域气候造成影响，特别是影响鱼类和其他水生生物的生长繁殖。

（三）酸、碱污染

酸、碱污染是矿山水污染中较为普遍的现象。如美国水体中的酸有70%来自矿山排水，尤以煤矿排水中含酸最多。在矿山酸性废水中，一般都含有金属和非金属离子，其质和量与矿物成分、含量、矿床埋藏条件、涌水量、采矿方法、气候变化等因素有关。酸性废水排入水体后，使水体pH发生变化，消灭或抑制细菌与微生物的生长，妨碍水体自净，还可腐蚀水中构筑物。若天然水体长期受酸碱污染，使水质逐渐酸化或碱化，还可产生严重的生态影响。

酸、碱污染不仅改变水体的pH，而且增加水中一般无机盐和水的硬度，酸、碱与水体中的矿物相互作用产生某些盐类，水中无机盐的存在能增加水的渗透压，从而对淡水生

物和植物生长产生不良影响。

（四）氰化物

矿山含氰化物废水的主要工艺有：浮选铅锌矿石时每处理 1t 矿石排出 4.5 ～ 6.5m³ 废水，其中含氰化物 20.50g，平均浓度为 4 ～ 8mg/L。使用氰化法提金时，所排放的废水也含有氰化物。电镀水中氰化物的含量为 1 ～ 6mg/L。此外，高炉和焦炉冶炼生产中，煤中的碳与氨或甲烷与氨化物化合生成氰化物。一般在其洗涤水中氰化物的含量高达 31mg/L。氰化物虽是剧毒污染物，但在水体中较易降解，其降解途径如下：

（1）氰化物与水中二氧化碳作用生成氰化氢，挥发逸失，这个降解过程可除去氰化物总量的90%。

（2）水中游离氧使氰化物氧化生成NH_4^+和CO_3^{2-}离子，逸出水体。这个过程只占净处理总量的10%。

氰化物有剧毒，一般只要误服0.1g左右的氰化钠或氰化钾就会致人死亡。敏感的人甚至会因服用0.06g就致死。水中CN^-含量为0.3 ~ 0.5mg/L时，可使鱼类死亡。

（五）重金属污染

矿山废水污染中，重金属是指原子序数在21 ~ 83的金属。矿山废水中的重金属主要有汞、铬、镉、铅、锌、镍、铜、钴、锰、钛、钒、钼和铋等，特别是前几种危害更大。如汞进入人体后被转化为甲基汞，在脑组织内积累，可破坏神经功能，且无法用药物治疗，严重时能造成全身瘫痪甚至死亡。镉中毒时引起全身疼痛、腰关节受损、骨节变形，有时还会引起心血管病。重金属毒物具有以下特点：

（1）不能被微生物降解，只能在各种形态间相互转化、分散，如无机汞能在微生物作用下，转化为毒性更大的甲基汞。

（2）重金属的毒性以离子态存在时最严重，金属离子在水中容易被带负电荷的胶体吸附，吸附金属离子的胶体可随水流迁移，但大多数重金属会迅速沉降，因此重金属一般都富集在排污口下游一定范围内的淤泥中。

（3）能被生物富集于体内，既危害生物，又通过食物链危害人体。如淡水鱼能将汞富集1000倍、镉300倍、铬200倍等。

（4）重金属进入人体后，能够和生理高分子物质，如蛋白质和酶等发生作用而使这些生理高分子物质失去活性，也可能在人体的某些器官积累，造成慢性中毒，其危害有时甚至需要几十年才能显现出来。

被重金属污染的矿山排水，随灌渠水进入农田时，除流失一部分外，大部分被植物吸收，剩余部分聚积于泥土之中，达到一定数量（浓度）时，农作物就会出现病害。土壤中含铜量达20mg/kg时会导致小麦枯死，达到200mg/kg时会导致水稻枯死。此外，重金属污染的排水还会导致土壤盐碱化。

（六）氟化物

天然水体中氟的含量变化为每升零点几至十几毫克，地下水特别是深层地下热水中氟的含量可达每升十几毫克。饮用水中氟的含量过高或过低均不利于人体健康。萤石矿的废水中含有氟化物，因此这种废水通常都是硬水，其中氟形成钙或镁盐沉淀下来，故不表现出很大的毒性。而软水中的氟，毒性却很大。

（七）可溶性盐类

当水与矿物、岩石接触时，会有多种盐类溶解于水中，如氯化物、硝酸盐、磷酸盐等。低密度的硝酸盐和磷酸盐是藻类的营养物，可以促进藻类大量生长，从而使水体失氧；含硝酸盐及磷酸盐类浓度高的水，对鱼类有毒害作用。淡水中含氟的盐类不能超过100mg/L，超过此值就会成为盐水（大于1000mg/L）。碳酸氢盐、硫酸盐、氯化钙、氯化镁等会使水变为硬水，除此之外，矿山废水污染还包括放射性污染、热污染、水的浊度污染以及固体悬浮物等。

二、矿山水土污染地质调查的主要内容

为了做好矿山水土污染的防治工作，在矿山建设、生产过程中，应该进行以下四方面的调查研究工作。

（一）矿山原始环境的地质调查与评价

此项工作的目的是查明尚未采掘的地质体，能否成为污染源和出现污染的可能程度。其主要工作内容包括查明地质体中可能造成污染的有害物质的赋存状态、含量及分布。进行原始环境质量评价，以确定潜在污染源及其可能造成的污染程度。对可能产生污染的矿山，还要编绘污染源分布图。

（二）环境污染定点定期监测

对于经过原始环境地质质量评价、确定有可能产生环境污染的矿山，在基建阶段就应开展环境污染监测工作。可先在废石堆以及矿坑水排入的水体（河、湖、塘或水库）布置一定的监测点，定期测定水体及土壤中有害组分浓度的变化，如发现污染情况，还应及时扩大布控范围，开展全面监测。

（三）废石、尾矿污染元素及选冶废水污染元素含量、扩散情况调查

调查开拓矿井中排出废石的风化速度，并测定废石堆中元素的流失情况和从废石堆流出水流中有害组分的含量，以便查明它们对附近水体、下游水体以及周围土壤的污染影响。调查研究矿山选场及冶炼车间排出废水中有害元素的含量及扩散情况。

（四）水土污染危害的调查

配合环保部门对矿区附近一定范围内，随开采的不同阶段，调查水土污染情况及其对人体健康和其他动植物的危害，确定其与环境条件和污染的关系。

第五节　露天矿大气污染的地质调查

在露天矿山开采过程中，由于使用各种大型移动式机械设备（包括柴油机动力设备）和大爆破，促使露天矿内空气发生一系列尘毒污染，矿物、岩石的风化和氧化等过程可增加对露天矿大气的毒化作用。露天矿大气中混入的污染物质主要有粉尘、有害有毒气体和放射性气溶胶。如果不采取防止污染措施，露天矿内空气中的有害物质浓度必将大大超过国家卫生标准规定的最高允许浓度，从而对矿工的健康和附近居民的生活环境造成严重的危害。

一、露天矿的粉尘及其卫生特征

露天矿的粉尘有两种来源：一是自然尘源，如风力作用形成的粉尘。二是生产过程中产生，如露天矿的穿孔、爆破、破碎、铲装、运输及溜槽放矿等生产过程，都会产生大量粉尘。

露天矿的产尘量与所用的机械设备类型、生产能力、岩石性质、作业方法及自然条件等许多因素有关。由于露天矿开采强度大、机械化程度高，又受地面气象条件的影响，不仅有大量生产性粉尘随风飘扬，而且从地面扬起大量风沙，沉降后的粉尘容易再次飞扬。所以露天矿的粉尘及其导致尘肺病发生的可能性不可低估。矽肺病就是由于吸入大量的含游离二氧化硅的粉尘而引起的职业病。

露天矿大气中的粉尘按其矿物和化学成分，可分为有毒性粉尘和无毒性粉尘。含有铅、汞、铬、锰、砷、锑等重金属的粉尘属于有毒性粉尘。煤尘、矿尘、硅酸盐粉尘、矽

尘等属于无毒性粉尘，但当这些粉尘在空气中含量较高时，也就成为导致矽肺病的“有毒”性粉尘。

有毒性粉尘在致病机理方面与矽肺病不同，它不仅单纯作用于肺部，其毒性还作用于机体的神经系统、肝脏、胃肠、关节以及其他器官，导致形成特殊性的职业病。露天矿大气中粉尘的含毒性，还表现在粉尘表面能够吸附各种有毒气体，如某些有放射性矿物存在的矿山，氡及其气体可吸附于粉尘表面，形成放射性气溶胶，其对人体的危害不仅限于矽肺病，还可导致肺癌等疾病的发生。

二、露天矿大气污染的影响因素

（一）露天矿环境污染的影响因素

1.地质条件和采矿技术的影响

地质条件是影响露天矿环境污染的主要因素。因为矿山地质条件是确定剥离和开采技术方案的依据，而开采方向、阶段高度、边坡以及由此引起的气流相对方向和光照情况，均会影响大气污染的程度。此外，矿岩的含瓦斯性、有毒气体析出强度和涌出量也都与露天矿环境污染有直接关系。矿岩的形态、结构、硬度、湿度也都严重影响露天矿大气中的空气含尘量。在其他条件相同时，露天矿空气污染的程度随阶段高度和露天矿开采深度的增加而趋向严重。

露天矿的劳动卫生条件，随采矿技术工艺的改革发生根本性变化。例如，用胶带机运输代替自卸式汽车运输，使用电机车运输或联合运输方式等，能显著地降低露天矿的空气污染程度。

2.地形、地貌的影响

露天矿区的地形和地貌，对露天矿区通风效果有重要的影响。例如山坡上开发的露天矿不能形成闭合的深凹，因为没有通风死角，故这种地形对通风有利，而且送入露天矿自然风流的风速几乎相等，即使发生风向转变和天气突变，冷空气也照常沿露天斜面和山坡流向谷地，并把露天矿区内的粉尘和毒气带走。相反，如果露天矿地处盆地，四周有山丘围阻，则露天矿越向下开发，所造成的深凹越大，这不仅会使常年平均风速降低，而且会造成露天矿深部通风量不足，从而引起严重的空气污染，而且经常逆转风向还会造成露天矿周围山丘之间的冷空气不易从中流出，从而减弱通风气流。

如果废石场的位置甚高，而且和露天矿坑深凹的距离小于其高度的四倍时，废石场将成为露天矿通风的阻力物，造成通风不良、污染严重等不利局面。一些丘陵、山峦及高地废石场，如果和露天矿坑边界相毗连，不仅会降低空气流动的速度，影响通风效果，而且会促成露天采区积聚高浓度有毒气体，进而造成露天矿区的全面污染。

（二）气象条件对污染的影响

露天矿所在地区的气象条件，如风向、风速和气温等，是影响空气污染因素的重要方面。例如长时间的无风或微风，特别是大气温度的逆增，可导致露天矿内大气成分严重恶化。风流速度和阳光辐射强度是确定露天矿自然通风方案的主要气象资料。为了评价它们对大气污染的影响，必须研究露天矿区的常年风向、风速和气温变化。高山露天矿区气象变化复杂，冬季特别是夜间变化幅度更大。例如苏联西白奇斯克露天矿在1966年就发生了气温逆增，其中89%发生在寒冷季节、34%发生在1月份，致使露天矿大气污染严重，其最大特点是发生在夜间和凌晨。炎热地区的气象，对形成空气对流、加强通风、降低粉尘和有毒气体的浓度是有利的。在强烈对流地区，露天矿通风较好时，不易发生气象的逆转。

在尘源和有毒气体产生强度不变的条件下，露天矿大气局部污染程度是下列诸因素的函数：产尘点的风速、风向、紊流脉动速度、尘源到取样地点的距离以及露天矿入风流的污染状况等。露天矿工作台阶上的风速与露天矿的通风方式、气象条件，以及露天台阶布置状况有关。

自然通风时，露天矿越往下开采，下降的深度越大，自然风力的强度越低，从而加剧露天矿深凹的污染程度。粉尘的含量和有害气体的浓度随气流速度变化而有所不同。如果增加气流速度，就会使空气中废气污染的程度降低，但气流达到一定速度后，空气含尘量开始增加。

空气含尘量和废气污染程度变化的特点表现为气流速度过高会引起粉尘飞扬。当气流速度尚未达到一定数值时，粉尘和有害气体的扩散过程将遵循同一规律：有害气体和粉尘在空气中含量下降，气流速度继续增加时，废气浓度继续下降，而空气中的含尘量伴随沉积粉尘的飞扬而增加。这种空气含尘量变化的特征符合局部污染或整个大气污染的特点，并与工作位置的空气污染和风向有关。在同样速度时的风向变化，可能2～3倍地或更多地改变露天矿大气污染和局部大气污染程度。

（三）采、装、运设备能力与露天矿大气污染的关系

研究过程存在三种状态：一是空气含尘量的增长速度比机械设备生产能力的增长速度慢，二是空气含尘量和机械设备生产能力的增长速度一样，三是空气中含尘量的增长速度大大超过机械设备生产能力的增长速度。

露天矿机械设备能力对有害气体生成量的影响大不相同。例如使用火力凿岩，在不断增加钻进速度时，有毒气体生成量反而逐渐下降，而对柴油发动的运矿汽车和推土机而言，尾气产生量和露天矿大气中有毒气体含量，随运行速度提高而直线上升。

三、大气污染影响因素的调查

在矿山开发阶段，都有必要对可能造成污染的地质因素进行调查研究，为矿山采取有效的防尘措施提供资料。

（一）有害粉尘的地质调查

有害粉尘的地质调查工作主要包括：在显微镜下，对空气中粉尘样品的矿物成分、粒度、尘粒形状等进行鉴定；对井巷中岩石及矿石样品进行鉴定，并与相应地段空气中粉尘的鉴定结果进行对比分析，以查明易于产生有害粉尘的岩石、矿石或其中某些矿物；编制有害粉尘预报地质图，即在有关地质图上圈出可能产生有害粉尘的地段。

（二）有害气体的调查

有害气体主要指由地质或采下矿石、尾矿中逸出的有害气体，如氡气和二氧化硫气体等。调查时应查明有害气体成分、含量（浓度）、来源和涌出部位等，绘成相应图件，并对影响程度做出评价。

第十章　地质灾害防治勘察

第一节　地质灾害防治工程勘察的要求

地质灾害防治工程勘察的一般要求体现在招投标中，例如，甲方的招标公告，委托书（合同）等是甲方对乙方的要求。乙方的承诺书、投标书、任务书等是乙方在项目中设置的要求。除了招投标中的要求以外就是各种地质灾害防治工程勘察规范、规程、标准等规定。规范中有国家标准、行业标准、地方标准、企业规章或制度等。

一、危岩—崩塌灾害防治工程勘察的目的、任务和基本要求

（一）危岩—崩塌灾害防治工程勘察的目的

危岩—崩塌灾害防治工程勘察的目的是查明区内重大危岩—崩塌灾害，为国民经济发展规划、灾害监测预报、减灾防灾、防治工程可行性研究等提供可靠依据。

（二）危岩—崩塌灾害防治工程勘察的基本任务

1.调查崩塌区内自然地理、自然地质环境和人为地质环境

（1）自然地理环境包括气候气象条件、降雨特征、地貌特征和植被特征等。地貌特征包括地貌形态类型、成因类型和形成时代，重点研究微地貌与崩塌灾害之间的关系。

（2）自然地质环境包括：各类岩土体的岩性特征、成因类型，结构特征和地质时代，研究崩塌与岩土体岩性、结构特征的关系；褶皱、断层、节理等地质构造特征和时代，研究它们与崩塌之间的关系；新构造运动，地震活动性及地震烈度，研究崩塌与地震，新构造运动的关系；水文地质条件，评价岩土体的渗透性，调查研究地下水的补、径、排，以及地表水、地下水对崩塌的作用。

（3）人为地质环境包括人类工程经济活动现状及发展远景规划，调查区内人类工程活动及其形成的人工地质环境和人工地质营力，分析其与崩塌及其他地质灾害之间的关系。

对区内本次不投入勘察的崩塌或其他地质灾害，也需进行分析评价。

2.查明崩塌灾害体的地质要素、灾害要素、监测和防治要素

（1）崩塌灾害体的地质要素包括：崩塌体产出的位置、形态、分布高程、几何尺寸、体积规模；崩塌体的地质结构包括地层岩性、地形地貌、地质构造、岩土体结构类型和斜坡结构类型。岩土体结构应重点查明软弱（夹）层、断层、褶曲、裂隙、裂缝、岩溶、采空区、临空面、侧边界，底界（崩滑带），以及它们对崩塌的控制和影响，崩塌体的水文地质条件和地下水赋存特征，进行物理力学试验和水文地质试验，查明崩塌岩土体和环境地质体的地质材料特性和赋存环境，提供物理力学和水文地质参数。

（2）崩塌灾害体的灾害要素包括崩塌运移斜坡与崩塌堆积体、划定崩塌灾害范围、确定崩塌派生灾害的范围。

（3）崩塌灾害体的监测和防治要素包括：崩塌变形发育史，进行变形监测，查明变形特征；非地质孕灾因素（如降雨、开挖、采掘等）的强度，周期以及它们对崩塌变形破坏的作用和影响；进行数值模拟和物理力学模型试验，研究崩塌体变形破坏的形式和特征，研究其稳定性和防治工程方案及效果；调查崩塌体周边环境地质体的工程地质特征，初步选择防治工程持力岩体。

3.分析评价崩塌灾害的危险性和灾情，进行崩塌灾害防治工作论证

（1）在上述勘察的基础上，对崩塌灾害的形成原因、致灾因素、变形破坏机制、变形破坏特征和稳定性进行系统研究和综合分析评价。

（2）进行崩塌灾害危险性分析。

（3）进行崩塌灾害灾情预评估，对防治工作的可能性和必要性进行论证；提出防治工程方案或思路。

（三）危岩—崩塌灾害防治工程勘察的基本要求

危岩—崩塌勘察应查明勘察区的地形、地貌、气象，水文，植被、地层岩性，水文地质特征，地质构造特征，裂隙发育程度及分布特征，卸荷带分布范围，应重点查明危岩体的空间几何形态、控制性结构面特征，危岩及基座变形特征，判断崩塌的方向和影响范围，分析危岩产生原因，评价危岩在可能的最不利条件下的稳定性、失稳的特征、规模及危害程度；阐明危岩防治的必要性，为防治工程设计提供地质依据。

二、滑坡灾害防治工程勘察的目的、任务和基本要求

（一）滑坡灾害防治工程勘察的目的

滑坡灾害防治工程勘察的目的是为该滑坡灾害防治论证提供地质依据。

（二）滑坡灾害防治工程勘察的基本任务

滑坡灾害防治工程勘察的任务是查明滑坡形成的地质环境条件，分析滑坡发生的诱发因素和变形机制，评价滑坡的稳定性及评估滑坡一旦发生造成的灾情，初步提出滑坡防治的方案。

（三）滑坡灾害防治工程勘察的基本要求

滑坡勘察应查明滑坡区的地质环境及滑坡的性质、成因、变形机制、边界、规模、变形阶段，稳定状况及其危险程度；提出参与计算评价的有关岩土物理力学参数及地下水的有关参数；查明或预测危害情况；阐明滑坡防治的必要性，为防治工程设计提供地质依据。

三、泥石流灾害防治工程勘察的目的、任务和基本要求

（一）泥石流灾害防治工程勘察的目的

泥石流勘察目的是为泥石流防治服务的。

（二）泥石流灾害防治工程勘察的任务

泥石流灾害防治工程勘察的任务是查明泥石流区的地质环境，全域汇水区面积及边界；泥石流形成区、流通区及堆积区的范围、特征和泥石流的危害；阐明泥石流防治的必要性，为防治工程设计提供地质依据。

（三）泥石流灾害防治工程勘察的基本要求

1.流域自然环境

（1）流域位置。泥石流沟域经纬度位置从1：10000或1：50000地形图上量算，自然地理位置从地图或有关报告成果中查取。

（2）流域形态。对形成泥石流的暴雨径流影响较大，如漏斗形、栎叶形、枕叶形等形态的沟域有利于松散固体物质的启动，形成泥石流。

（3）流域面积。泥石流流域面积在1：10000或1：50000地形图上，用CAD法量取。必要时根据勘测界线对形成泥石流的各单元和各影响因素的面积进行量算。

（4）地形地貌。相对高差（反映势能大小）在1：10000或1：50000地形图上量取。根据上、中、下游各沟段沟床与山脊的平均高差，山坡最大、最小及平均坡度，各种坡度级别所占的面积比率，编制地貌图、坡度图、沟谷密度图和切割深度图。

（5）气象水文。对形成泥石流有控制作用的气候特征值主要是温度和降水量。温差变化引起沟域岩石风化加剧和冰雪消融等，可直接导致泥石流。

暴雨是我国大多数泥石流的主要触发因素。根据沟域内或附近气象站观测资料分析统计前期降水与暴雨过程和泥石流暴发的关系，长期观测最大值与平均值。

根据沟域内或附近水文站观测资料，分析研究沟道洪水水位、流量、历时等特征，对于水文观测资料缺乏的小流域，可参考地区水文手册或利用附近水文站资料进行校核。

（6）植被。调查沟域土地类型、植物种属组成和分布规律，了解主要树草种及作物品种的生物学特性，为沟域进行生物防治设计提供依据。调查方法和步骤有概查，标准地调查和统计推测。

概查是指根据流域具体情况，以坡向、土壤机械组、肥力状况、地形、高程、水分、植被种群等因子划分土地类型，掌握土地类型及植物群落随地形垂直分布变化的规律性。

标准地调查是指对每个土地类型选择两个以上有代表性的标准地进行调查，分别对标准地的坡向、坡位、土壤、植物群落和林灌木地总覆盖率进行调查和测量，并填制表格。标准地投影面积：林木类为500～1000m^2，灌丛为10～20m^2，草本群落为124m^2。

统计推测是指通过对同一土地类型标准的调查资料的分析，确定该土地类型植物资源的特征，进而统计推测和评价整个小流域的植物资源现状及其分布规律，并填写小流域植物资源统计调查表。

2.地质环境

（1）构造。查清沟域在地质构造图上的位置，通过卫片、航片等资料和现场调查，进一步详细地划分构造体系，研究构造（重点是新构造）对地形地貌、松散固体物质形成和分布的控制作用，并确定其对泥石流活动的影响程度。

（2）地层。查阅区域地质图等资料，熟悉沟域新老地层划分、接触关系及分布特征。在此基础上，对控制泥石流形成固体物质的老地层，构造破碎带、第四纪地层重点测绘填图。

（3）岩性。沟域内分布广的岩层、易风化破碎的软弱岩层对泥石流固体物质具有控制作用。填绘岩性分布图。统计沟道卵砾石、岩块的岩性特征，分析其主要来源区。

（4）地震。查阅地震图件，了解沟域地震基本烈度。泥石流活动与6级以上强震关系最为密切，地震活动烈度7度以上，会导致地表土石松动，加剧危岩崩落、山体崩塌、滑坡阻河、泉水涌流或断流、土体震动液化，堰塞湖坝溃决等，为泥石流的形成创造了物质和水源条件。综合分析未来地震活动趋势，研究地震可能对泥石流的触发作用，以及地震对防治工程场址的影响，为抗震设计提供依据。

（5）第四纪地质史。填绘沟域内第四纪堆积物分布图，编制第四纪地层表，采集堆积物中的化石、土样进行化学全量分析、黏土矿物差热分析、孢粉分析以测定或推测各类堆积物的发育年代或新老关系，确定第四纪各阶段沟域或邻区古地理面貌，从而阐明古泥石流和近代泥石流的发育过程，为估测泥石流未来发育阶段和趋势提供资料。

（6）松散固体物质的类型，储量及运动环境。

①松散固体物质的类型。

流域内松散固体物质大致分为自然的堆积和人为的堆积两种，堆积物常在一定的水动力条件作用下，以多种失稳方式（常见的有坡面上的水土流失、崩塌、滑坡和河沟沟槽纵向切蚀以及横向切蚀诱发的沟槽两岸切蚀等）进入沟槽。

崩塌、滑坡及水土流失的严重程度是泥石流产生的一个非常重要的影响因素，是形成泥石流的主要固体物质来源。

崩塌、滑坡及水土流失的严重程度分为4等：

a.严重。崩塌、滑坡等重力侵蚀严重，多深层滑坡和大中型崩塌，植被覆盖率小于10%。表土疏松，冲沟十分发育。

b.中等。崩塌、滑坡发育，多浅层滑坡和中小型崩塌，有零星植被覆盖，冲沟发育。

c.轻微。有零星小型崩塌、滑坡和冲沟存在。

d.一般。无崩塌、滑坡和冲沟或其发育轻微。

崩塌、滑坡及水土流失的严重程度可参照航片资料、根据现场调查确定等级。

人类的不合理活动可能导致或加剧河沟两岸的崩塌，滑坡的发展和水土流失过程，常见的有以下4种情况：第一，将矿渣直接倒入沟槽内，形成不稳定高边坡矿渣堆。第二，破坏河沟两岸植被。第三，不合理的耕作及资源开发。第四，某些工程设施不安全、不合理。

②松散固体物质的储量天然、人为松散堆积体严重程度标准如下：

a.严重。有30m以上高边坡松散堆积，总储量$W>1.0\times10^4m^2/km^2$。

b.中等。有10～30m高边坡松散堆积，总储量$W=0.5\sim1.0\times10^4m^2/km^2$。

c.轻微。有10m以下高边坡松散堆积，总储量$W<0.5\times10^4m^3/km^2$。

沿沟松散物储量是影响泥石流规模的重要因素，可通过现场调查或航片分析计算确定。

③松散固体物质的运动环境。

沟岸山坡坡度是影响产沙和运动规模的重要因素，一般根据现场测量，或在1：50000地形图或航片上测量3个以上的山坡坡度的平均值，作为判别其严重程度的依据。

河沟纵坡是影响泥石流运动能量的重要因素，一般采用山口以上河段或用流通区和形成区河段的平均坡降表示，应根据现场调查结果确定，也可由1：10000或1：50000地形图或航片资料计算，采用分段统计时按加权平均计算。

（7）泥沙沿程补给长度比（%）——决定泥石流的补给能力。

泥沙沿程补给长度是决定泥石流形成规模和运动的重要条件，泥沙沿程补给长度比（%）是一个综合反映泥沙补给范围和补给量的重要参数，其计算公式为：

泥沙沿程补给长度比（%）=泥沙沿程补给长度/主沟长度

泥沙沿程补给长度是沿主沟长度范围内两岸及沟槽底部泥沙补给段（如崩塌、滑坡、沟蚀等）的累计长度，在同一河段内同时存在几个不同补给源时，只取其中最长的一段长度计入累计长度。泥沙沿程补给长度比主要按现场调查结果计算确定，也可根据航片资料确定。

（8）沟口泥石流堆积活跃程度。

沟口泥石流堆积活跃程度基本上反映了该沟的泥石流活跃程度，主要应根据沟口堆积扇和大河的相互作用确定。

沟口泥石流堆积活跃程度分为4等：

①严重。沟口大河对岸为非岩石岸壁时，大河河型受堆积扇控制，发生弯曲或堵塞断流，主流明显受堆积扇挤压偏移，扇形地发育，新旧扇叠置，扇面一次冲淤变幅在0.5m以上。

②中等。河型无较大变化，仅主流受迫偏移，有扇形地，新旧叠置不明显，扇面一次冲淤变幅为0.2～0.5m。

③轻微。河型无变化，大河主流在高水位时无偏移，在低水位时有偏移，扇形地时有时无，无叠置现象，扇面一次冲淤变幅小于0.2m。

④一般。河型无变化，主流不偏，无沟口扇形地。

（9）河沟近期一次变形幅度（m）。

河沟近期一次变形幅度是说明泥石流近期活动规模的重要因素，主要通过现场调查获得。沟槽内泥石流造成的变形幅度各段有别，计算河段选在固体物质主要供给区。如供给区因河岸崩塌发育难以测量时，也可选在流通段上。

四、岩溶塌陷灾害防治工程勘察的目的和基本要求

岩溶塌陷灾害防治工程勘察的目的是为岩溶塌陷防治服务的，勘察成果应满足岩溶塌陷防治工程方案可行性研究的需要。要求通过勘察，查明岩溶塌陷的发育历史和现状、成因、类型及其形成条件，调查研究其发育的机制和影响因素、分布规律与动态特征，预测其发展趋势，为岩溶塌陷防治工程方案的制订提供地质依据。

第二节　地质灾害防治工程勘察的技术知识

地质灾害防治工程勘察的技术手段是指在地质灾害防治工程勘察工作中取得各种地质资料的方法和途径。目前，在地质灾害防治工程勘察工作中常用的技术手段有遥感地质调查（简称遥感）、地质测绘（简称填图）、地球物理勘探（简称物探）、坑探工程（又称山地工程，简称坑探）、钻探工程（简称钻探）、取样和测试、监测。

一、遥感地质调查

遥感地质调查是指在几千米至几百千米以外的高空，通过飞机或人造地球卫星运载的各种传感仪器，接收地面目的物反射与辐射的电磁波而获取其图像和数据信息，通过专门解译得到地质资料的勘察技术手段。

遥感是当前地质灾害防治工程勘察中使用的先进技术手段之一。目前，常用的遥感手段有摄影遥感、电视遥感、多光谱遥感、红外线遥感、雷达遥感、激光遥感、全息摄影遥感等。

遥感图像能直观、逼真地显示工作区内地形、地貌、地质和水文等的整体轮廓与形态，其视域广、宏观性强。遥感图像用于对工作区的自然地理、地质环境和需要勘察的地质灾害的整体了解和宏观认识，指导野外勘察的宏观部署，勘察剖面、勘察网点的布设及施工场地的选择等，可以减少盲目性，节省时间、人力、物力和投资。

在实际工作中，通过对航片、卫片上的遥感图像进行专门的地质解译后获得勘察区及外围环境地质灾害的相关资料，以指导本次勘察工作。

对遥感图像解译时，首先要建立不同航片各自的直接解译标志（形状、大小、阴影、灰阶、色调、花纹图形等）和间接解译标志（水系、植被、土壤、自然景观和人文景观等）；其次是进行室内解译（条件许可应采用计算机进行图像处理），编制解译地质图和相片镶嵌图，规划踏勘路线与踏勘时重点调查的问题；最后是初步布设勘探剖面和勘探网点，作为编制地灾勘察设计的依据。

二、地质测绘

（一）地质测绘定义

地质测绘是运用地质学的理论和方法，对暴露区及半暴露区的岩土特征、地层层序、地质构造、地貌及水文地质条件、不良地质现象等地表地质情况进行野外调查，分析和研究，编制地质图件和地质报告的综合性地质工作。

地质测绘是在野外将工作区地表出露的地质情况，用测量仪器填绘在一定比例尺的地形图上，其主要成果是地形地质图——各阶段地质灾害防治工程勘察布置勘察工程的底图，也是各阶段报告的主要附图之一。

地质测绘是地质灾害防治工程勘察中的主要手段，也是最基本、最重要的勘察手段，用于指导其他勘察工作，一般应尽早开展。

（二）地质测绘的要求和方法

1.地质测绘的要求

在正式地质测绘之前，应首先测制代表性地层剖面，建立典型的地层岩性柱状图和标志层，确定填图单元，具体注意事项如下：

（1）地层剖面应选择在露头良好、地层出露齐全和构造简单的地段。必要时，可在测区以外能代表测区地层剖面的地段测制。

（2）当露头不连续，或地层连续性受到破坏时，需在不同地段测制地层剖面，各剖面的连接必须有足够的证据。必要时，可布置坑探予以揭露。

（3）在地质构造复杂或岩相变化显著地区，应测制多条地层剖面，编制地层对比表和综合地层柱状图。地层柱状图的比例尺一般为填图比例尺的5 ~ 10倍，重要的软弱夹层应扩大比例尺予以详细测制。

（4）应选择厚度小、层位稳定、岩性特征突出、野外易于识别的地层作为标志层。如具有特殊物质成分、结核、离析体、特殊层理、不整合面、古土壤层、古风化壳、特殊岩性、特殊层面构造、富含化石或不含化石、颜色特殊等特征的层位。

（5）测制地层剖面时，主要参考已有区域地质资料定名，必要时采集岩石和化石标本，鉴定定名。

（6）填图单位着重标注岩土体工程地质特性的异同和岩层与致灾地质体的相关性。岩性相近时应归并为一层，岩性软硬相间时，一般以软层为一个单元的底部岩层。

2.地质测绘的方法

地质测绘宜采用路线穿越法和追索法相结合的方法。对重要的边界条件、裂隙、较夹层采用界线追索，对穿越和追索在路线上布置观测点。观测点布置的目的要明确、密度要合理，以达到最佳调查测绘效果为准。对于主要的地质现象，应有足够的调查点控制，如崩塌边界、地质构造、裂隙等。

野外观测点一般分为地层岩性点、地貌点、地质构造点、裂隙统计点、水文地质点、外动力地质现象点、致灾体调查点、变形点、灾情调查统计点、人类工程活动调查点、勘探点、采样点、试验点、长观点、监测点等。在覆盖或现象不明显地段，必须有足够的人工揭露点，以保证测绘精度和查明主要地质问题。观测点的间距一般为2cm（图面上的间距），可根据具体情况确定疏密。观测点分类编号，在实地用红漆标志，在野外手图上标出点号，在现场用卡片详细记录。

根据观测点的情况，在野外实地勾绘地质草图，如实地反映客观情况，接图部分的地质界线必须吻合。在观测点的测量中，测绘比例尺小于1：5000时，观测点定位采用目测和罗盘交会法，其高程可根据地形图和气压计估算；测绘比例尺大于1：5000及重要的观测点、勘探点、监测点和勘探剖面，必须用仪器测量。

在测绘过程中，采集具有代表性的岩（土）样、水样进行鉴定和室内试验。采样时必须定点、填写卡片并拍照。必要时采集化石标本，进行专门鉴定。在测绘过程中还应经常校对原始资料，及时进行分析，及时编制各种分析图表，及时进行资料整理和总结，及时发现问题和解决问题，以指导下一步工作。外业工作结束、原始资料整理完毕之后，应组织对原始资料进行野外验收。

（三）地质测绘（调查）的内容

在各种地质灾害勘察中，测绘的内容一般包括岩土体的工程性质、地形地貌、地质构造、新构造运动地震、水文地质、岩石风化和人类工程经济活动。

1.岩体工程地质调查

查明区内岩体的地层层序、地质时代、成因类型、岩性岩相特征和接触关系等。各类岩层的描述一般包括岩石名称、颜色（新鲜、风化、干燥、湿润色）、成分（粒度成分、矿物成分、化学成分）、结构、构造、坚硬程度、岩相变化、成因类型、特征标志、厚度、产状等。注意区分沉积岩、岩浆岩和变质岩的工程地质特征。

2.土体工程地质调查

鉴别土的颜色、颗粒组成、矿物成分、结构构造、密实程度和含水状况，并进行野外定名。注意观测土层的厚度、空间分布、裂隙、空砌和层理发育特征。重视区内特种成分土和特殊状态土的调查，如淤泥、淤泥质黏性土、盐渍土、膨胀土、红黏土、黄土、易液化的粉细砂层、冻土、新近沉积土、人工堆填土等。

确定土体的结构特征，重视土体特殊夹层或透镜体、节理、裂隙和下伏基岩面岩性形态的调查，分析上述因素对土体稳定性的影响，确定土体的成因类型和地质年代。常见的基本成因类型有残积、坡积、冲积、洪积、湖积、沼泽、海洋、冰川、风积和人工堆积。地质年代的确定，一般应用生物地层学法、岩相分析法、地貌学法、历史考古法，必要时可进行绝对年龄测定。

3.地貌和斜坡结构调查

以微地貌调查为主，包括分水岭、山脊、斜坡、谷肩、谷坡、坡脚、悬崖、沟谷、河谷、河漫滩、阶地、剥蚀面、岩溶微地貌、塌陷地貌和人工地貌等。调查描述各地貌单元的形态特征（面积、长度、宽度、高程、高差、深度、坡度、形体特征及其变化情况）、微地貌的组合特征、过渡关系及相对时代。重点调查致灾地质体产生的地貌单元，侧重于沟谷地貌和斜坡地貌的调查：应查明斜坡的结构类型与坡面特征的关系；坡高、坡长和坡角等与斜坡稳定性的关系；调查堆积体的地貌特征、初步分析其稳定性及在可能的冲击下的变形情况。

分析岩溶微地貌、流水地貌和暂时性流水地貌等与地质灾害的关系。调查区内人工地貌（如采石场、水库大坝、矿渣、堆土、坑口、道路、人工边坡等），分析其与地质灾害的关系。

4.地质构造调查

在分析已有资料的基础上，弄清测区构造轮廓，构造运动的性质和时代，各种构造形迹的特点、主要构造线的展布方向等。

5.新构造运动、现今构造活动性和地震调查

新构造运动、地震及地震烈度区划、场地地震烈度等应以收集地震资料为准。在分析区域构造特征的基础上，调查不同构造单元和主要构造断裂带在新近地质时期以来的活动性及活动特性。分析活动性断裂与地貌单元、地貌景观、微地貌特征、第四纪岩相岩性、厚度和产状、地面标高变化等的关系，搜集大地水准测量资料，编制大地形变剖面，分析现今活动特征。搜集区内断层位移监测资料，分析断层活动规律。搜集历史地震资料，分析地震活动周期，研究区域主要地震构造带各段地震活动规律，评价测区地震活动水平。着重调查本地区历史上七度以上的地震区（含七度区）已产生的震害，如建筑物的破坏、山崩、滑坡、地面开裂、河流堵塞及改道等，重点调查地震型地质灾害。

三、地球物理勘探

地球物理勘探（简称物探）是指以不同地质体具有不同的物理性质（密度、磁性、电性、弹性、放射性等）对地球物理场产生的差异为基础，利用各种仪器接收，研究天然的或人工的地球物理场的变化，以了解相关地质资料的勘察技术手段。

物探是当前地质灾害防治工程地质勘察中采用的先进技术手段之一。地质灾害防治

工程勘察中常用的物探方法有电阻率法、自然电场法、充电法、激发极化法、地质雷达探测、无线电波透视法、地震勘探、声波探测、放射性法、电磁法、综合测井法等。

（一）物探方法选择的一般原则

在开展物探工作之前，应充分搜集以往的物探资料和遥感资料，研究前人物探工作的方法和成果，地质与物探人员一起进行现场踏勘，了解工作区的物探工作环境和工作条件。根据地质灾害防治工程勘察的具体需要和勘察区的地形、地质，外部环境和干扰因素等具体条件，根据不同物探方法的原理，应用条件和应用范围，因地制宜地选择物探方法。尽可能采用多种物探手段，充分发挥其特长和互补性，扬长避短，并互相验证。布设一定数量的钻孔和坑探工程对物探成果予以验证，提高其成果的准确性和应用推广价值。同时，考虑测井和透视探测的配合应用。

（二）物探方法选择的技术要求

根据设计书提出的物探任务，遵照有关物探规范，编制专门的物探设计书或在总体勘察设计中列入物探的专门章节。按审批后的设计进行勘察、资料整理、报告编写和成果验收。物探技术要求按现行的专业标准执行。对专业标准尚未能包容的手段，应根据有关资料或经验等自行编制并报上级主管部门或专业部门审批，审批后作为暂行标准使用。

四、坑探工程

（一）坑探工程的含义、种类及特点

坑探工程又称为山地工程（简称坑探），是指当工作区局部或全部被不厚的表土掩盖时，利用人工方法揭露表土层下地层、地质构造等地质现象的勘察技术手段。坑探分为轻型坑探（试坑、探槽、浅井）和重型坑探（竖井、平斜硐、石门、平巷等）。坑探是地质勘察的重要手段，技术员可直接观测岩土体内部结构、构造、断层软弱夹层、滑带、裂缝、变形和地压等重要地质现象，获取资料直观可靠。还可以进行采样、原位测试，为物探、监测乃至施工创造有利条件。坑探工程施工受地层岩性和其他条件限制，为保证施工安全，要认真研究论证防范措施。

（二）各类地质灾害防治工程勘察坑探工程的使用

1.危岩—崩塌灾害防治工程勘察坑探工程的使用

（1）试坑。试坑是指在地表挖掘的小圆坑，深度小于3m。其特点是简便，便于施工，一般不需支护，常用于剥除浮土，揭露基岩、了解岩石及风化情况，或用作荷载试验

及渗水试验。

（2）探槽。探槽是指在地表开挖的长槽形工程，深度一般不超过3m，大多不加支护。探槽用于剥除浮土揭示露头，多垂直于岩层走向布设，以期在较短距离内揭示更多的地层。探槽常用于追索构造线，断层，崩滑体边界，揭示地层露头，了解残坡积层的厚度、岩性等。

（3）浅井、竖井。垂直向地下开掘的小断面的探井，深度小于15m的称为浅井，深度大于15m的称为竖井。浅井一般进行简易支护，竖井需进行严格的支护。适用于岩层倾角平缓和地层平坦的地带，多用于探查深部地质现象，如风化岩体的划分，岩土体的结构构造，崩滑体的结构构造，断层、滑带、溃屈带，软夹层、裂隙和溶洞等，以及进行现场原位试验及变形监测。

（4）平斜硐。平斜硐是指近水平或倾斜开掘的探硐，一般断面为1.8m×2m，进行一般支护或永久性支护。适用于岩层倾角较陡及斜坡地段，常用于勘察地层岩性、岩体结构构造、断层裂隙、滑带、破碎带、溃屈带、裂隙和溶洞等，并用于取样，现场原位试验及现场监测，还可兼顾今后防治工程施工。

（5）平巷、石门。平巷、石门是指在岩层中开凿的、不直通地面，与岩（煤）层走向垂直或斜交的岩石平巷，一般是与竖井相连接的近水平坑道，往往用于地形平坦，覆土很厚且其下岩层倾角较陡的情况。由于工程复杂、耗资大，一般不常用。

2.滑坡灾害防治工程勘察坑探工程的使用

坑探工程主要用于查明滑坡的内部特征，如滑坡床的位置、形状、塑性变形带特征、滑坡体的岩体结构和水文地质特征等。一般情况下，对滑坡周界的确定，常采用坑、探槽；为查明滑坡体内部的诸特征，常采用竖井；在滑坡体厚度较大，且地形有利的情况下（如滑坡邻近地段有深陡临空面等），可采用探硐。

（1）剥土、浅坑和探槽等轻型坑探工程，用于了解滑坡体的边界、岩土体界线，构造破碎带宽度，滑动面（带）的岩性、埋深及产状，揭露地下水的出露情况等。

（2）探井（竖井）工程主要布置在土质滑坡与软岩滑坡分布区，直接观察滑动面（带），并采样试验。必要时留作长期观测，其技术要求可参照有关规定执行。

（3）平硐主要用于某些规模较大、成灾地质条件较复杂、滑动面（带）不清楚或复杂的滑坡（如岩质滑坡、堆积层滑坡等）。含地下水较丰富时，可考虑选择适当位置施工1～2条平硐（仰斜坑道），力求查明滑体结构、滑动面（带）性质及其变化，含水层位及其水量等重要问题。如果效果良好，还可在硐内采样测试，定点观测和自然排水，使之一硐多用。

五、钻探工程

（一）钻探工程的含义

钻探工程（简称钻探）是指利用钻探机械，在岩土层中钻进直径小而深度大的圆孔（钻孔）以取得岩芯（粉）进行观测研究得到地质资料的勘察技术手段。钻探用于获得地下和斜坡深部的地质资料。它具有成果（岩芯等）直观准确并能长期保存，还可以进行综合测井、录像和跨孔探测，并可用于长观和变形监测等优点。

（二）钻探机械

钻探中所用的岩芯钻机是用于取芯的专业机械，是由多台设备组成的一套联合机组。主要包括动力机组、动力传动机组、提升设备、旋转设备、循环设备、仪器仪表及控制系统等。起升系统由绞车（主滚筒、辅助滚筒、主刹车、辅助刹车）、游动系统（天车、游动滑车、钢丝绳）、大钩、井架组成，作用是下钻具、下套管、控制钻进；旋转系统由转盘、水龙头组成，起旋转钻具（在钻压作用下旋转钻具破碎岩石）的作用；循环系统由钻井泵、高压管汇、钻井液处理系统（泥浆罐，固控设备，泥浆调配设备）组成，其中，钻井液的主要作用是及时清除井底破碎的钻屑并将钻屑携带至地面、冷却钻头、稳定井壁、控制地层压力等；动力系统是柴油机或柴油机发电机或电动机，主要是为绞车、转盘、钻井泵提供动力。

地质灾害防治工程勘察常用简易、轻便的SH-30钻机回转钻进，对软土用薄壁取土器；对松散的砂卵石层采用冲击钻进或振动钻进；对软弱地层或破碎带采用干钻法、双层岩芯管法。

钻探的常规口径为开孔168mm、终孔91mm。有些工程还采用大口径或小口径钻进方法。

六、取样和测试、监测

（一）取样

取样是指在地质灾害防治工程勘察中，从地质研究对象中采取一小部分供室内化验或试验用样品的过程。

取样的地点：取样在地质灾害勘察中是必不可少的、经常性的工作。除了在地面工程地质测绘调查和坑探工程中采取试样外，主要是在钻孔中采取。

取样的种类：为定量评价岩土工程问题提供室内试验的样品，包括岩样、土样和水样。

取样的基本要求：反映样品的自然特征；保证样品的代表性（采正常样品）；取样的质量、数量、长度要符合规定；样品的包装、缩制、送验等均按规程进行操作。

（二）测试

（1）对危岩体及其母岩，基座应采样作物性、抗压强度及变形试验。对受抗拉强度控制的危岩应采样作抗拉强度试验；对受抗剪强度控制的危岩应采样作室内抗剪强度试验，有条件时应进行现场抗剪强度试验。

（2）滑体土、滑带土测试指标应包括天然重度、饱和重度、含水量、压缩系数、液限、塑限，给水度、天然及饱和状态的黏聚力和内摩擦角。对于滑体土宜采用原状土三轴压缩试验。直接剪切试验结果应包括峰值强度指标和残余强度指标。滑体土、滑带土的剪切试验应以原状土的天然快剪、饱和快剪为主。当无法采得不扰动土样时，也可作重塑土的剪切试验。对滑床岩土体应作常规土工试验或岩石物性、强度及变形试验。

（三）监测

1.监测的一般规定

地质灾害防治工程勘察期间对有变形迹象的致灾地质体均应进行监测。勘察期间的监测应针对致灾地质体的变形情况制订监测方案，其监测网点应尽可能为后期监测工作所利用。

2.监测网点布设

基准点应设置在远离致灾地质体的稳定地区，并构成基准网。监测网型应根据致灾地质体的范围、规模、地形地貌、地质因素、通视条件及施测要求选择，可布设为十字形、方格形、放射形。致灾地质体的监测网可分为高程网和平面网或三维立体监测网，应满足变形方位、变形量、变形速度、时空动态及发展趋势的监测要求。监测剖面应以绝对位移监测为主，应能控制滑坡和危岩主要变形方向，并与勘探剖面重合或平行，宜利用勘探工程的钻孔、平硐、探井布设。当变形具有多个方向时，每一个方向均应有监测剖面控制。对地表变形地段应布设监测点。对变形强烈地段和当变形加剧时应调整和增设监测点。在泥石流区若有滑坡、危岩崩塌，应按滑坡和危岩崩塌区的监测要求布置监测工作。泥石流区的监测剖面应与泥石流区主勘探线重合。塌岸监测剖面的布置应垂直于岸坡走向布置。每条监测剖面的监测点不应少于3个。监测点的布置应充分利用已有的钻孔探井或探洞进行。

3.监测内容和方法

致灾地质体的监测内容应根据不同的变形破坏方式及成灾相关因素，突出监测重点，针对其主要变形破坏特征确定；监测方法应根据致灾地质体所处的通视条件、气候条件、地形条件等，因地制宜地进行选择。

第三节　地质灾害防治工程勘察设计

一、地质灾害防治工程勘察设计编制前的准备工作

（1）搜集资料。根据本次勘察的具体要求，充分搜集勘察区的水文、气象、气候、自然地理资料；搜集测绘资料和图件，包括地形图、测量的有关资料；搜集遥感资料、物探资料；搜集地方志关于地震、崩塌、滑坡、泥石流、暴雨、水文、气候等方面的记载；搜集地质资料，包括地形地貌、地层岩性、地质构造、新构造与地震、水文地质、工程地质、矿山地质、环境地质、地质灾害等。对上述资料应分类建档，评述其可利用程度，编制研究程度图。

（2）详细了解区内经济发展状况和勘察区内有关的建筑、工程、居民点、厂矿、交通运输、供水供电等情况。

（3）进行遥感图像解译，编制工程地质、灾害地质草图。

（4）进行野外踏勘。

①通过踏勘，应对区内地质环境和致灾地质体建立起总体上的印象和认识。

②通过踏勘，应明确勘察区的范围，了解区内交通运输、劳动力、动力供应、场地、通信、气候等情况和施工地质环境（地形、岩性、产状、地下水等）及其复杂程度，研究投入钻探和重型山地工程的可行性。

③评价区内物探作业环境及干扰因素，评价可投入的物探方法，并预测工作量。

④在现场基本确定勘探剖面和勘探点位。

⑤踏勘范围应大于勘察范围一倍以上，一般要求进入相邻的地貌单元和水文地质单元。

⑥踏勘时，追索和横向穿越两种方法都应采用，尽量追索致灾地质体边界。

⑦对于大型致灾地质体，首先认真观察其全貌和总体形态特征并勾画草图，录像、拍照；然后进入灾害区。

⑧踏勘时，可适当投入剥土、槽探，以揭示地质现象。若覆盖十分严重时，可适当投入物探以确定勘探剖面。

二、地质灾害防治工程勘察设计编制的内容

地质灾害防治工程勘察设计书宜有以下主要内容：

（1）前言包括勘察依据、目的任务，前人研究程度、执行的技术标准，勘察范围、防治工程等级。

（2）勘察区自然地理条件包括位置与交通状况、气象、水文、社会经济概况。

（3）勘察区地质环境概况，包括地形地貌、地层岩性、地质构造与地震、水文地质、不良地质现象、破坏地质环境的人类工程活动、地质环境复杂程度。

（4）致灾地质体基本特征，包括形态特征、边界条件、物质组成、近期变形特征、发育阶段、影响因素及形成机制、破坏模式及其危险性。

（5）勘察工作部署，包括勘察手段的选择，勘察工作比例尺的确定，地质测绘及勘探点密度的确定，控制测量，地形测量，定位测量的布置，工程地质测绘，控制剖面的布置，物探、钻探，槽探、井探、洞探等勘探工作的布置，水文地质试验，岩土现场试验，岩土水样的采集及试验的布置，监测工作的布置以及各种方法的工作量等。

（6）技术要求包括各种手段、方法的技术要求及精度。

（7）勘察进度计划，包括各项勘察工作的时间安排及勘察总工期（用进度横道图表示）。

（8）保障措施，包括人员组织、仪器、设备、材料、资金配置、质量保证措施、安全保障措施。

（9）经费预算（含执行的定额标准）。

（10）预期成果包括勘察报告及各种附图附表；实物标本、影集及成果数字化光盘；监理报告、监测报告和野外工作验收报告以及相关附件。

三、各类地质灾害防治工程勘察设计编制的内容

（一）危岩—崩塌灾害勘察设计编制的内容

（1）灾害概况。

（2）设计依据和本次勘察的目的任务。

（3）勘察区概况。自然地理、气候、水文、交通、经济、发展规划和环境地质概况。

（4）勘察的崩塌体概况。

（5）勘察工作部署。

包括勘察工作布置原则、勘察手段的选择、勘探网点的布设、勘探剖面的构成及其功

能分析、勘察工程的综合利用、勘察主要工作量及定额指标。

（6）勘察工作的技术要求、技术措施及技术质量指标。

包括遥感解译、测绘、物探、钻探、山地工程、试验、监测、稳定性评价、灾害分析、内业整理、图件编制、报告编写等。

（7）勘察工作的组织计划及工作进度。

人员组织及分工；仪器、设备和材料；施工组织及施工质量保证措施，施工安全及环境保护；施工监测措施、工作计划及勘察工作进度安排。

（8）预期成果。

①成果报告名称及文字数量估计。

②报告提纲及章节安排。

③报告主要附件、附图名称。

（9）经费预算。

（10）设计书主要附件、附表。

①研究程度图。②灾害体地质草图（附地层柱状图和剖面图）。③勘察工作布置图（附钻探剖面、物探剖面、典型钻孔、平作等勘探设计图）。④主要工作量一览表。⑤仪器、设备及主要材料明细表。⑥各种费用预算表。

（二）滑坡灾害勘察设计编制的内容

1.基本内容

（1）前言包括任务来源，本次勘察的目的、任务，区域自然地理概况、当地经济状况、工程设施和滑坡灾害历史及其研究程度等。

（2）地质环境概况，滑坡灾害发育、分布及危害概况，拟查滑坡的主要问题。

（3）勘察工作部署、工作方法、技术要求、工作量及施工顺序、时间安排等。

（4）人员组织管理及经费预算。

2.基本附图

（1）区域工程地质简图。

（2）勘察工作布置图。

如果滑坡规模小、成灾条件较简单时，以上附图可酌情合并；反之，可适当增加图件。

（三）泥石流灾害勘察设计编制的内容

在对泥石流沟勘察之前，应尽量全面和详尽地收集该沟谷及其附近的泥石流形成与成灾的背景资料，包括地形图、航片、地质图、气象水文资料、土壤植被资料、前人做过的泥石流防治和研究工作的有关资料人类经济活动资料。

勘察设计一般应包括泥石流勘察设计编制的依据、勘察目的与任务、勘察工作布置与技术要求、工作计划与进度、预期成果和经费预算六个方面的内容。

（四）岩溶塌陷灾害勘察设计编制的内容

勘察设计应根据勘察任务书的要求，在搜集已有资料和野外踏勘的基础上进行编制。一般应包括：

（1）勘察目的与任务。

（2）勘察内容。

（3）勘察工作的项目。

（4）工作量及其技术要求。

（5）工作计划及进度。

（6）经费概算。

（7）预期成果等。

第四节　地质灾害防治工程勘察施工管理

一、勘察工程施工的一般要求

通常在编制了勘察设计并经过审批合格后，就可以进行野外勘察工程的施工了。同时，还要进行勘察工程的施工管理及原始地质编录工作。

在勘察区内，设计勘察工程的数目有数个到数百个不等，应按一定的依据、原则、顺序和方法施工。勘察工程施工的依据是勘察设计、专项施工设计及在施工中获得的资料。施工的原则是"由已知到未知、先地表后地下，由易而难，先稀后密"等。施工的顺序体现在勘察手段、勘察线及钻孔等方面，具体是：一般先进行水文地质测绘（并辅之以坑探）和地面物探，再进行钻探、测井、试验、采样、监测等，有条件时还可应用遥感技术等；先施工主要勘察线，再施工辅助勘察线；先施工控制性钻孔，再施工其他钻孔，同一勘察线上按浅孔→中深孔→深孔的顺序施工。施工的方法根据勘察工期、设备等可选择依次施工法、平行施工法、依次—平行施工法等。

二、勘查工程的施工管理

（一）坑探工程的施工管理

1.施工前的准备工作

（1）编制坑探工程专项施工设计。通常，坑探工程施工前必须进行专门的施工设计，内容包括坑探工程的断面规格，凿岩爆破、装岩、运输（提升），支护，围岩加固方法、通风，排水，照明、供电供水供风，设备、器材的选择、用量等，还需施工进度、工程质量保证、经济指标计算等说明。没有编制与审批合格的施工设计不准施工。坑探工程必须按照设计进行施工，在施工过程中，如需变更设计时，应经原设计审批单位批准，并下达设计变更通知书。对于施工简单的坑探工程，如剥土、试坑等，也可不必编制专项施工设计。

坑探工程的设计与施工，必须贯彻安全生产的方针，即抓生产必须抓安全。一切从事坑探施工的人员，必须熟悉本工程的操作技术和安全知识，对新工人要进行技术及安全教育。

（2）组织施工队伍。如果勘察单位有自己的坑探工程施工队伍，做好协调和任务下达工作就可以了。但由于改制及其他原因，在地质勘察单位中一般都没有专门的坑探工程施工队伍，而是把工程施工任务承包出去或就近组织当地农民工施工。因此，施工前地质和施工管理人员不仅要做好本身的业务工作，还要担负起组织施工队伍的工作。一般在勘察设计和单项工程施工设计批准后，负责承担施工的勘察队伍及工区应及时联系承包坑探工程的施工力量。当施工队伍组织好后，地质和施工技术人员应下达施工任务，并对工程相关情况进行介绍，特别是要做好施工技术和安全教育工作。

（3）签订合同。由地质人员及施工管理人员协同乡村干部，根据双方的设备条件签订书面合同。合同主要包括坑探工程的开工日期、完工日期、施工的规格、质量要求、费用、安全责任、医疗费用，以及对违反合同条款双方应承担的经济法律责任等，其中，要特别强调安全问题。对危险物品如炸药、雷管的管理和使用应落实责任到人，以免发生人身事故或其他危险。将施工中可能造成的农作物损坏以及由此造成的赔偿费用问题的处理意见列入合同。合同也是工程施工管理及质量验收的重要依据。

（4）坑探工程定位。野外标定坑探工程的位置，原则上要根据勘察设计的要求进行。由于野外地形复杂，植被覆盖情况不一，在设计中不可能把野外实际情况都考虑周全，可能与实际地形有出入，因此，在野外定位要求地质人员到现场实地踏勘，并根据设计的意图确定坑探工程的位置，在充分满足地质需要的前提下，适当调整坑探工程的实际位置、最终定位、埋桩、编号等。

一般情况下，探槽的位置应选择在坡脊等浮土较薄的地段，并避开塌陷区、滑坡区等，尽量不占或少占农田。其中，主干探槽原则上应尽量布置在勘察线上，若受到地形影响可适当离开勘察线。对于机动工程或专门为了追索某一地层、标志层或断层的短槽，需根据现场情况灵活掌握，以达到预期的地质目的为原则。探井还应考虑出渣、排水方便及防止暴雨时洪水注入坑道。对于位置无法变动而又受水害威胁的工程，要合理安排施工时间，尽量在枯水季节施工。当坑探工程的位置确定后，必须打上木桩作为标志，并进行编号登记。必要时，要求测量人员对工程位置进行精确定位。

2.施工过程中的管理工作

坑探工程在施工过程中的管理工作主要应做到以下3点：一是要确保施工安全；二是要达到地质目的；三是在确保工程质量和施工安全的前提下，争取最理想的经济效果。

在探槽的施工过程中还应注意以下6个问题：

（1）探槽的长度取决于所要揭露的剖面长度，是在充分研究地表地质情况和地形特征后确定的，不可擅自改变。

（2）探槽的深度不超过5m。一般见基岩后需再挖0.3 ~ 0.5m，以便观察和描述新鲜岩层及测量产状。实际中，只能根据地貌特征及邻近冲沟的表土厚度概略预计施工地点浮土的厚度以确定探槽的施工深度。

（3）探槽的断面形状要考虑施工点浮土特点和安全因素。

（4）探槽的槽口宽度要依据探槽的预计深度。

（5）在探槽深度较大，雨季或土层易坍塌的地段施工时防止槽壁坍塌。

（6）使用炸药爆破清除滚石或开挖坚硬岩石时，要有专人负责，加强管理。

3.竣工后的管理工作

（1）验收。坑探工程施工结束后，双方要同赴现场，按合同进行验收。凡不合格的，达不到地质目的地段，应坚决返工；对不按合同要求私自多挖的部分不予验收。如因客观条件限制没有达到地质目的时，可向施工者讲明情况，采取补救措施。如沿走向两侧邻近处补挖接续短探槽，力求达到预期的地质目的。

（2）收方、计酬。坑探工程经验收合格后，地质人员和专职工程管理人员应会同工程承包单位进行收方，计算出工程量，并按规定单价进行计酬。在收方、计酬时，应认真负责，既不能少算侵犯劳动者的利益，也不能多算损害国家利益，更不能接受贿赂损公肥私。

由于探井的断面形状比较规则、收方比较容易，可根据计算出的断面积乘以深度，即为土石方工程量。而由于探槽受土质、深度的影响，整个槽子的形状往往不规则，不能将其作为一个简单的梯形体来计算，收方时应根据槽体形状变化特征，多选几个测点，丈量其顶宽、底宽及深度，然后取平均数，将其化作一个理想的梯形断面，再乘以探槽的长度，计算其土方量。

（3）标注工程位置。测量人员用仪器对工程位置进行复测，标注在地质图上。在探槽中，地质人员通过编录而确定的地层分界线、表土层、含水层、隔水层及构造点、泉点等，也要用仪器进行坐标测量后标注在工程布置图上。

（二）钻探工程的施工管理

钻探工程是地灾勘察中使用最普遍的重要手段，但由于受到地质条件和钻探技术条件等多种因素的影响，钻探工程也存在一些不足之处，如岩芯采取率很难达到100%、钻孔的方向会偏离设计的方向而发生歪斜、钻具的长度误差影响孔深及分层深度的准确性等，由此会使钻孔地质资料的可靠程度降低。因此，必须确保钻孔的施工质量和加强钻探工程的施工管理工作，为钻机安全、快速、高质量的施工创造条件，并获取更多可靠的地质、水文地质资料。

一般来说，钻探工程的施工管理包括开孔前的准备工作、钻进中的地质管理工作和终孔后的地质管理工作3个方面的内容。这项工作由地质技术员（大、小班记录员）和钻机机（班）长负责。能否取全和取准钻探第一手资料及其他技术经济数据等，与地质技术员和钻机机（班）长有直接关系。

1.孔前的准备工作

（1）熟悉勘察区的地质情况。着重熟悉勘察区内地层、水文、构造等地质特征。一般来说，通过阅读本区已有的地质资料和勘察设计并进行野外实地观察后，就可以对本区的地质情况有一个比较详细的了解。对于地质技术员来说，只有在熟悉并掌握本勘察区总的地质特征（尤其是相邻钻孔资料）的基础上才能正确认识和判断本孔的地质特点，进而有的放矢地进行钻孔施工管理和原始地质编录工作。

（2）踏勘孔位。踏勘孔位包括确定孔位、调查开孔地质技术条件、调查钻探施工条件及确定开孔层位等工作。一般由地质技术员和钻探人员共同完成。

①确定孔位。

根据设计钻孔在地形地质图上的坐标，将设计图纸上的钻孔，经测量人员用全站仪或GPS等“点孔”→野外现场初测孔位→调整，现场确定孔位→埋桩，桩作为钻场安装标志。一般由地质、物探、钻探技术人员到现场确定孔位，要求能满足地质要求，尽可能不占或少占耕地，并考虑施工方便。若条件允许时，可与当地建设规划和需要相结合来确定。

②调查开孔地质技术条件。

地质技术人员要现场了解钻孔位置表土的特征及厚度，查明基岩风化程度和裂隙发育情况等，以确定开孔时是否下孔口管或套管。

③调查钻探施工条件。

钻探施工条件主要是指安装场地、供水水源、供电线路和交通运输等条件，一般由钻探人员负责。应了解施工现场地下电缆、管道以及地面高压电线分布情况，钻孔距地下埋设物的安全距离应大于5m；施工现场应保证“三通一平”（水、电、路通、地基平），并要求在钻塔起落范围内不得有障碍物。当场地不能满足钻探设备安装要求时需要修建地基，修建时必须考虑地形、风向、雨季洪水的影响，并采取相应的安全措施；地基必须平整、坚实、适用；需采用填土修建时，必须进行打桩、夯实；塔基处填方面积不得大于塔基的1/4；深孔或在沼泽地区施工时，塔角和钻机底座地基宜采用水泥墩加固。

④确定开孔层位。开孔层位直接影响见矿深度和终孔深度的确定，一定要准确地确定开孔层位。

（3）编制钻孔地质指示书。钻孔地质指示书是依据本区勘察设计、本孔地质和水文地质条件，在施工单位总工程师的主持下，由地质、钻探技术人员共同编制、指导钻孔施工管理的地质技术设计。它实质上就是钻孔的单孔设计，是钻孔施工的依据。单孔设计的内容包含地质和钻探技术两个方面，具体包括钻孔地质预想柱状图、岩石组成、可钻性等级、钻孔结构、钻进工艺、成井工艺、工程质量指标及安全生产措施等内容。

（4）开孔验收。在钻场安装完成和单孔设计编制并审批合格后，由分队长、地质人员、钻探人员和钻机机长等组成验收小组，根据钻孔设计和有关规定进行检查验收，其内容包括：

①钻探机械安装质量。检查钻塔、基台、钻机、柴油和泥浆泵等安装是否合格和立轴是否垂直，特别要注意检查是否做到地基平、基台平、钻机平、立轴直（“三平一直”）；天轮、立轴和孔口是否在一条垂线上（“三点一线”），以防止开孔后发生孔斜。

②泥浆循环系统。泥浆槽的长度、坡度、挡板的安装是否符合标准，水泥箱、沉淀池规格是否符合要求，泥浆泵运转质量和压力是否合格。

③施工用具。各种用具（钢尺、测绳、岩芯箱等）和各种原始记录表格（班报表、岩芯鉴定表、简易水文观测表、岩芯分次、分层标签等）是否齐全等。

（5）召开钻孔开工会。在开孔验收合格后，由地质鉴定员向钻机人员介绍钻孔的地质情况和质量要求，其内容包括：

①钻孔设计的目的和任务。着重指出本孔的地位和作用是取芯，或试验，或观测，或探采结合等。

②本孔将要穿过的基岩地层、含水层、隔水层、主要标志层等的层位和预计深度、厚度，以及终孔层位和终孔深度等。

③本孔可能遇到的各种情况。如老窑、溶洞、漏水、掉块层段、断层带等。

④本孔施工中的有关钻探质量及技术要求，防止孔斜、判层、取芯、危险生产和事故等。总之，要尽量从地质角度分析完成任务的有利因素和不利因素，提出措施和建议，做到“五交”，即“一交目的、二交情况、三交要求、四交关键、五交措施”。

2.钻进中的地质管理工作

钻进中的地质管理工作是指从开孔至钻孔达到设计终孔层位，停止钻进以前的一系列地质管理工作。它实质上是质量管理问题，会直接影响施工质量和地质资料的可靠程度。地质、钻探人员必须密切配合、认真负责地做好这项工作。

在具体讲述钻进中的地质管理工作之前，先对在钻孔钻进过程中涉及的几个基本术语进行解释：

回次是指在钻孔施工中，从开始下钻并将钻具下入孔底进行钻进直至将钻具再次提出孔外的一个循环。

机上余尺（或上余、残尺、余尺）是指钻机回转器某固定点至主动钻杆与水接头连接处的距离，也即钻机上固定位置至主动钻杆（一般是立轴）上端的长度。机上余尺是用于钻进作业时，测量进尺的基础数据。

进尺是对钻进深度的度量（基本单位是“m”，精确到“cm”）。进尺是衡量钻探工作量的指标，用以表示工程的计划工作量和实际工作量或借此核算工程的单位成本。此外，还以钻头进尺（新钻头从开始钻进到磨损报废为止的总钻进深度）来评价钻头寿命。在实际工作中，按回次，班、日、月、年等进行统计，得到回次进尺、班进尺、日进尺、月进尺、年进尺等。在钻孔施工管理和编录中，常常用到“回次进尺，累计进尺”两个术语。“回次进尺”是指一个回次的钻进深度，回次进尺=本回次下钻后的残尺–本回次提钻前的残尺；“累计进尺”是指回次进尺以不同的时间状态节点累计得到的进尺，如班进尺是每一个工作小班回次进尺的累计值，日进尺是每日3个工作小班进尺的累计值等。

累计孔深（钻探记录孔深）是指从孔口起算，每回次进尺的累计值，即本次累计孔深=上次累计孔深＋本回次进尺。每钻进一个回次，就得到一个新的累计孔深。

钻具全长是指钻孔内、外连接起来用于钻进的各种钻具长度的总和。加尺是指在钻进过程中，更换钻具后，钻具全长增加的长度。

减尺是指在钻进过程中，更换钻具后，钻具全长减少的长度（应包含钻头磨损）。

采长是指在钻进过程中采取的岩芯实际长度。正常情况下，采长小于或等于进尺；若采长大于进尺，则说明孔内有残留岩芯。

参考文献

[1]蒋辉.岩土工程勘察[M].郑州：黄河水利出版社，2022.

[2]刘克文，沈家仁，毕海民.岩土工程勘察与地基基础工程检测研究[M].北京：文化发展出版社，2019.

[3]朱志铎.岩土工程勘察[M].南京：东南大学出版社，2022.

[4]李振华，马龙，赵斌.现代岩土工程勘察与监测技术研究[M].北京：北京工业大学出版社有限责任公司，2021.

[5]王博，任青明，张畅.岩土工程勘察设计与施工[M].长春：吉林科学技术出版社，2019.

[6]中勘三佳工程咨询（北京）有限公司组织编写，郭明田.岩土工程勘察和地基处理设计文件常见问题解析[M].北京：中国建筑工业出版社，2021.

[7]雷斌，郑磊，许建瑞，等.实用岩土工程施工新技术2023[M].北京：中国建筑工业出版社，2022.

[8]柴华友，柯文汇，朱红西.岩土工程动测技术[M].武汉：武汉大学出版社，2021.

[9]冯震.岩土工程测试检测与监测技术[M].北京：清华大学出版社，2021.

[10]王浩，覃为民，焦玉勇，等.岩土工程监测分析及信息化设计实践[M].北京：科学出版社，2019.

[11]和礼红，代昂，刘堰陵，等.岩土工程典型案例关键技术与实践[M].武汉：中国地质大学出版社有限责任公司，2021.

[12]谢东，许传遒，丛绍运.岩土工程设计与工程安全[M].长春：吉林科学技术出版社，2019.

[13]席永慧.环境岩土工程学[M].上海：同济大学出版社，2019.

[14]廖兴发.地质勘察与地质灾害监测评估防治技术实用手册[M].北京：世图音像电子出版社，2002.